技工院校实训基地人才培养一体化模块教材

普通车床加工实训
（初级模块）

人力资源和社会保障部教材办公室组织编写

中国劳动社会保障出版社

简　介

本书主要内容有：车削的基础知识，简单轴类工件加工，简单套类工件加工，圆锥面加工、表面修饰和成形曲面加工，普通三角形螺纹加工，车床的调整和维护保养，职业技能鉴定车工初级考核模拟试卷。

图书在版编目(CIP)数据

普通车床加工实训：初级模块/陈寅主编．—北京：中国劳动社会保障出版社，2015
技工院校实训基地人才培养一体化模块教材
ISBN 978-7-5167-2208-4

Ⅰ.①普…　Ⅱ.①陈…　Ⅲ.①车削-技工学校-教材　Ⅳ.①TG510.6

中国版本图书馆 CIP 数据核字(2015)第 280418 号

中国劳动社会保障出版社出版发行
(北京市惠新东街 1 号　邮政编码:100029)
*
北京市白帆印务有限公司印刷装订　新华书店经销
787 毫米×1092 毫米　16 开本　11.5 印张　256 千字
2016 年 1 月第 1 版　　2023 年 12 月第 6 次印刷
定价:21.00 元

营销中心电话:400-606-6496
出版社网址:http://www.class.com.cn
http://jg.class.com.cn

技工院校实训基地人才培养一体化模块教材编委会名单

编审委员会（按姓氏笔画排序）

王国海　冯跃虹　吕成鹰　刘海光　孙大俊
冷耀明　张　林　胡恒庆　龚　安

编审人员

本书主编：陈　寅
本书参编：陈亚峰　王雪峰　刘　进　郑汉群　孙少江　周海伟
姜旭霞

前言

Preface

为了进一步发挥技工院校在技能人才培养方面的作用，切实满足企业对技能型人才的需求，人力资源和社会保障部教材办公室组织有关学校的骨干教师和行业、企业专家，在充分调研技工院校实训基地人才培养和培训模式以及企业技能人才需求的基础上，吸收和借鉴当前较为成熟的人才培养理念，编写了技工院校实训基地人才培养一体化模块教材。

使用说明

本套教材分为基础模块和专业核心模块（见下图）。其中专业核心模块教材根据国家职业技能鉴定标准中的初级、中级和高级要求设计有相对应的初级模块教材、中级模块教材和高级模块教材。实训基地可根据需要按照“基础模块 + 专业核心模块”组合模式选择相应的教材。

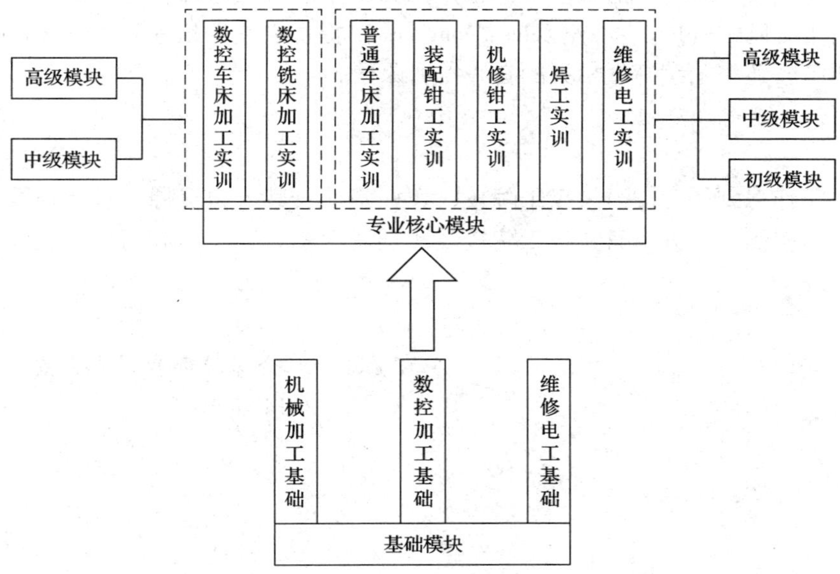

编写特色

◆与职业技能鉴定接轨

教材的编写以车工、数控车工、数控铣工、装配钳工、机修钳工、焊工、维修电工等国家职业技能标准为依据，涵盖国家职业技能标准（初、中、高级）的知识和技能要求，内容具有权威性。为了帮助学员熟悉职业技能鉴定考核形式及考题类型，每种专业核心模块教材均附有 3 ~ 5 套职业技能鉴定模拟试卷（包含理论知识试卷和技能操作试卷），并配有相应的参考答案。

◆与企业需求接轨

教材在编写中充分考虑企业的培训和用人需求，尽量选取企业真实的、有代表性的操作案例，整合相应的知识和技能，构建一体化教学模块，实现理论与操作技能的统一，既符合职业教育和职业培训的基本规律，又有利于培养学员分析问题和解决问题的综合职业能力。

◆保证先进性和规范性

教材根据相关专业领域的最新发展，编入了新知识、新技术、新设备、新材料等方面的内容，保证教材的先进性。同时采用最新的国家技术标准，使教材更加科学和规范。

读者对象

本套教材既可作为技工院校实训基地技能人才培养和培训用书，还可作为企业、社会培训机构的技能培训用书以及职业技术院校师生的专业用书。

后续拓展

作为补充，我们将陆续开发各专业高新技术应用方面的拓展模块教材，通过职业教育教学资源和数字学习中心网站（http://zyjy. class. com. cn/）提供在线论坛等网上交流以及相关教学资源下载服务，还将陆续开发相关的在线培训课程。

致谢

本套教材的开发工作得到了全国有关技工院校、实训基地及其人力资源和社会保障主管部门的支持，尤其是得到了江苏省有关技工院校及实训基地的大力支持和帮助，在此我们表示诚挚的谢意。

人力资源和社会保障部教材办公室

2014 年 10 月

目　录

CONTENTS

模块一

车削的基础知识

课题 1　车削及其安全文明生产

学习目标

1. 熟悉车削的概念和基本内容。
2. 了解车削的特点。
3. 熟悉车工安全文明生产要求。

机器是由各种零件装配而成，而零件的制造一般离不开金属切削加工，车削是最重要的金属切削加工方法之一。

车削，就是在车床上利用工件的旋转运动和刀具的直线运动（或曲线运动）来改变毛坯的形状和尺寸，将毛坯加工成符合图样要求的工件。

一、车削的基本内容

车削的加工范围很广，其基本内容包括车外圆、车端面、切断和车槽、钻中心孔、钻孔、车孔、车螺纹、车圆锥、车成形曲面、滚花和盘绕弹簧等，如图 1—1 所示。如果在车床上装上一些附件和夹具，也可以进行镗削、磨削、研磨和抛光等；此外还可以实现以车代磨、代铣、代镗等加工。

二、车削的特点

1. 适用性强，应用广泛，适用于车削不同材料、不同精度要求的工件。

2. 所用刀具的结构相对简单，制造、刃磨和装夹都比较方便。

3. 车削一般是等截面连续进行，因此，切削力变化较小，车削过程相对平稳，生产率较高。

4. 车削可以加工出尺寸精度和表面质量较高的工件。

三、安全文明生产

1. 安全文明生产的意义

坚持安全文明生产是保障操作者和机床设备的安全，防止工伤和设备事故的根本保证，

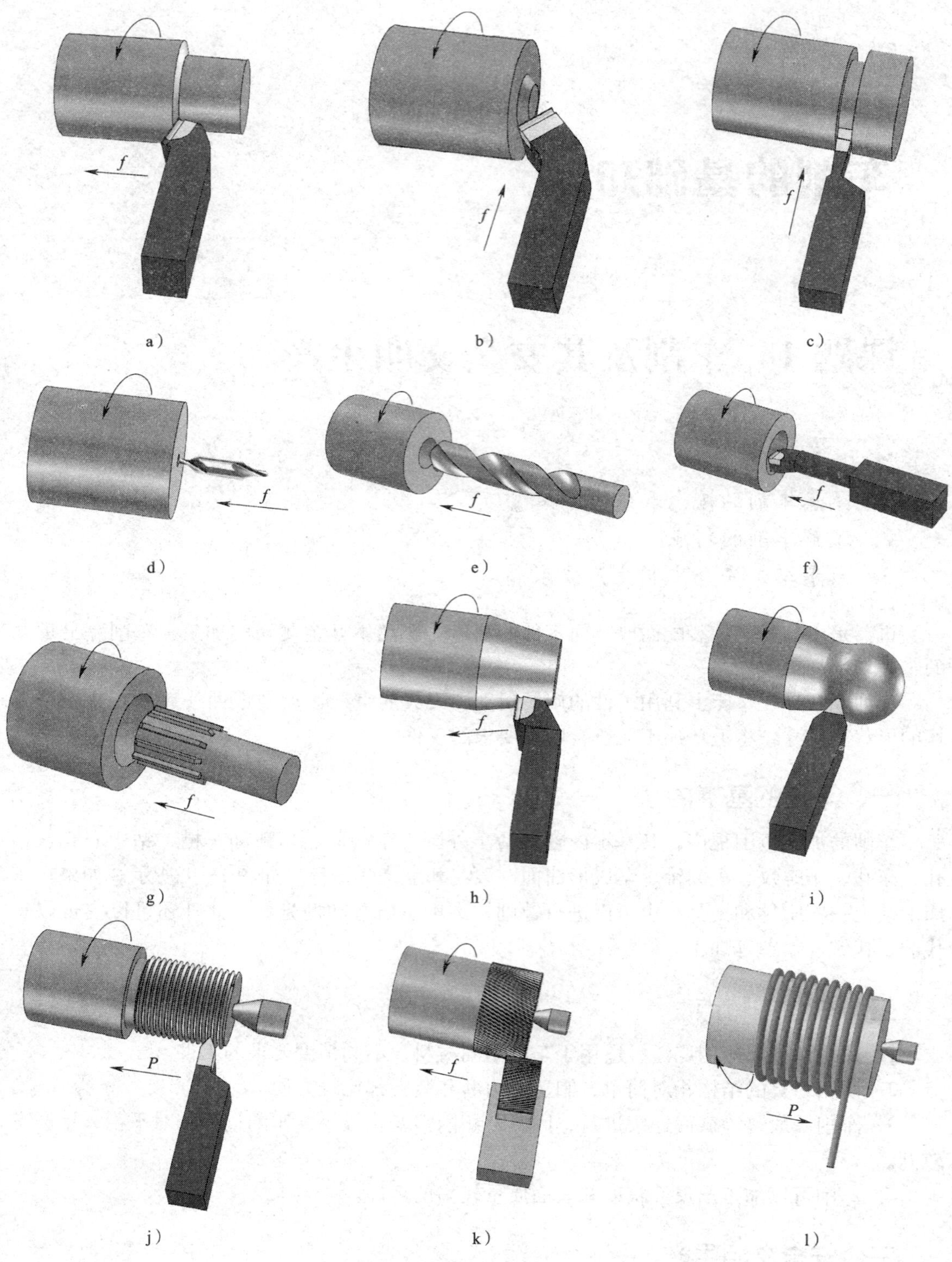

图 1—1　车削的基本内容

a）车外圆　b）车端面　c）切断和车槽　d）钻中心孔　e）钻孔　f）车孔
g）铰孔　h）车圆锥　i）车成形曲面　j）车螺纹　k）滚花　l）盘绕弹簧

也是搞好企业经营管理的重要内容之一。它直接影响到人身安全、产品质量和经济效益，影响机床设备和工具、夹具、量具的使用寿命及操作者技能水平的正常发挥。学生在学习和掌握操作技能的同时，必须养成良好的安全文明生产习惯。安全文明生产的一些具体要求是在长期生产活动中的实践经验和教训的总结，需要操作者严格执行。

2. 安全生产注意事项

（1）工作时应穿工作服、戴袖套。女同志应戴工作帽，将长发塞入帽子里。夏季严禁穿裙子、短裤和凉鞋上机操作。

（2）工作时，头不能离工件太近，以防切屑飞入眼中。为防止切屑崩碎飞散伤人，必须戴防护眼镜。

（3）工作时必须集中精力，注意身体和衣服不能接触正在旋转的机件，如工件、带轮、V 带、齿轮等。

（4）工件和车刀必须装夹牢固，否则会飞出伤人。卡盘必须装有保险装置，装夹好工件后，卡盘扳手必须随即从卡盘上取下。

（5）凡装卸工件、更换刀具、测量加工表面及变换速度时，必须先停车。

（6）车床运转时，不得用手触摸工件表面；加工螺纹时，严禁用手触摸螺纹面，以免伤手；严禁用棉纱擦抹转动的工件。

（7）应用专用铁钩清除切屑，不得用手清除。

（8）在车床上操作时不得戴手套。

（9）毛坯棒料从主轴孔尾端伸出不得太长，并应使用料架或挡板，防止甩弯后伤人。

（10）不准用手去刹住转动着的卡盘。

（11）不得随意拆装电气设备，以免发生触电事故。

（12）工作中若发现机床、电气设备有故障，应及时报修，由专业人员检修，未修复不得使用。

3. 文明生产的要求

（1）开车前检查车床各部分机构及防护设备是否完好，各手柄是否灵活、位置是否正确。检查各注油孔，并进行润滑；然后使主轴空运转 1 ~ 2 min，待车床运转正常后才能工作。若发现车床有毛病，应立即停车、申报检修。

（2）主轴变速必须先停车，变换进给箱手柄要在低速状态下进行。为保持丝杠的精度，除车削螺纹外，不得使用丝杠进行机动进给。

（3）刀具、量具及工具等的放置要稳妥、整齐、合理，有固定的位置，便于操作时取用，用后应放回原处。主轴箱盖上不应放置任何物品。

（4）工具箱内应分类摆放物件。精度高的应稳妥放置，重物放下层、轻物放上层，不可随意乱放，以免损坏和丢失。

（5）正确使用和爱护量具。经常保养，正确收纳，及时归还工具室。所用量具必须定期校验，以保证其测量准确。

（6）不允许在卡盘及床身导轨上敲击或校直工件，床面上不准放置工具或工件。装夹、找正较重工件时，应用木板保护床面。下班时若工件不卸下，应用千斤顶支撑。

（7）车刀磨损后，应及时刃磨，不允许用钝刃车刀继续车削，以免增加车床负荷、损坏车床，影响工件表面的加工质量和生产效率。

（8）批量生产的零件，首件应送检。在确认合格后，方可继续加工。精车工件后要进行防锈处理。

（9）毛坯、半成品和成品应分开放置。半成品和成品应放置整齐、轻拿轻放，严防碰伤已加工表面。

（10）图样、工艺卡片应放置在便于阅读的位置，并注意保持其清洁和完整。

（11）使用切削液前，应在床身导轨上涂润滑油，若车削铸铁或气割下料的工件应擦去导轨上的润滑油。铸件上的型砂、杂质应尽量去除干净，以免损坏床身导轨面。切削液应定期更换。

（12）工作场地周围应保持清洁整齐，避免杂物堆放，防止绊倒。

（13）工作完毕后，将所用过的物件擦净归位，清理机床、刷去切屑、擦拭机床各部位的油污；按规定加注润滑油，最后把机床周围打扫干净；将床鞍摇至床尾一端，各转动手柄放到空挡位置，关闭电源。

课题 2　车床及其操作

学习目标

1. 掌握 CA6140 型车床的结构及其操作。
2. 熟悉 CA6140 型车床各组成部分的功能。
3. 熟悉机床的型号。

一、CA6140 型车床的结构

CA6140 型车床是我国自行设计制造的卧式车床，其外型结构如图 1—2 所示。由床身、主轴箱、交换齿轮箱、进给箱、溜板箱、刀架、尾座及冷却、照明等部分组成。

二、CA6140 型车床各组成部分的功能

1. 主轴箱

主轴箱支撑主轴并带动工件做旋转运动。箱内装有齿轮、轴等，组成变速传动机构。变换主轴箱外手柄的位置可使主轴得到多种转速，并带动装在卡盘上的工件旋转，以实现车削。

2. 刀架部分

刀架部分由床鞍、两层滑板（中、小滑板）与刀架体共同组成，用于装夹车刀并带动车刀作纵向、横向、斜向运动和曲线运动。沿床身导轨方向的运动称为纵向运动，垂直于床身导轨方向的运动称为横向运动。

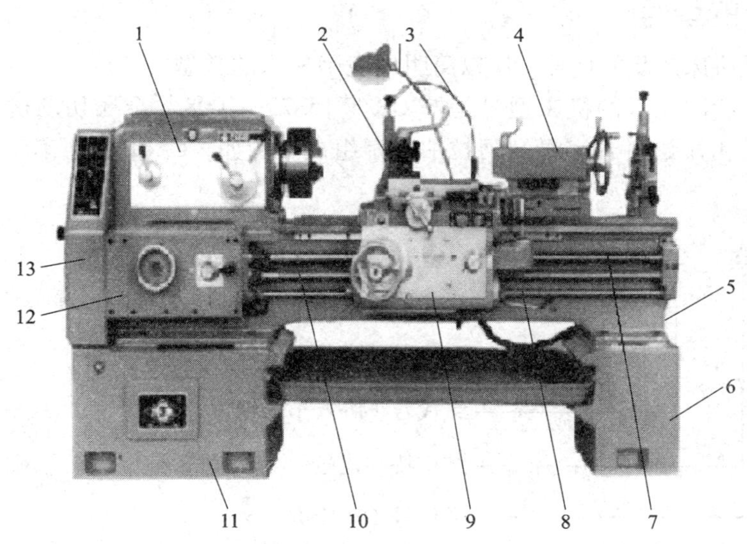

图 1—2　CA6140 型车床

1—主轴箱　2—刀架　3—冷却、照明装置　4—尾座　5—床身　6、11—床脚
7—丝杠　8—操纵杆　9—溜板箱　10—光杠　12—进给箱　13—交换齿轮箱

3. 冷却装置

冷却装置主要通过冷却泵将切削液加压后经冷却嘴喷射到切削区域，降低切削温度、冲走切屑。

4. 尾座

尾座安放在床身导轨上，并沿导轨纵向移动，以调整其工作位置。尾座主要用来装夹后顶尖，以支撑较长工件；也可装夹钻头、铰刀等进行孔加工。

5. 床身

床身是车床的大型基础部件，有两条精度很高的 V 形导轨和矩形导轨，主要用于支撑和连接车床的各个部件，并保证各部件在工作时有准确的相对位置。

6. 床脚

左右两个床脚分别与床身左右两端下部连为一体，用以支撑安装在床身上的各个部件，并用地脚螺栓（或吸盘）把整台车床固定在工作场地上。

7. 溜板箱

溜板箱 9 接受光杠或丝杠传递的运动，以驱动刀架部分实现车刀的纵向或横向运动；操纵箱外的手柄或按钮可以实现机动、手动、车螺纹及快速移动等运动。

8. 进给箱（又称变速箱）

进给箱接受交换齿轮箱传递的转动，并由此传递给光杠或丝杠。

9. 交换齿轮箱

交换齿轮箱接受主轴箱传递的转动，并由此传递给进给箱。它由多级齿轮啮合，通过更换箱内齿轮搭配并配合进给箱，完成车削螺纹或纵、横向进给车削的需要。

三、机床的型号

机床型号是机床产品的代号，用以简明地表示机床的类型、通用特性和结构特性、主要技术参数等。我国现行的机床型号是按 GB/T 15375—2008《金属切削机床型号编制方法》编制的。它由汉语拼音字母及阿拉伯数字组成。例如，CA6140 型车床型号中各代号的含义为：

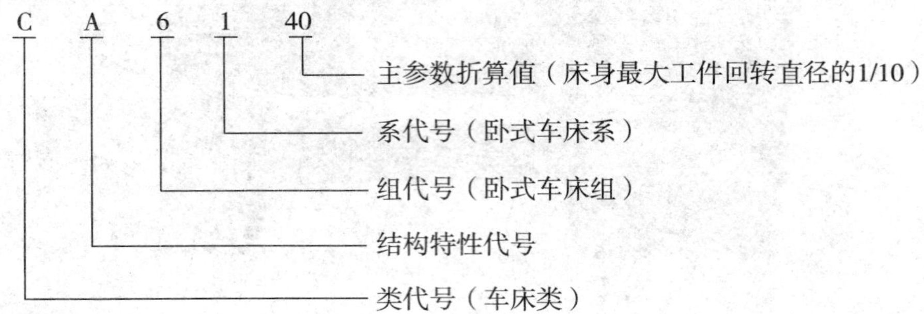

1. 机床的类代号

按照机床的工作原理、结构性能及使用范围，一般可将其分为 11 类。机床的类代号用大写的汉语拼音字母表示，见表 1—1。

表 1—1　　机床的类代号

类别	车床	钻床	镗床	磨床			齿轮加工机床	螺纹加工机床	铣床	刨插床	拉床	锯床	其他机床
代号	C	Z	T	M	2M	3M	Y	S	X	B	L	G	Q
读音	车	钻	镗	磨	二磨	三磨	牙	丝	铣	刨	拉	割	其

2. 机床的特性代号

机床的特性代号包括通用特性代号和结构特性代号，它们位于类代号之后，均用大写的汉语拼音字母表示。

（1）通用特性代号。当某些类型的机床除有普通型外，还有某种通用特性时，则在类代号之后加通用特性代号予以区分。机床的通用特性代号，见表 1—2。

表 1—2　　机床的通用特性代号

通用特性	高精度	精密	自动	半自动	数控	加工中心（自动换刀）	仿形	轻型	加重型	简式或经济式	柔性加工单元	数显	高速
代号	G	M	Z	B	K	H	F	Q	C	J	R	X	S
读音	高	密	自	半	控	换	仿	轻	重	简	柔	显	速

（2）结构特性代号。对主参数值相同而结构、性能不同的机床，在型号中用结构特性代号予以区分。结构特性代号在型号中没有统一的含义，只在同类机床中起区分机床结构、性能不同的作用。

当型号中有通用特性代号时，结构特性代号应排在通用特性代号之后。结构特性代号用汉语拼音字母表示，但是通用特性代号已用的字母和“I”“O”两字母不能用。当单个字母不够时，可将两字母组合起来使用，如 AD、AE、DA、EA 等。

3. 机床的组、系代号

国家标准规定，每类机床划分为 10 个组，每个组又划分为 10 个系。机床的组代号用 1 位阿拉伯数字表示，位于类代号或特性代号之后。机床的系代号用 1 位阿拉伯数字表示，位于组代号之后，见表 1—3。

表 1—3　车床组、系划分（部分）

组		系	
代号	名称	代号	名称
5	立式车床	1	单柱立式车床
		2	双柱立式车床
		3	单柱移动立式车床
		4	双柱移动立式车床
		5	工作台移动单柱立式车床
		7	定梁单柱立式车床
		8	定梁双柱立式车床
6	落地及卧式车床	0	落地车床
		1	卧式车床
		2	马鞍车床
		3	轴车床
		4	卡盘车床
		5	球面车床
		6	主轴箱移动型卡盘车床

4. 机床的主参数

机床的主参数代表机床规格的大小，常用折算值（主参数乘以折算值系数）表示，位于系代号之后。车床主参数及折算系数见表 1—4。

表 1—4　常用车床主参数及折算系数

车床	主参数及折算系数	
	主参数	折算系数
单柱及双柱立式车床	最大车削直径	1/100
卧式车床	床身上最大工件回转直径	1/10

四、车床的基本操作

1. 车床的启动操作

在启动车床之前必须检查车床各变速手柄是否处于空挡位置、离合器是否处于正确位置、操纵杆是否处于停止状态等，在确定无误后，方可合上车床电源总开关开始操纵车床。

先按下床鞍上的绿色启动按钮使电动机启动，接着将溜板箱右侧操纵杆手柄向上提起，主轴便逆时针方向旋转即正转。操纵杆手柄有向上、中间、向下三个挡位，可分别实现主轴的正转、停止和反转。若需较长时间停止主轴转动，必须按下床鞍上的红色停止按钮，使电动机停止转动。若下班，则需关闭车床电源总开关，并切断本车床电源闸刀开关。

2. 主轴箱变速操作

不同型号、不同厂家生产的车床其主轴变速操作不尽相同，可参考相关的车床说明书。下面介绍 CA6140 型车床的主轴变速操作方法，CA6140 型车床主轴变速通过改变主轴箱正面右侧两个叠套的手柄位置来控制。外面的手柄有六个挡位，每个挡位上有四级转速，若要选择其中某一转速可通过里面的手柄来控制。里面的手柄除有两个空挡外，尚有四个挡位，只要将手柄位置拨到其所显示的颜色与外面手柄所处挡位上的转速数字所标示的颜色相同的挡位即可。

主轴箱正面左侧的手柄是加大螺距及螺纹左、右旋向变换的操纵机构。它有四个挡位：左上挡位为车削左旋正常螺距螺纹，右上挡位为车削右旋正常螺距螺纹，左下挡位为车削左旋加大螺距螺纹，右下挡位为车削右旋加大螺距螺纹。

3. 进给箱操作

CA6140 型车床进给箱正面左侧有一个手轮，右侧有里外叠装的两个手柄，里手柄有 A、B、C、D 四个挡位，是丝杠、光杠变换手柄；外手柄有Ⅰ、Ⅱ、Ⅲ、Ⅳ四个挡位与有八个挡位的手轮相配合，用以调整螺距及进给量。实际操作应根据加工要求，查找进给箱油池盖上的螺纹和进给量调配表来确定手轮和手柄的具体位置。当外手柄处于正上方时是第Ⅴ挡，此时齿轮箱的运动不经进给箱变速，而与丝杠直接相连。

4. 溜板部分操作

（1）床鞍的纵向移动由溜板箱正面左侧的大手轮控制，当顺时针转动手轮时，床鞍向右运动；逆时针转动手轮时，床鞍向左运动。

（2）中滑板手柄控制中滑板的横向移动和横向进刀量。当顺时针转动手柄时，中滑板向远离操作者的方向移动（即横向进刀）；逆时针转动手柄时，中滑板向靠近操作者的方向移动（即横向退刀）。

（3）小滑板可作短距离的手动纵向移动。小滑板手柄顺时针转动，小滑板向左移动；小滑板手柄逆时针转动，小滑板向右移动。

5. 刻度盘及分度盘操作

（1）CA6140 型车床溜板箱正面的大手轮轴上的刻度盘分为 300 格，每转过 1 格，表示床鞍纵向移动 1 mm。

（2）CA6140 型车床中滑板丝杠上的刻度盘分为 100 格，每转过 1 格，表示刀架横向移动 0.05 mm。

（3）CA6140 型车床小滑板丝杠上的刻度盘分为 100 格，每转过 1 格，表示刀架纵向移动 0.05 mm。

（4）小滑板上的分度盘在刀架需斜向进刀加工短圆锥时，可顺时针或逆时针地在 90°范围内转过某一角度。使用时，先松开锁紧螺母，转动小滑板至所需要角度后，再锁紧螺母以固定小滑板。

6. 机动进给操作

CA6140 型车床溜板箱右侧有一个带十字槽的扳动手柄，是刀架实现纵、横向机动进给和快速移动的集中操纵机构。该手柄的顶部有一个快进按钮，是控制接通快速电动机的按钮，当按下此钮时，快速电动机工作，放开按钮时，快速电动机停止转动。该手柄扳动方向与刀架运动的方向一致，操作方便。当手柄扳至纵向进给位置，且按下快进按钮时，则床鞍作快速纵向移动；当手柄扳至横向进给位置，且按下快进按钮时，则中滑板带动小滑板和刀架作横向快速进给。

小滑板无法实现机动进给，仅能用手动进给。

7. 刀架的操作

方刀架相对于小滑板的转位和锁紧，依靠刀架上的手柄控制刀架定位、锁紧元件来实现。逆时针转动刀架手柄，刀架可以逆时针转动，以调换车刀；顺时针转动刀架手柄时，刀架则被锁紧。

8. 尾座的操作

（1）尾座可在床身内侧的山形导轨和平导轨上沿纵向移动，并依靠尾座架上的两个锁紧螺母使尾座固定在床身上的任一位置。

（2）尾座架上有左、右两个长把手柄。左边为尾座套筒固定手柄，顺时针扳动此手柄，可使尾座套筒固定在某一位置。右边手柄为尾座快速紧固手柄，逆时针扳动此手柄可使尾座快速地固定于床身的某一位置。

（3）松开尾座架左边长把手柄（即逆时针转动手柄），转动尾座右端的手轮，可使尾座套筒作进、退移动。

五、车床常用工具

1. 卡盘扳手（图 1—3）

主要用于车床上卡盘卡爪的拆装，将卡盘扳手工作部分插入卡盘方榫孔中使用。

2. 刀架扳手（图 1—4）

主要用于车床刀架上刀架螺栓的旋拧，将刀架扳手工作部分插入刀架螺栓顶部使用。

图 1—3　卡盘扳手

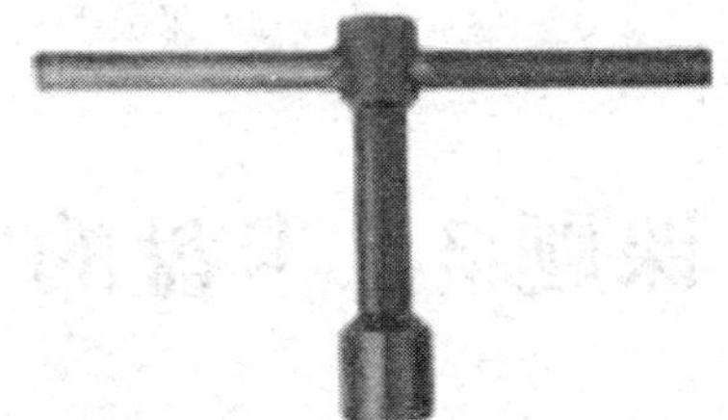

图 1—4　刀架扳手

3. 一字槽螺钉旋具（图 1—5）

它的规格用刀体部分的长度代表，常用的有 100 mm、150 mm、200 mm、300 mm 及

400 mm 等几种，可根据螺钉直径和槽宽来选用。

4. 十字槽螺钉旋具（图 1—6）

用于拧紧头部带十字槽的螺钉，它在较大的拧紧力下，也不易从槽中滑出。

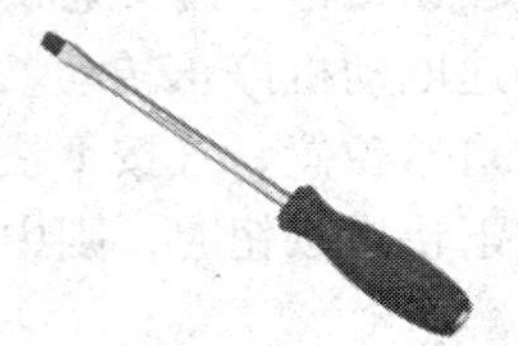

图 1—5　一字槽螺钉旋具

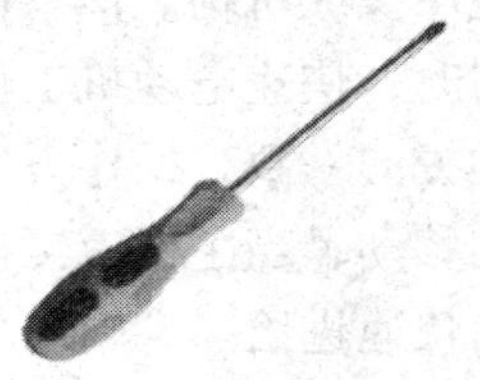

图 1—6　十字槽螺钉旋具

5. 通用活扳手

它是由扳手体和固定钳口、活动钳口及蜗杆组成（图 1—7），其开口的尺寸能在一定范围内调节。使用活动扳手时，应让固定钳口受主要作用力。

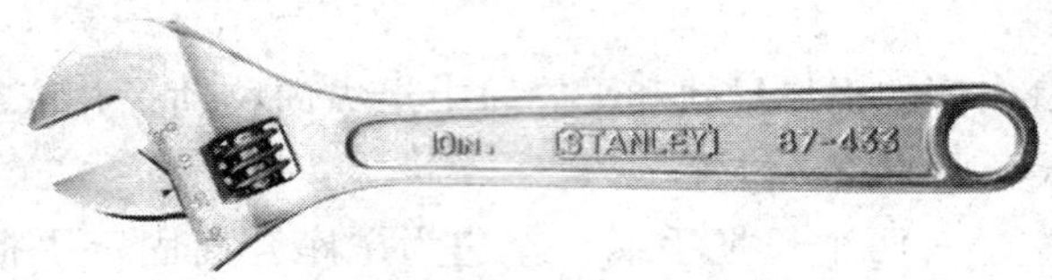

图 1—7　通用活扳手

6. 专用扳手

只能用来扳动一种规格的螺母或螺钉。常用的专用扳手有呆扳手、内六角扳手等。呆扳手（图 1—8）用来装拆六角形或四方头的螺母或螺钉；内六角扳手（图 1—9）用来拧紧内六角头螺钉。

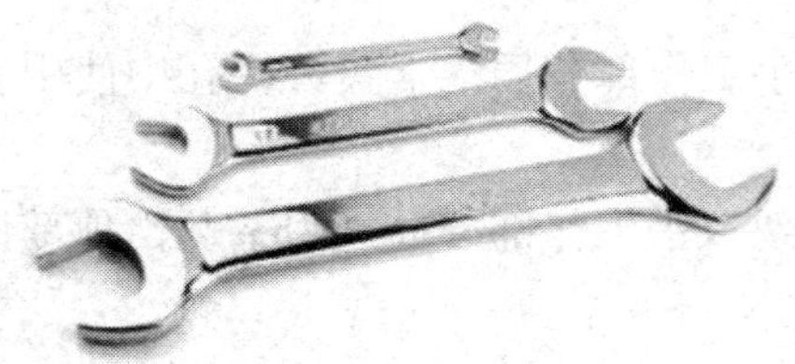

图 1—8　呆扳手

图 1—9　内六角扳手

课题 3　卡盘的安装与拆卸

学习目标

1. 了解卡盘的种类和结构。
2. 掌握卡盘部件的拆装方法。

一、卡盘的种类和结构

1. 卡盘的种类

卡盘是车床的常用附件，用于装夹工件。车床上常用的卡盘有三爪自定心卡盘和四爪单动卡盘两种。

2. 三爪自定心卡盘的规格

常用的三爪自定心卡盘（图 1—10）的规格有 150 mm、200 mm、250 mm 等。

3. 三爪自定心卡盘的结构

三爪自定心卡盘的结构如图 1—11 所示。将卡盘扳手插入小锥齿轮 3 端部的方孔中，转动扳手使小锥齿轮转动，并带动大锥齿轮 4 回转。大锥齿轮的背面上有平面螺纹 5，与卡爪 6 的端面螺纹相啮合，大锥齿轮回转时，平面螺纹带动与其啮合的三个卡爪沿径向同时作向心或离心移动。

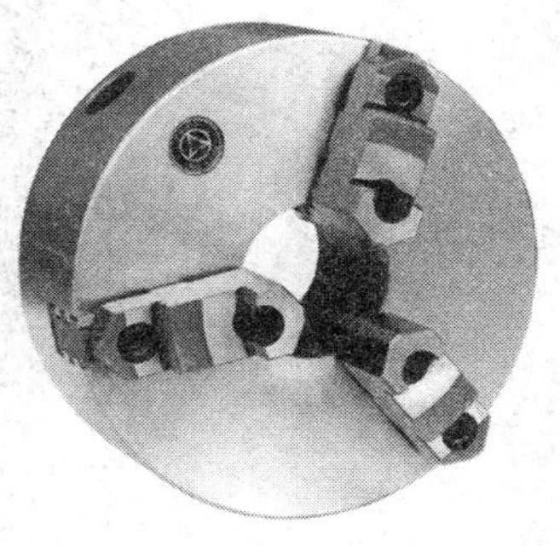

图 1—10　三爪自定心卡盘

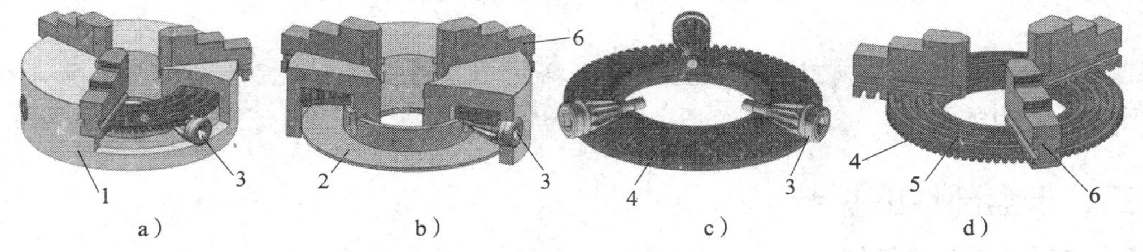

图 1—11　三爪自定心卡盘结构

1—卡盘壳体　2—防尘盖板　3—带方孔的小锥齿轮　4—大锥齿轮　5—平面螺纹　6—卡爪

资料卡片

卡盘与车床的连接关系

由于三爪自定心卡盘是通过连接盘与车床主轴连为一体的，所以连接盘与车床主轴、三爪自定心卡盘之间的同轴度要求很高。连接盘与主轴及卡盘间的连接方式如图 1—12 所示。

CA6140 型车床主轴前端为短锥法兰盘型结构，用以安装连接盘。连接盘由主轴上的短圆锥定位。安装前，要根据主轴短圆锥面和卡盘后端的台阶孔径配制连接盘。安装时，让连接盘 4 的 4 个螺栓 5 及其上的螺母 6 从主轴轴肩和锁紧盘 2 上的孔内穿过，螺栓中部的圆柱与主轴轴肩上的孔精密配合，然后将锁紧盘转过一个角度，使螺栓进入锁紧盘上宽度较窄的圆弧槽段，把螺母卡住，接着再拧紧螺母，于是连接盘便可靠地安装在主轴上。

连接盘前面的台阶面是安装卡盘 8 的定位基面，与卡盘的后端面和台阶孔（俗称止口）配合，以确定卡盘相对于连接盘的正确位置（实际上是相对主轴中心的正确位置）。通过三个螺钉 9 将卡盘与连接盘连接在一起。这样，主轴、连接盘、卡盘三者可靠地连为一体，并保证了主轴与卡盘同轴。

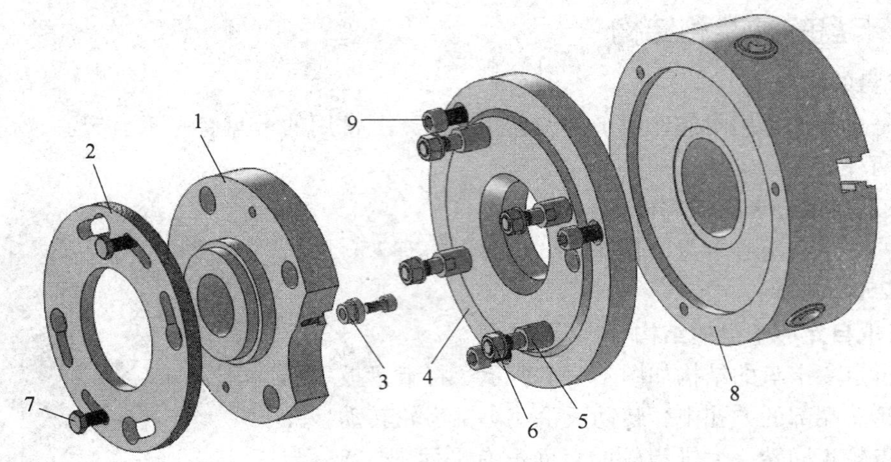

图 1—12　连接盘与主轴、卡盘的连接

1—主轴　2—锁紧盘　3—端面键　4—连接盘

5—螺栓　6—螺母　7、9—螺钉　8—卡盘

图 1—12 中端面键 3 可防止连接盘相对主轴转动，因此端面键是保险装置。紧定螺钉 7 的作用为紧固连接盘。

二、卡盘部件的拆装

1. 卡爪的安装与拆卸

（1）卡爪的识别。每副卡爪分别标有 1、2、3 的编号，安装卡爪时必须按顺序装配。如果卡爪的编号标不清晰，可将三个卡爪并列在一起，以卡爪夹持面与端面螺纹的距离 h 的大小为准，最小的为 1 号，最大的为 3 号，如图 1—13 所示。

（2）卡爪的安装。将卡盘扳手的方榫插入卡盘外壳圆柱面上的方孔中，按顺时针方向旋转，以驱动大锥齿轮背面的平面螺纹，当平面螺纹的螺扣转到将要接近壳体上的 1 槽时，将 1 号卡爪插入壳体槽内，继续顺时针转动卡盘扳手，在卡盘壳体上的 2 槽、3 槽处依次装入 2 号、3 号卡爪（图 1—14）。

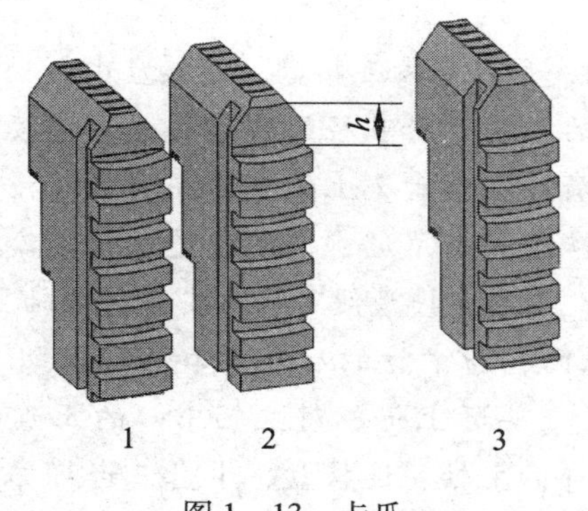

图 1—13　卡爪

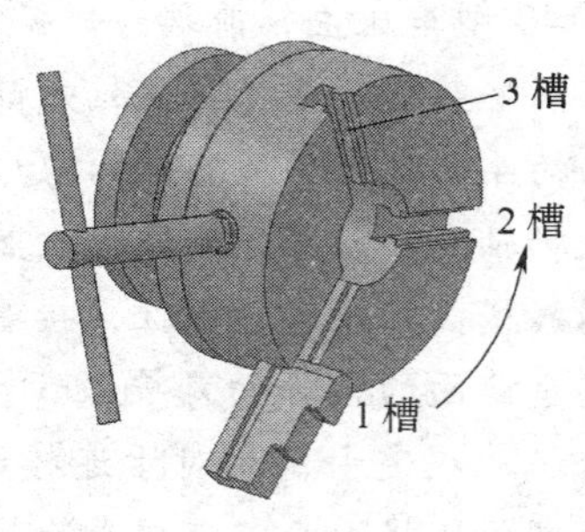

图 1—14　安装卡爪

（3）卡爪的拆卸。将卡盘扳手逆时针方向旋转，三个卡爪则同步沿径向离心移动，直至退出卡盘壳体。卡爪退离卡盘壳体时要注意防止卡爪从卡盘壳体跌落受损。

2. 卡盘的安装与拆卸

（1）三爪自定心卡盘的安装

1）装卡盘前应切断电动机电源，并将卡盘和连接盘各表面（尤其是定位配合表面）擦净并涂油。在靠近主轴处的床身导轨上垫一块木板，以保护导轨面不受意外撞击。

2）用一根比主轴通孔直径稍小的硬木棒穿在卡盘孔中，将卡盘抬到连接盘端，将棒料一端插入主轴通孔内，另一端伸在卡盘外。

3）小心地将卡盘背面的台阶孔装配在连接盘的定位基面上，并用三个螺钉将连接盘与卡盘可靠地连为一体，然后抽去木棒、撤去垫板。

注意操作安全，卡盘装在连接盘上后，应使卡盘背面与连接盘平面贴平、贴牢。

（2）三爪自定心卡盘的拆卸

1）拆卸卡盘前，应切断电源，注意安全，最好由两个人共同完成。先在主轴孔内插入一硬质木棒，木棒另一端伸出卡盘之外并搁置在刀架上，垫好床身护板，以防意外撞伤床身导轨面。

2）卸下连接盘与卡盘连接的 3 个螺钉，并用木锤轻敲卡盘背面，以使卡盘从连接盘的台阶上分离下来。

3）小心地抬下卡盘。

3. 安全注意事项

（1）安装、拆卸卡盘前应切断电动机电源，并用一根比主轴通孔直径稍小的硬木棒穿在卡盘中，床身导轨上垫一块木板，以保护导轨面。

（2）安装三个卡爪时，应按逆时针方向顺序进行，并防止平面螺纹的开端转过头。

（3）安装卡爪、卡盘时，不准开车，以防危险。

课题 4　车刀的基本知识

1. 掌握车刀种类及用途。
2. 了解车刀切削部分的材料。
3. 掌握车刀的几何形状。

一、车刀种类及用途

车削工件时，根据不同的车削要求，需要选用不同种类的车刀。常用车刀的种类及其用途见表 1—5。

表 1—5　　常用车刀的种类及用途表

车刀种类	车刀外形图	用途	车削示意图
90° 车刀（偏刀）	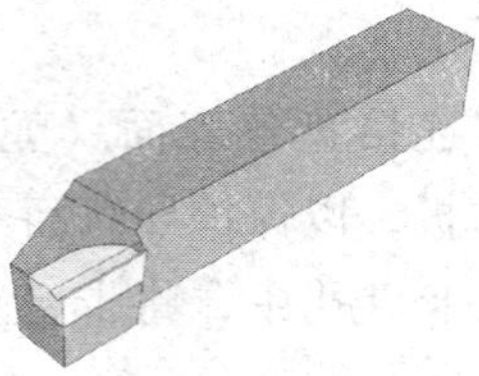	车削工件的外圆、台阶和端面	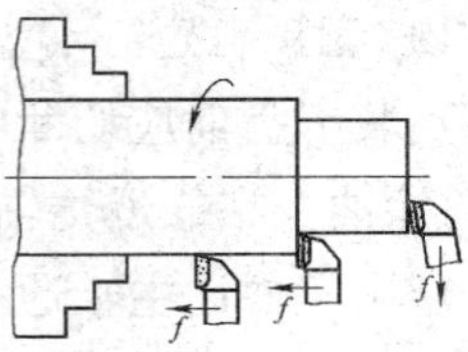
75° 车刀	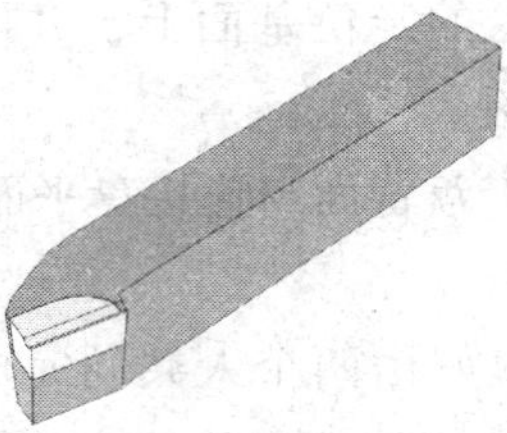	车削工件的外圆和端面	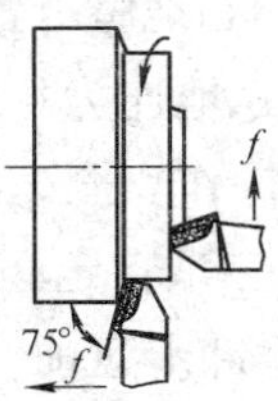
45° 车刀（弯头车刀）	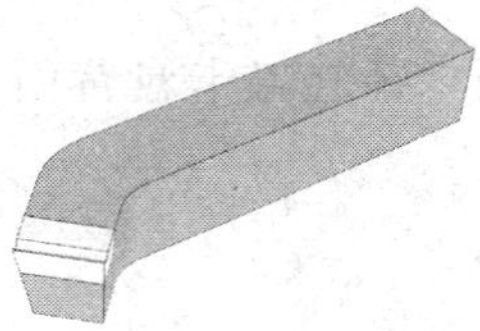	车削工件的外圆、端面和进行 45° 倒角	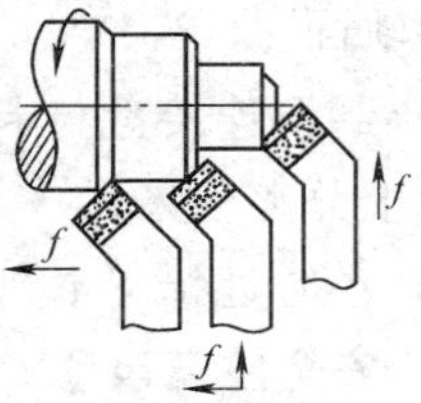
切断刀	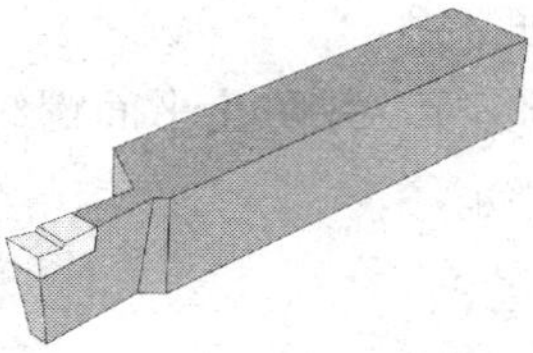	切断工件或在工件上车槽	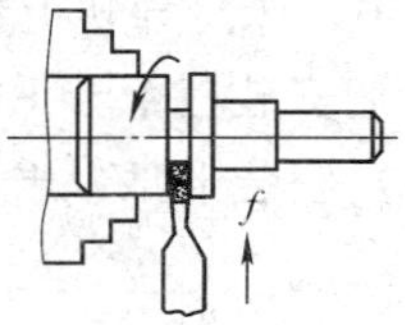
内孔车刀	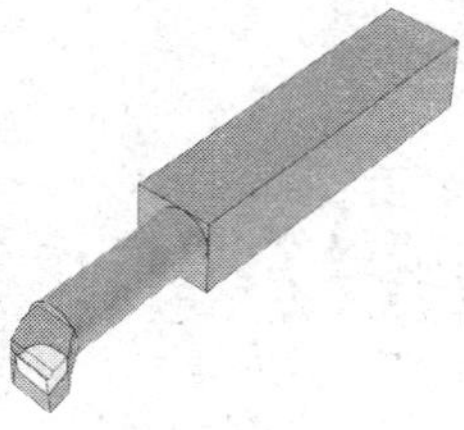	车削工件的内孔	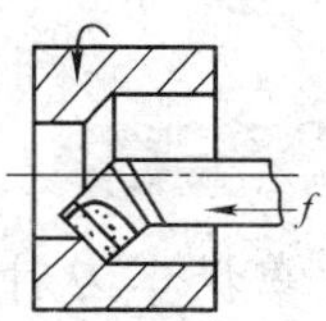
圆头车刀	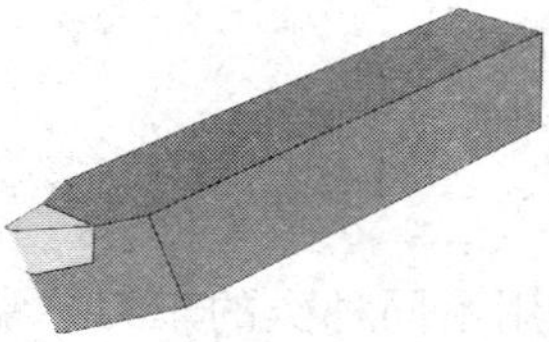	车削工件的圆弧面或成形曲面	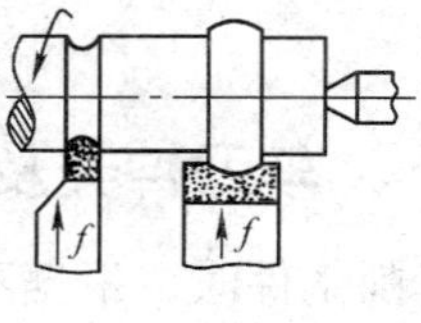

续表

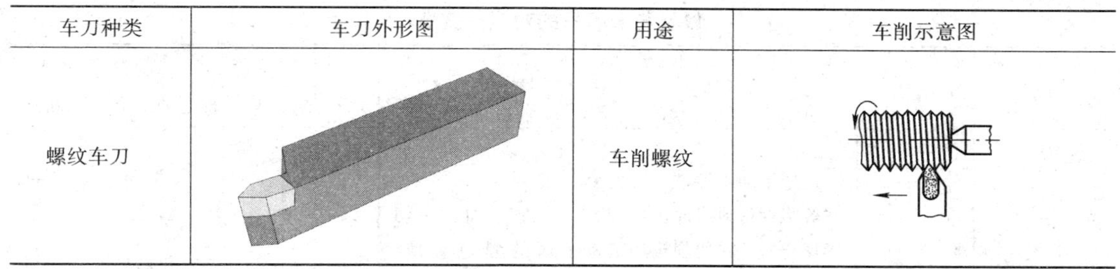

车刀种类	车刀外形图	用途	车削示意图
螺纹车刀		车削螺纹	

二、车刀切削部分的材料

1. 车刀切削部分应具备的基本性能

车刀切削部分在很高的温度下工作，经受连续强烈的摩擦，并承受很大的切削力和冲击，所以车刀切削部分的材料必须具备下列基本性能：较高的硬度、较高的耐磨性、足够的强度和韧性、较高的耐热性、较好的导热性、良好的工艺性和经济性。

2. 车刀切削部分的常用材料

目前，车刀切削部分的常用材料有高速钢和硬质合金两大类。

（1）高速钢。高速钢是含钨 W、钼 Mo、铬 Cr、钒 V 等合金元素较多的工具钢。高速钢刀具制造简单，刃磨方便，容易通过刃磨得到锋利的刃口，而且韧性较好，常用于承受冲击力较大的场合。高速钢特别适用于制造各种结构复杂的成形刀具和孔加工刀具，如成形车刀、螺纹刀具、钻头和铰刀等。高速钢的耐热性较差，因此不能用于高速切削。高速钢的类别、常用牌号、性质及应用见表 1—6。

表 1—6　　高速钢的类别、常用牌号、性质及应用一览表

类别	常用牌号	性质	应用
钨系	W18Cr4V（18—4—1）	性能稳定，刃磨及热处理工艺控制较方便	金属钨的价格较高，国外已很少采用。目前国内使用普遍，以后将逐渐减少
钨钼系	W6Mo5Cr4V2（6—5—4—2）	最初是国外为解决缺钨而研制出以取代 W18Cr4V 的高速钢（以 1% 的钼取代 2% 的钨）。其高温塑性与韧性都超过 W18Cr4V，而其切削性能却大致相同	主要用于制造热轧工具，如麻花钻等
	W9Mo3Cr4V（9—3—4—1）	根据我国资源的实际情况而研制的刀具材料，其强度和韧性均比 W6Mo5Cr4V2 好，高温塑性和切削性能良好	使用将逐渐增多

（2）硬质合金。硬质合金是用钨和钛的碳化物粉末加钴作为黏结剂，高压压制成形后再经高温烧结而成的粉末冶金制品。硬度、耐磨性和耐热性均高于高速钢。切削钢时，切削速度可达 220 m/min 左右。硬质合金的缺点是韧性较差，承受不了大的冲击力。硬质合金是目前应用最广泛的一种车刀材料。硬质合金的分类、用途、性能、代号（GB/T 18376.1—2008）以及与旧牌号的对照见表 1—7。

表 1—7　硬质合金的分类、用途、性能、代号（GB/T 18376.1—2008）以及与旧牌号的对照一览表

类别	成分	用途	被加工材料	常用代号	性能		适用于的加工阶段	相当于旧牌号
					耐磨性	韧性		
K 类（钨钴类）	WC + Co	适用于加工铸铁、有色金属等脆性材料或冲击性较大的场合。但在切削难加工材料或振动较大（如断续切削塑性金属）的特殊情况时也较合适	适于加工短切屑的黑色金属、有色金属及非金属材料	K01	↑	↓	精加工	YG3
				K20			半精加工	YG6
				K30			粗加工	YG8
P 类（钨钛钴类）	WC + TiC + Co	适用于加工钢或其他韧性较大的塑性金属，不宜用于加工脆性金属	适于加工长切屑的黑色金属	P01	↑	↓	精加工	YT30
				P10			半精加工	YT15
				P30			粗加工	YT5
M 类［钨钛钽（铌）钴类］	WC + TiC + TaC（NbC）+ Co	既可加工铸铁、有色金属，又可加工碳素钢、合金钢，故又称通用合金。主要用于加工高温合金、高锰钢、不锈钢以及可锻铸铁、球墨铸铁、合金铸铁等难加工材料	适于加工长切屑或短切屑的黑色金属和有色金属	M10	↑	↓	精加工、半精加工	YW1
				M20			半精加工、粗加工	YW2

三、车刀的几何形状

1. 车刀的组成部分

车刀由刀头（或刀片）和刀柄两部分组成。刀头担负切削工作，故又叫切削部分；刀柄用来把车刀装夹在刀架上。

2. 车刀切削部分的几何要素

如图 1—15 所示为车刀的结构，可以看出，刀头由若干刀面和切削刃组成。

（1）前面 A_γ。刀具上切屑流过的表面称为前面，又称为前刀面。

（2）后面 A_α。分主后面和副后面。与工件上过渡表面相对的刀面称为主后面 A_α；与工件上已加工表面相对的刀面称为副后面 A'_α。后面又称为后刀面，一般是指主后面。

（3）主切削刃 S。前面和主后面的交线称为主切削刃。它担负着主要的切削工作，在工件上加工出过渡表面。

（4）副切削刃 S'。前面和副后面的交线称为副切削刃，它配合主切削刃完成少量的切削工作。

（5）刀尖。主切削刃和副切削刃汇交的一小段切削刃称为刀尖。为了提高刀尖强度和延长车刀寿命，多将刀尖磨成具有曲线状切削刃的修圆刀尖以及具有直线切削刃的倒角刀尖（图 1—15c）。一般硬质合金车刀的修圆刀尖的圆弧半径 $r_\varepsilon = 0.5 \sim 1$ mm。

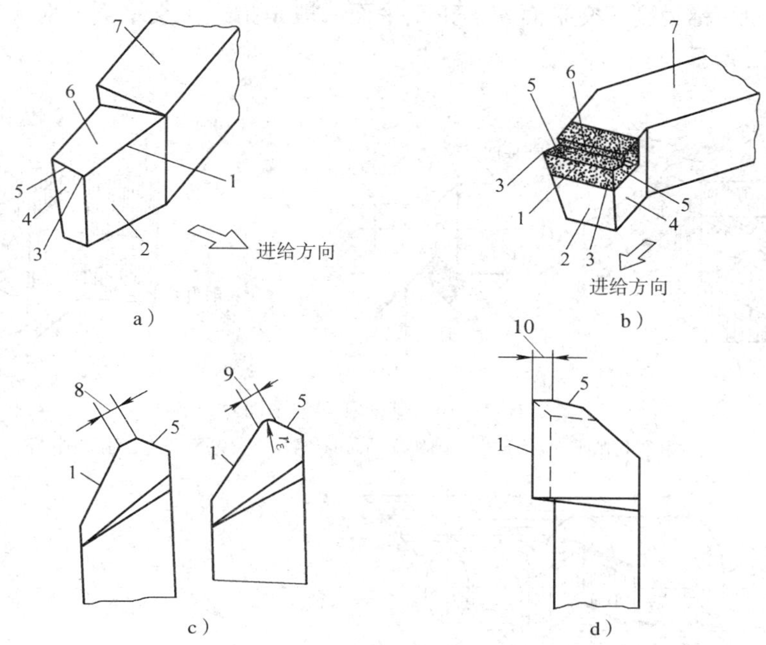

图 1—15　车刀的组成

a）75°车刀　b）45°车刀　c）过渡刃　d）修光刃

1—主切削刃　2—主后面　3—刀尖　4—副后面　5—副切削刃

6—前面　7—刀柄　8—倒角刀尖　9—修圆刀尖　10—修光刃

（6）修光刃。副切削刃近刀尖处一小段平直的切削刃称为修光刃，切削时它起到修光已加工表面的作用。装刀时必须使修光刃与进给方向平行，且修光刃长度必须大于进给量，才能起修光作用，如图 1—15 所示。

所有车刀刀头的上述组成部分，数量并不相同。例如 75°车刀是由三个刀面、两条切削刃和一个刀尖组成（图 1—15a）；而 45°车刀却有四个刀面（其中副后面两个）、三条切削刃（其中副切削刃两条）和两个刀尖（图 1—15b）。

3. 测量车刀角度的三个基准坐标平面

为了测量车刀的角度，还需要假想三个基准坐标平面。

（1）基面 p_r。通过切削刃上某选定点，垂直于该点主运动方向的平面称为基面，如图 1—16a 和图 1—17 所示。对于车削，一般可认为基面是水平面。

（2）切削平面 p_s。切削平面是指通过切削刃上某选定点，与切削刃相切并垂直于基面的平面；其中，选定点在主切削刃上的为主切削平面 p_s，选定点在副切削刃上的为副切削平面 p_s'，如图 1—16 所示。切削平面一般是指主切削平面。对于车削，一般可认为切削平面是铅垂面。

（3）正交平面 p_o。通过切削刃上的某选定点，并同时垂直于基面和切削平面的平面；也可以认为，正交平面是指通过切削刃上的某选定点，垂直于切削刃在基面上投影的平面，如图 1—18 所示。通过主切削刃上 P 点的正交平面简称为主正交平面 p_o，通过副切削刃上

P'点的正交平面简称为副正交平面 p_o'。正交平面一般是指主正交平面。对于车削，一般可认为正交平面是铅垂面。

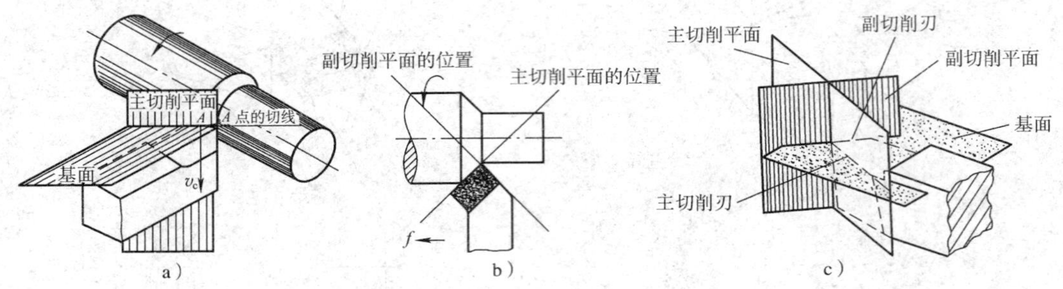

图 1—16　基面和切削平面

a）基面和主切削平面　b）主、副切削平面的位置　c）基面和主、副切削平面

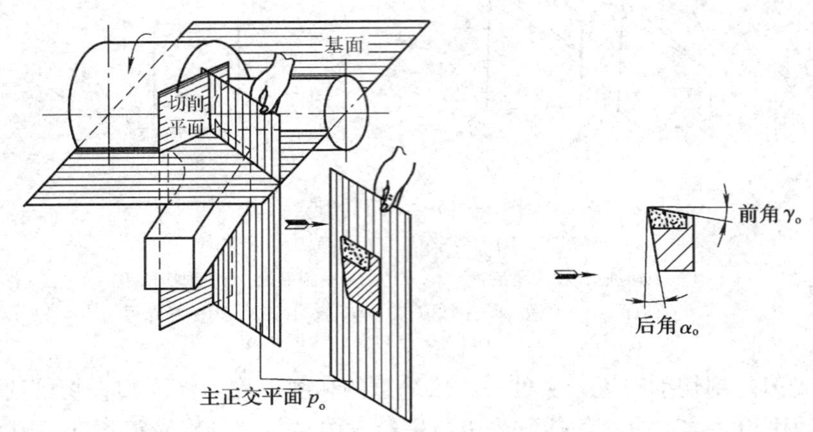

图 1—17　测量车刀角度的三个基准坐标平面

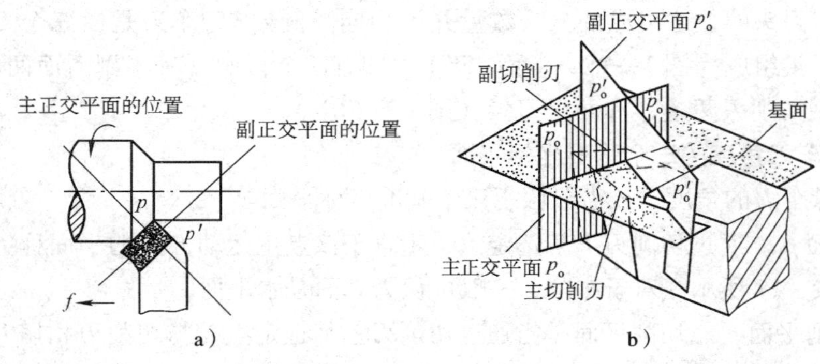

图 1—18　主正交平面和副正交平面

a）主、副正交平面的位置　b）基面和主、副正交平面

4. 车刀切削部分的几何角度

车刀切削部分共有六个独立的基本角度，主偏角 κ_r、副偏角 κ_r'、前角 γ_o、主后角 α_o、副后角 α_o'和刃倾角 λ_s；还有两个派生角度，刀尖角 ε_r 和楔角 β_o。

车刀切削部分的角度及其主要作用和初步选择，见表 1—8。

表 1—8　车刀切削部分的几何角度及其主要作用和初步选择一览表

所在基准坐标平面	图示	角度	定义	主要作用	初步选择
基面 p_r	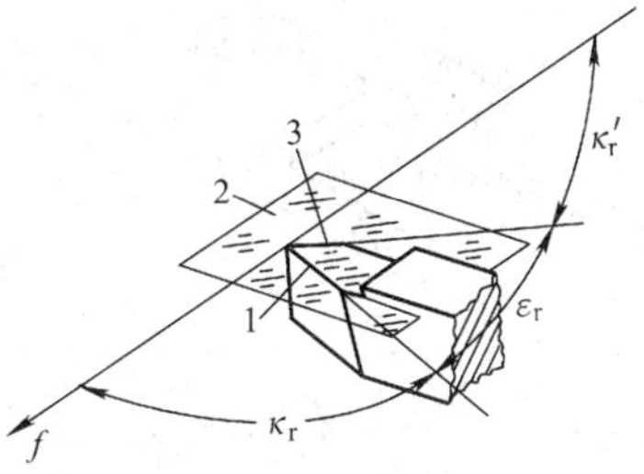 1—主切削刃在基面上的投影 2—基面 3—副切削刃在基面上的投影 f—进给运动方向	主偏角 κ_r	主切削刃在基面上的投影与进给方向间的夹角 常用车刀的主偏角有 45°、60°、75°和 90°等几种	改变主切削刃的受力及导热能力，影响切屑的厚度	1. 选择主偏角应首先考虑工件的形状。如加工工件的台阶，必须选取 $\kappa_r \geq 90°$；加工中间切入的工件表面时，一般选用 $\kappa_r = 45° \sim 60°$，如图 1—19 所示 2. 工件的刚度高或工件的材料较硬，应选较小的主偏角；反之，应选较大的主偏角
		副偏角 κ'_r	副切削刃在基面上的投影与背离进给方向间的夹角	减少副切削刃与工件已加工表面间的摩擦。减小副偏角，可以减小工件的表面粗糙度值；但是副偏角不能太小，否则会使背向力增大	1. 副偏角一般采用 $\kappa'_r = 6° \sim 8°$ 2. 精车时，如果在副切削刃上刃磨修光刃，则取 $\kappa'_r = 0°$ 3. 加工中间切入的工件表面时，副偏角应取 $\kappa'_r = 45° \sim 60°$，如图 1—19 所示
		刀尖角 ε_r	主、副切削刃在基面上的投影间的夹角	影响刀尖强度和散热性能	$\varepsilon_r = 180° - (\kappa_r + \kappa'_r)$
主正交平面 p_o	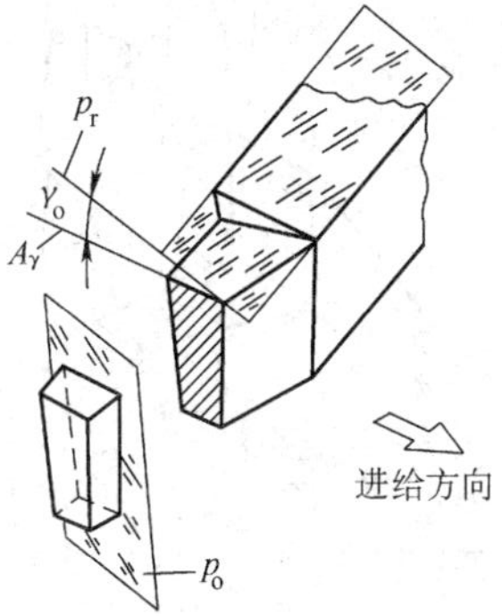 进给方向	前角 γ_o	前面和基面间的夹角	影响刃口的锋利程度和强度，影响切削变形和切削力	前角的数值与工件材料、加工性质和刀具材料有关： 1. 车削塑性材料（如钢料）或工件材料较软时，可选择较大的前角；车削脆性材料（如灰铸铁）或工件材料较硬时，可选择较小的前角 2. 粗加工，尤其是车削有硬皮的铸锻件时，应选取较小的前角；精加工时，应选取较大的前角 3. 车刀材料的强度和韧性较差时（如硬质合金车刀），应取较小值；反之（如高速钢车刀），可取较大值 车刀前角一般选择 $\gamma_o = -5° \sim 25°$。车削中碳钢（如 45 钢）工件，用高速钢车刀时，选取 $\gamma_o = 20° \sim 25°$；用硬质合金车刀时，粗车选取 $\gamma_o = 10° \sim 15°$，精车选取 $\gamma_o = 13° \sim 18°$

续表

所在基准坐标平面	图示	角度	定义	主要作用	初步选择
主正交平面 p_o	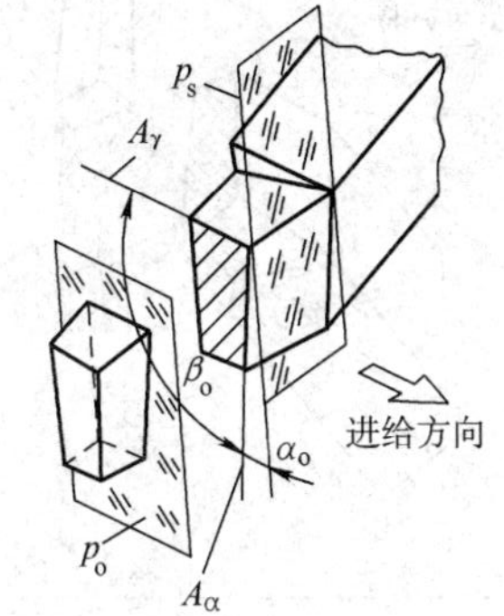	主后角 α_o	主后面和主切削平面间的夹角	减少车刀主后面和工件过渡表面间的摩擦	1. 粗加工时，应取较小的主后角；精加工时，应取较大的主后角 2. 工件材料较硬时，后角宜取较小值；工件材料较软时，后角宜取较大值 车刀后角一般选择 $\alpha_o = 4° \sim 12°$。车削中碳钢工件，用高速钢车刀时，粗车选取 $\alpha_o = 6° \sim 8°$，精车选取 $\alpha_o = 8° \sim 12°$；用硬质合金车刀时，粗车选取 $\alpha_o = 5° \sim 7°$，精车选取 $\alpha_o = 6° \sim 9°$
		楔角 β_o	前面和主后面间的夹角	影响刀头截面的大小，从而影响刀头的强度	楔角可用下式计算： $\beta_o = 90° - (\gamma_o + \alpha_o)$
副正交平面 p_o'	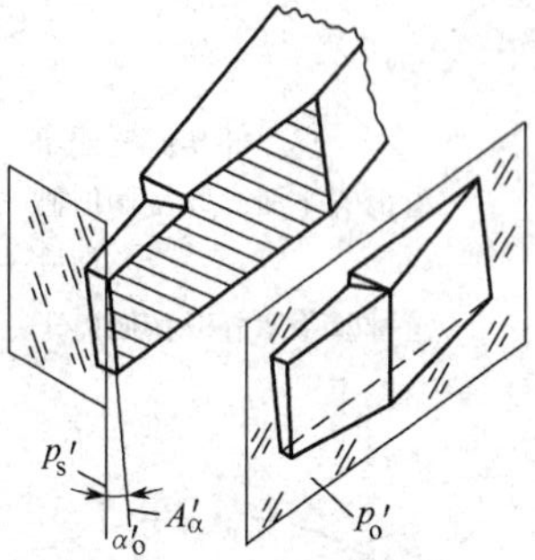	副后角 α'_o	副后面和副切削平面间的夹角	减少车刀副后面和工件已加工表面间的摩擦	1. 副后角 α'_o 一般磨成与主后角 α_o 大小相等 2. 在切断刀等特殊情况下，为了保证刀具的强度，副后角应取较小值：$\alpha'_o = 1° \sim 2°$
主切削平面 p_s	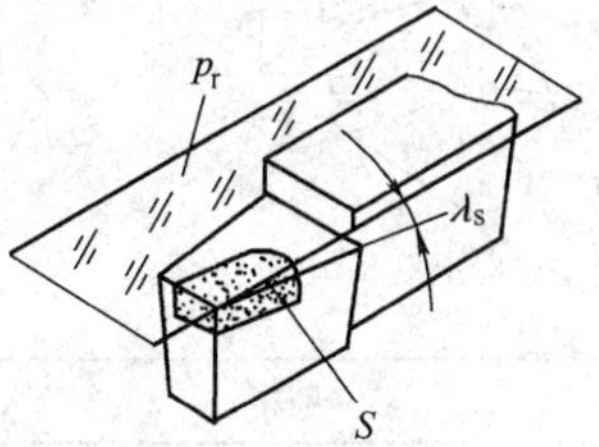	刃倾角 λ_s	主切削刃与基面间的夹角	控制排屑方向。当刃倾角为负值时，可增加刀头强度，并在车刀受冲击时保护刀尖	见表1—10中的适用场合

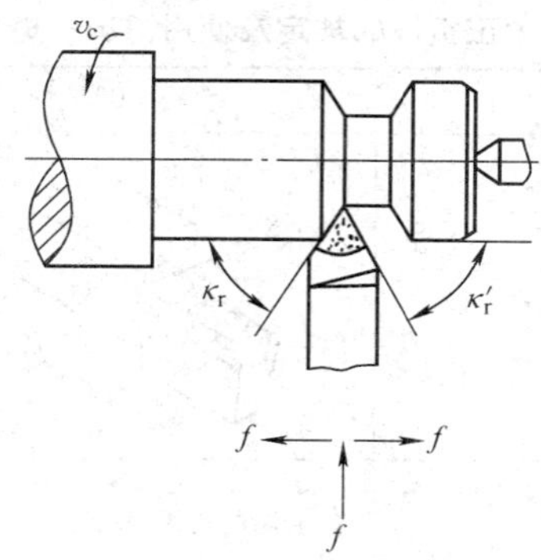

图 1—19　加工中间切入工件表面时的车刀主、副偏角

5. 车刀的部分角度正负值规定

车刀切削部分的基本角度中，主偏角 κ_r 和副偏角 κ_r' 没有正负值规定，但前角 γ_o、主后角 α_o 和刃倾角 λ_s 有正负值规定。

（1）车刀前角和后角的正负值规定。车刀前角和后角分别有正值、零度和负值三种，见表 1—9。

表 1—9　　车刀前角和后角正负值的规定一览表

角度值		正值	零度	负值
前角 γ_o	图示	p_r A_γ $\gamma_o>0°$ $<90°$ p_s $\gamma_o>0°$	p_r A_γ $\gamma_o=0°$ $90°$ p_s $\gamma_o=0°$	$\gamma_o<0°$ A_γ p_r $>90°$ p_s $\gamma_o<0°$
	正负值规定	前面 A_γ 与切削平面 p_s 间的夹角小于 90°时	前面 A_γ 与切削平面 p_s 间的夹角等于 90°时	前面 A_γ 与切削平面 p_s 间的夹角大于 90°时
主后角 α_o	图示	p_r A_α $\alpha_o>0°$ $<90°$ p_s $\alpha_o>0°$	p_r A_α $\alpha_o=0°$ $90°$ p_s $\alpha_o=0°$	p_s p_r A_α $\alpha_o<0°$ $>90°$ $\alpha_o<0°$
	正负值规定	后面 A_α 与基面 p_r 间的夹角小于 90°时	后面 A_α 与基面 p_r 间的夹角等于 90°时	后面 A_α 与基面 p_r 间的夹角大于 90°时

（2）车刀刃倾角 λ_s 的正负值规定。车刀刃倾角有正值、零度和负值三种规定，其排出切屑情况、刀尖强度和冲击点先接触车刀的位置，见表 1—10。

表 1—10　　刃倾角正负值的规定及使用情况一览表

角度值	$\lambda_s>0°$	$\lambda_s=0°$	$\lambda_s<0°$
正负值的规定	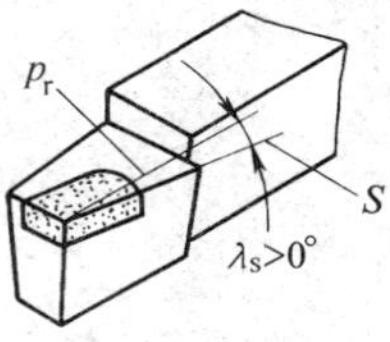	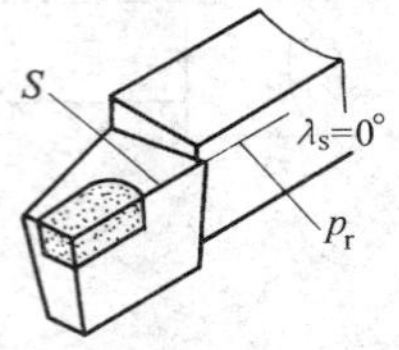	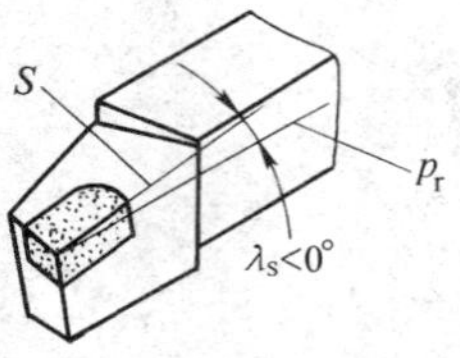
	刀尖位于主切削刃 S 的最高点	主切削刃 S 和基面 p_r 平行	刀尖位于主切削刃 S 的最低点
排出切屑情况	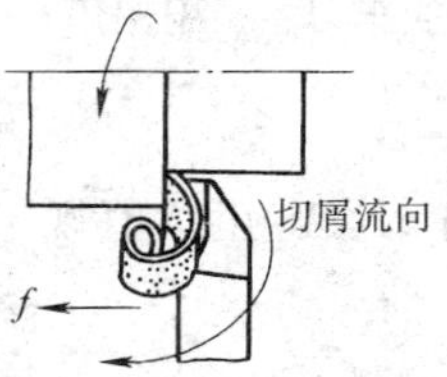	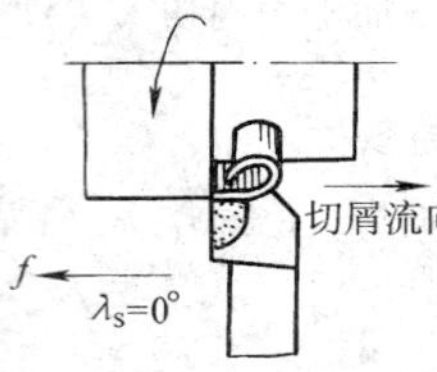	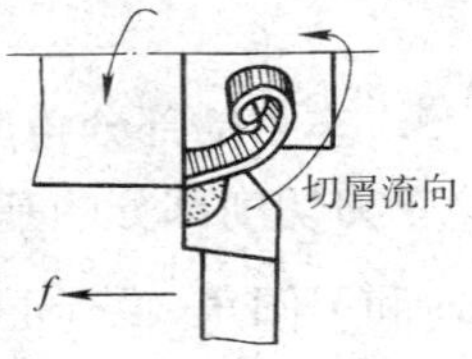
	车削时，切屑排向工件的待加工表面方向，切屑不易划伤已加工表面，车出的工件表面粗糙度值小	车削时，切屑基本上沿垂直于主切削刃方向排出	车削时，切屑排向工件的已加工表面方向，容易划伤已加工表面
刀尖强度和冲击点先接触车刀的位置	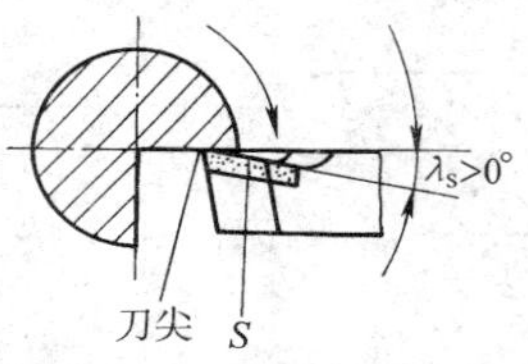	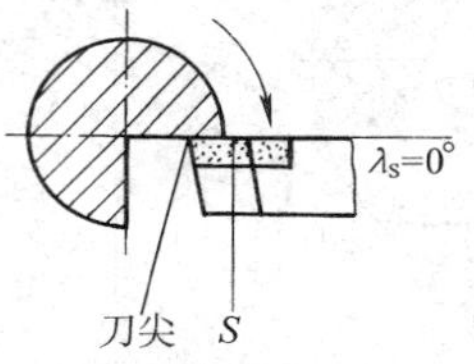	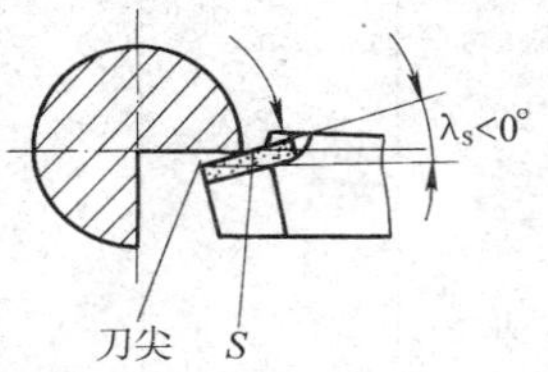
	刀尖强度较差，尤其是在车削不圆整的工件受冲击时，冲击点先接触刀尖，刀尖易损坏	刀尖强度一般，冲击点同时接触刀尖和切削刃	刀尖强度高，在车削有冲击的工件时，冲击点先接触远离刀尖的切削刃处，从而保护了刀尖
适用场合	精车时，应取正值，λ_s 为 0°～8°	工件圆整、余量均匀的，一般车削时，应取 $\lambda_s=0°$	断续车削时，为了增加刀头强度，取负值，λ_s 为 -15°～-5°

课题 5　车削运动与切削用量

学习目标

1. 掌握车削运动的概念。
2. 理解工件上形成的表面。

3. 掌握切削用量的概念和计算。

一、车削运动

车削时，为了切除多余的金属，必须使工件和车刀产生相对的车削运动。按其作用，车削运动可分为主运动和进给运动两种，如图1—20所示。

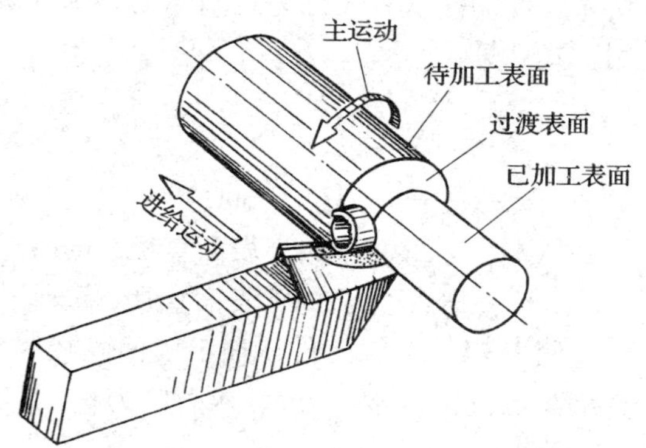

图1—20　车削运动

1. 主运动

机床的主要运动，它消耗机床的主要动力。车削时，工件的旋转运动是主运动，通常主运动的速度较高。

2. 进给运动

使工件的多余材料不断被去除的切削运动。

二、工件上形成的表面

车削时，工件上会形成已加工表面、过渡表面和待加工表面，如图1—21所示。

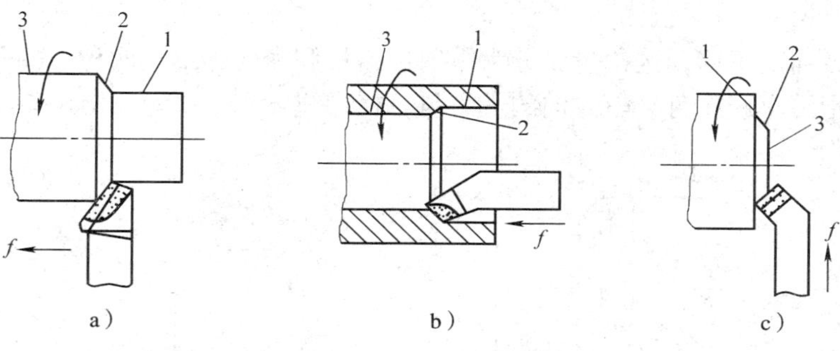

图1—21　车削时工件上的三个表面

a）车外圆　b）车孔　c）车端面

1—已加工表面　2—过渡表面　3—待加工表面

1. 已加工表面

工件上经车刀车削后产生的新表面。

2. 过渡表面

工件上由切削刃正在形成的那部分表面。

3. 待加工表面

工件上有待切除的表面。

三、切削用量

切削用量是表示主运动及进给运动大小的参数，是背吃刀量、进给量和切削速度三者的总称，故又把这三者称为切削用量的三要素。

1. 背吃刀量 a_p

工件上已加工表面和待加工表面间的垂直距离称为背吃刀量，如图 1—22 中的尺寸 a_p。背吃刀量是每次进给时车刀切入工件的深度，又称为切削深度。车外圆时，背吃刀量可用下式计算：

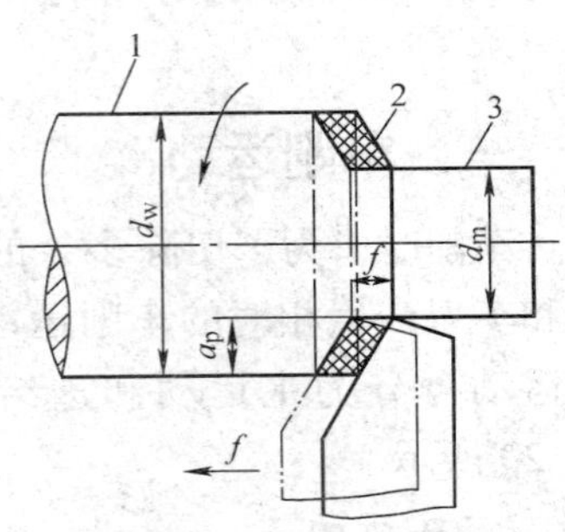

图 1—22 背吃刀量和进给量
1—待加工表面 2—过渡表面
3—已加工表面

$$a_p = \frac{d_w - d_m}{2}$$

式中 a_p——背吃刀量，mm；

d_w——工件待加工表面直径，mm；

d_m——工件已加工表面直径，mm。

例 1—1 已知工件待加工表面直径为 ϕ95 mm，现一次进给车至直径为 ϕ90 mm，求背吃刀量。

解：

$$a_p = \frac{d_w - d_m}{2} = \frac{95 - 90}{2} = 2.5 \text{ mm}$$

2. 进给量 f

工件每转一周，车刀沿进给方向移动的距离称为进给量，是衡量进给运动大小的参数。如图 1—23 中的尺寸 f，单位为 mm/r。

根据进给方向的不同，进给量又分为纵向进给量和横向进给量两种，如图 1—23 所示。纵向进给量是指沿车床床身导轨方向的进给量，横向进给量是指垂直于车床床身导轨方向的进给量。

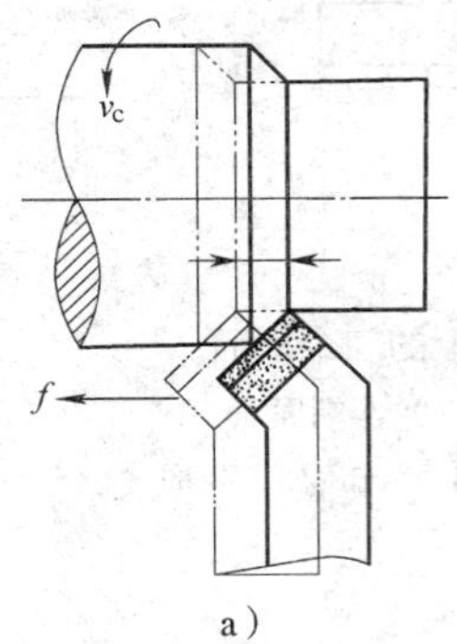

a）

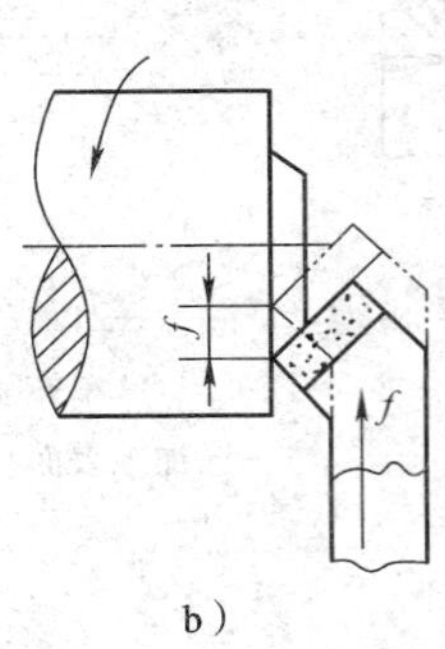

b）

图 1—23 纵、横向进给量
a）纵向进给量 b）横向进给量

3. 切削速度 v_c

车削时，刀具切削刃上的某选定点相对于待加工表面在主运动方向上的瞬时速度，称为切削速度。切削速度也可理解为车刀在 1 min 内车削工件表面的理论展开直线长度（假定切屑没有变形或收缩），如图 1—24 所示。切削速度是衡量主运动大小的参数，单

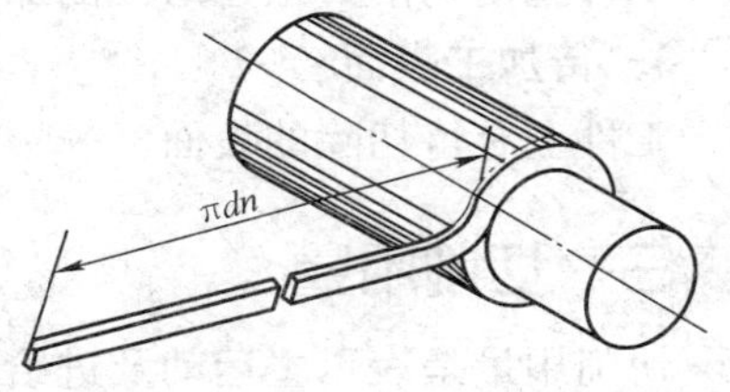

图 1—24 切削速度示意图

位为 m/min。

切削速度可用下式计算：

$$v_c = \frac{\pi dn}{1\ 000} \approx \frac{dn}{318}$$

式中　v_c——切削速度，m/min；

d——工件（或刀具）的直径，mm，一般取最大直径；

n——车床主轴转速，r/min。

例 1—2　车削直径为 60 mm 的工件外圆，选定的车床主轴转速为 600 r/min，求切削速度。

解：

$$v_c = \frac{\pi dn}{1\ 000} = \frac{3.14 \times 60 \times 600}{1\ 000} = 113\ \text{m/min}$$

在实际生产中，往往是已知工件直径，并根据工件材料、刀具材料和加工要求等因素选定切削速度，再将切削速度换算成车床主轴转速，以便调整机床，这时可把上式写成：

$$n = \frac{1\ 000 v_c}{\pi d} \approx \frac{318 v_c}{d}$$

例 1—3　在 CA6140 型卧式车床上车削 ϕ260 mm 的带轮外圆，选择切削速度为 90 m/min，求车床主轴转速。

解：

$$n = \frac{1\ 000 v_c}{\pi d} = \frac{1\ 000 \times 90}{3.14 \times 260} = 110\ \text{r/min}$$

根据计算所得的车床主轴转速，从车床铭牌上选取与之接近的转速。故车削该工件时，应从 CA6140 型卧式车床铭牌上选取 $n = 100$ r/min 为车床实际转速。

课后练习

1. 车削的特点有哪些？
2. 简述机床特性代号的分类及定义。
3. 解释 CY6140 型、C6136A 型机床型号的含义。
4. 常用卡盘有哪两种？简述三爪自定心卡盘的结构组成。
5. 常用的车刀有哪几种？能够用来车削工件外圆的车刀有哪几种？
6. 刀具切削部分材料必须具备哪些基本性能？
7. 常用的车刀材料有哪两类？简述硬质合金车刀的分类和适合加工的材料。
8. 车刀由哪两部分组成？各部分的作用是什么？
9. 什么是基面、切削平面和正交平面？它们的相互关系是什么？
10. 车刀刃倾角的大小如何选择？

11. 车削运动的组成是什么？

12. 什么是背吃刀量、进给量和切削速度？

13. 已知工件待加工表面直径为 ϕ60 mm，现一次进给车至直径为 ϕ55 mm，求背吃刀量。

14. 车削直径为 ϕ50 mm 的工件外圆，选定的车床主轴转速为 450 r/min，求切削速度。

模块二

简单轴类工件加工

课题1 粗车台阶轴

学习目标

1. 熟悉车轴类工件常用车刀。
2. 掌握不同加工阶段车刀的选择方法。
3. 熟悉粗车时切削用量的选择。
4. 掌握长度单位及游标卡尺的使用。
5. 具有粗车台阶轴的技能。

一、识读简单轴类零件图

轴类零件是机器中的常用零件之一，一般由图2—1中外圆柱面4、端面2、台阶6、倒角1、圆角3、槽5和中心孔7等结构要素构成。车削轴类工件时，除了保证图样上标注的尺寸精度和表面粗糙度要求外，一般还应达到一定的几何公差要求，图2—1零件在设计时提出了圆柱度和径向圆跳动公差要求。

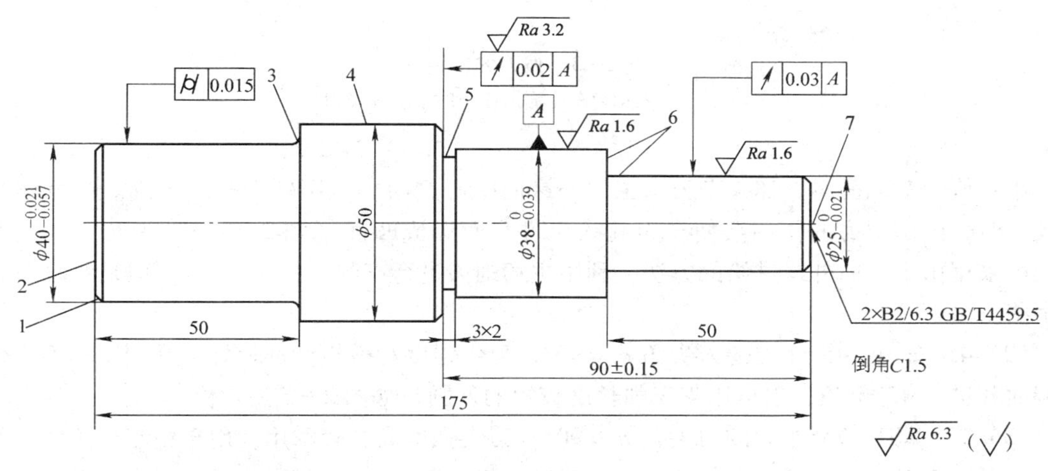

图2—1 台阶轴

1—倒角 2—端面 3—圆角 4—外圆柱面（外圆） 5—槽 6—台阶 7—中心孔

二、车轴类工件常用车刀

车削轴类工件常用的车刀有90°车刀、45°车刀、车槽刀等刀具。

90°车刀是轴类工件中最为常用的一种刀具，一般用于车削工件的外圆、端面和台阶。图2—2所示的90°外圆车刀为焊接式刀具，所包含主要结构有刀柄和刀头两个部分；刀头部分包含前面、主后面、副后面、主切削刃、副切削刃和刀尖。

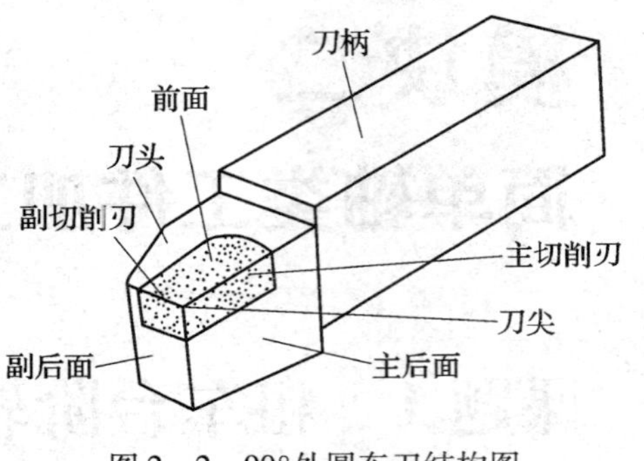

图2—2　90°外圆车刀结构图

1. 车轴类工件常用车刀的应用

（1）90°车刀。90°车刀又称为偏刀，分为左偏刀和右偏刀。90°右偏刀一般用来车削工件的外圆、端面和右向台阶（图2—3a）。因为其主偏角较大，不易使工件产生径向弯曲。

左偏刀一般用来车削工件的外圆和左向台阶，也适用于车削直径较大且长度较短工件的端面（图2—3b）。

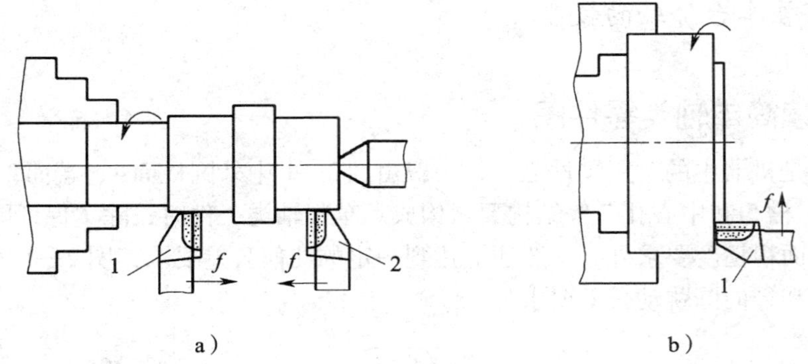

图2—3　偏刀的使用
a）用左、右偏刀车台阶　b）用左偏刀车端面
1—左偏刀　2—右偏刀

用右偏刀车端面时，如果车刀由工件外缘向中心进给，是用副切削刃车削。当背吃刀量较大时，因切削力的作用会使车刀扎入工件，而形成凹面（图2—4a）。为防止产生凹面，可采用由中心向外缘进给的方法，利用主切削刃进行车削（图2—4b），但是背吃刀量应小些。

（2）45°车刀。45°车刀的刀尖角 $\varepsilon_r = 90°$，刀尖强度和散热性都较好。常用于车削工件的端面和进行45°倒角，也可用来车削长度较短的外圆，如图2—5所示。

（3）75°车刀。75°车刀的刀尖角 $\varepsilon_r > 90°$，刀尖强度高，较耐用。用于粗车台阶轴的外圆，也可用来对加工余量较大的铸锻件外圆进行强力车削。75°左偏刀还适用于车削铸锻件的大端面（图2—6）。

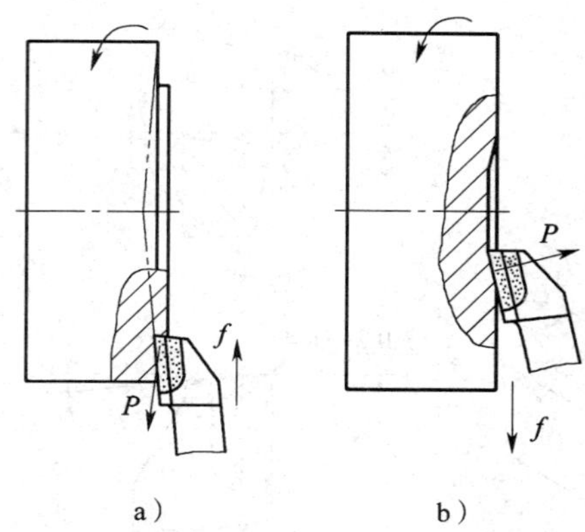

图 2—4　车端面

a）右偏刀由外缘向中心进给　b）右偏刀由中心向外缘进给

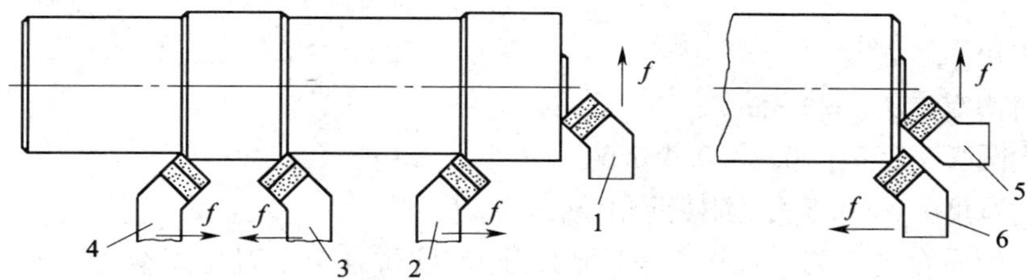

图 2—5　45°车刀的应用

1、3、6—右车刀　2、4、5—左车刀

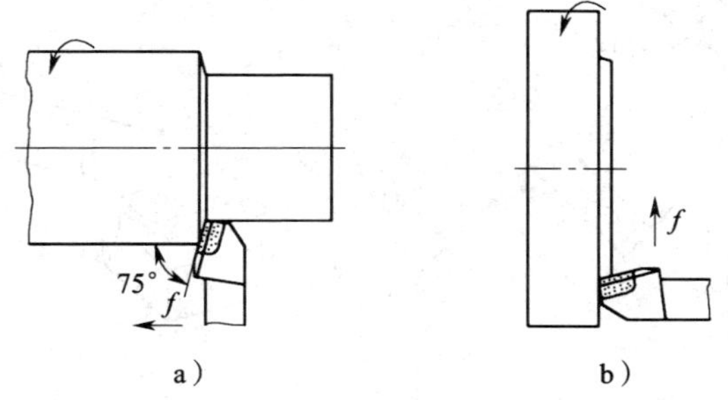

图 2—6　75°车刀的应用

a）75°右车刀车外圆　b）75°左车刀车端面

2. 车轴类工件常用车刀的几何参数

（1）90°硬质合金车刀。如图 2—7 所示为 90°硬质合金车刀几何参数。

几何参数如下：

1）主偏角 $\kappa_r=90°$，副偏角 $\kappa_r'=6°$。

2）前角 $\gamma_o=15°$。

3）主后角 $\alpha_o=8°\sim11°$，副后角 $\alpha_o'=6°\sim8°$。

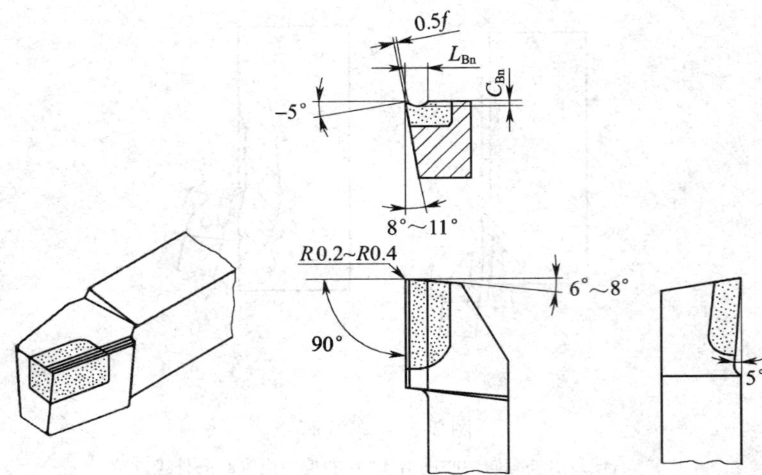

图 2—7　90°硬质合金车刀

4）刃倾角 $\lambda_s=5°$。

5）断屑槽宽度 $L_{Bn}=5$ mm。

6）刀尖圆弧半径 $r_\varepsilon=0.2\sim0.4$ mm。

7）倒棱宽度 $b_{\gamma1}=0.5f$，倒棱前角 $\gamma_{o1}=-5°$。

（2）45°硬质合金车刀。如图 2—8 所示为 45°硬质合金车刀几何参数。

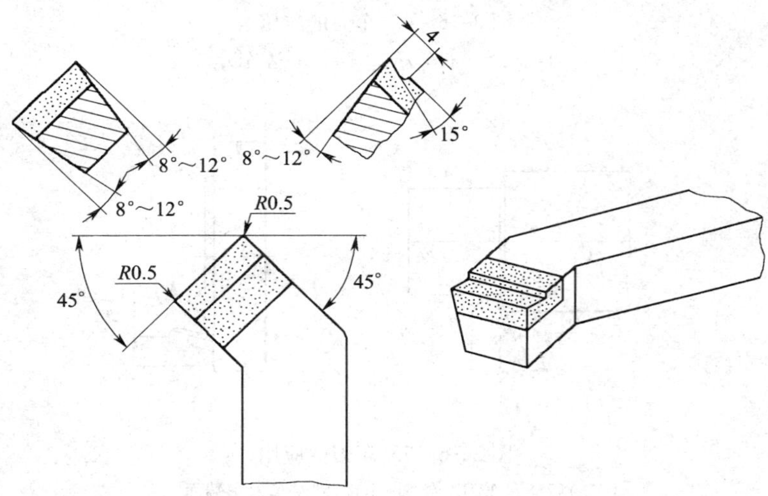

图 2—8　45°硬质合金车刀

几何参数如下：

1）主偏角 $\kappa_r=45°$，副偏角 $\kappa_r'=45°$。

2）前角 $\gamma_o=15°$。

3）主后角 $\alpha_o=8°\sim12°$；副后角 $\alpha_o'=8°\sim12°$。

4）刃倾角 $\lambda_s=0°$。

5）断屑槽宽度 $L_{Bn}=4$ mm。

（3）75°硬质合金车刀。如图 2—9 所示为 75°硬质合金车刀几何参数。

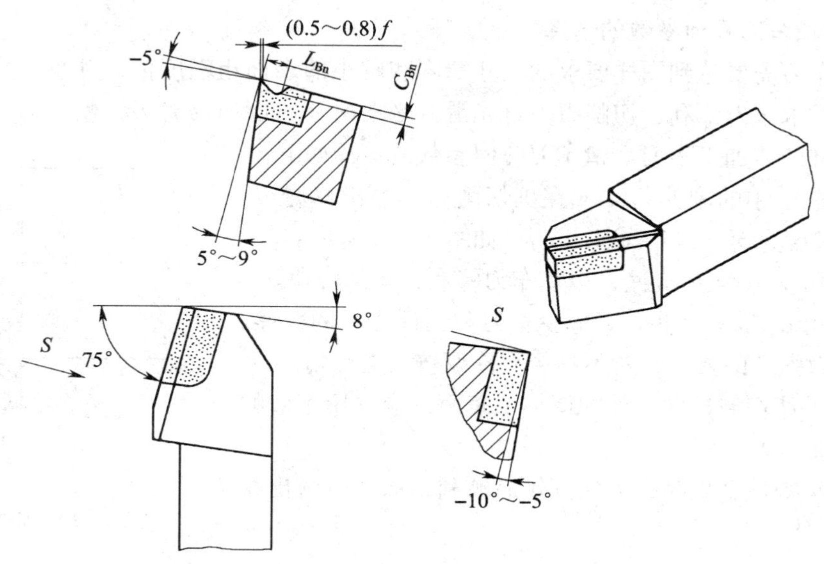

图 2—9　75°硬质合金车刀

几何参数如下：

1）主偏角 $\kappa_r=75°$，副偏角 $\kappa_r'=8°$。

2）主后角 $\alpha_o=5°\sim9°$，副后角 $\alpha_o'=6°\sim8°$。

3）刃倾角 $\lambda_s=-10°\sim-5°$。

4）断屑槽宽度 $L_{Bn}=4$ mm，断屑槽深度 $C_{Bn}'=0.6$ mm。

5）倒棱宽度 $b_{\gamma 1}=(0.5\sim0.8)f$，倒棱前角 $\gamma_{o1}=-5°$。

三、不同加工阶段车刀的选择

车削轴类工件一般可分为粗车和精车两个阶段。粗车的作用是提高劳动生产率，尽快将毛坯上的余量车去。精车的作用是使工件达到规定的技术要求。粗车和精车的目的不同，对所用车刀的要求也存在着较大差别。

1．外圆粗车刀几何参数的选择

为了适应粗车时吃刀深和进给快的特点，粗车刀要有足够的强度，能在一次进给中车削较多的余量。选择粗车刀几何参数的一般原则是：

（1）主偏角 κ_r 不宜太小，否则车削时容易引起振动。当工件外圆形状许可时，主偏角最好选择 75°左右，以使车刀有较大的刀尖角 ε_r。这样车刀不但能承受较大的切削力，还有利于切削刃散热。

（2）为了增加刀头强度，前角 γ_o 和后角 α_o 应选小些。但必须注意，前角太小会使切削力增大。

(3) 粗车刀一般采用刃倾角 $\lambda_s = -3° \sim 0°$，以增加刀头强度。

(4) 粗车塑性金属（如中碳钢）时，为使切屑能自行折断，应在车刀前面上磨有断屑槽。常用的断屑槽有直线形和圆弧形两种，断屑槽的尺寸主要取决于背吃刀量和进给量。

2. 外圆精车刀几何参数的选择

工件精车后需要达到图样要求的尺寸精度和较小的表面粗糙度值，并且车去的余量较少。因此，要求车刀锋利，切削刃平直光滑，必要时还可磨出修光刃。精车时，必须保证切屑排向工件的待加工表面。精车刀几何参数的选择如下：

(1) 应取较小的副偏角 κ_r' 或在副切削刃上磨出修光刃。一般修光刃长度为 $b_\varepsilon' = (1.2 \sim 1.5)f$，如图 2—10 所示。

(2) 前角 γ_o 一般应大些，以使车刀锋利，车削轻快。

(3) 后角 α_o 也应大些，以减少车刀和工件之间的摩擦。精车时对车刀强度的要求相对不高，允许取较大的后角。

(4) 为了使切屑排向工件的待加工表面，应选用正值的刃倾角，即 $\lambda_s = 3° \sim 8°$。

(5) 精车塑性金属时，为保证排屑顺利，前面应磨出相应宽度的断屑槽。

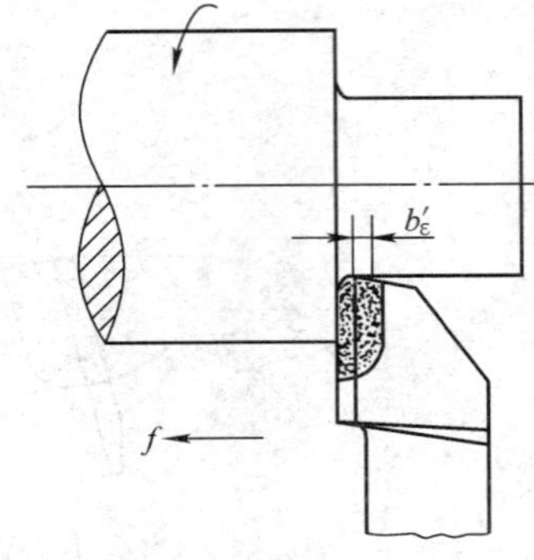

图 2—10　修光刃

四、粗车时切削用量的选择

粗车时选择切削用量主要是考虑提高生产效率，同时兼顾刀具寿命。加大背吃刀量 a_p、进给量 f 和提高切削速度 v_c 都能提高生产效率；但是对刀具寿命都有不利影响，其中影响最小的是 a_p，其次是 f，最大是 v_c。所以粗车时选择切削用量，首先应选择一个尽可能大的背吃刀量 a_p，其次选择一个较大的进给量 f，最后根据已选定的 a_p 值和 f 值，在工艺系统刚度、刀具寿命和机床功率许可的条件下选择一个合理的切削速度 v_c。

五、长度单位

机械工程图常用标注单位为毫米（mm）和英寸（in），我国国家标准规定一般选用毫米（mm）为单位，在机械工程图上一般不标注单位代号，如“36”表示为“36 mm”。

英寸（in）一般为欧美等国家所采用的单位，标注形式如“1.78 in”。毫米（mm）和英寸（in）之间可以进行换算，换算形式为 1 in = 25.4 mm。

六、游标卡尺

游标卡尺是车工最常用的中等精度的通用量具，其结构简单，使用方便。游标卡尺的测量范围分别为 0 ~ 125 mm、0 ~ 150 mm、0 ~ 200 mm、0 ~ 300 mm 等。按式样不同，游标卡尺可分为三用游标卡尺和双面游标卡尺，如图 2—11 所示。

(1) 游标卡尺的结构

1) 三用游标卡尺的结构形状如图 2—11a 所示，主要由尺身和游标等组成。使用时，旋松固定游标用的紧固螺钉即可测量。下量爪用来测量工件的外径和长度，上量爪用来测量孔径和槽宽，深度尺用来测量工件的深度和台阶的长度。

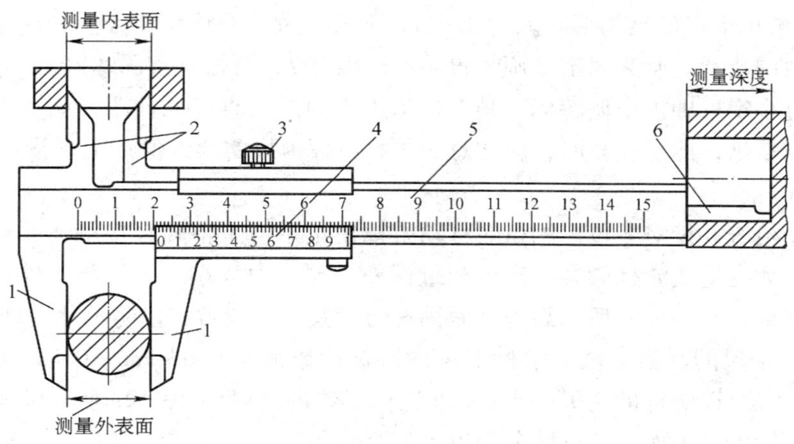

a）

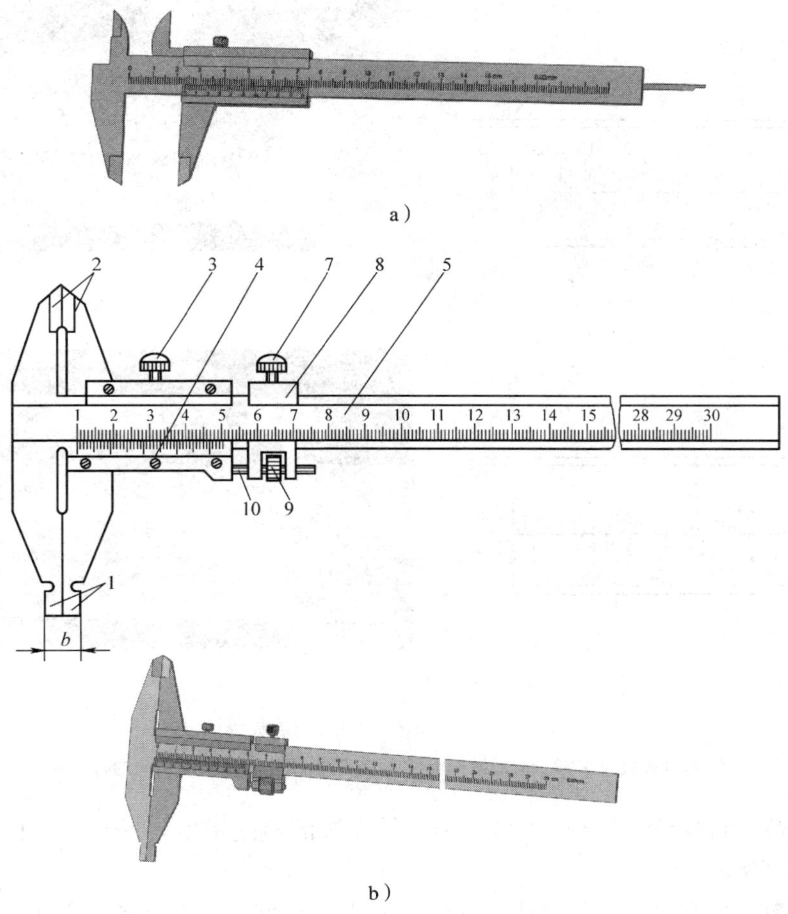

b）

图2—11 游标卡尺

a）三用游标卡尺 b）双面游标卡尺

1—下量爪 2—上量爪 3、7—紧固螺钉 4—游标 5—尺身

6—深度尺 8—微调装置 9—滚花螺母 10—小螺杆

2）双面游标卡尺的结构形状如图 2—11b 所示，为了调整尺寸方便和测量准确，在游标上增加了微调装置。旋紧固定微调装置的紧固螺钉 7，再松开紧固螺钉 3，用手指转动滚花螺母，通过小螺杆即可微调游标。其上量爪用来测量槽直径或孔距，测量工件的外径和孔径时用其下量爪，测量孔径时，应注意必须将游标卡尺的读数值加上下量爪的厚度 b（b 一般为 10 mm）。

测量前先检查并校对零位。测量时移动游标使量爪与工件轻轻接触，并且测量力要适当，测量力太大会造成游标倾斜，产生测量误差；测量力太小，卡尺与工件接触不良，使测量尺寸不准确。取得尺寸后，最好把紧固螺钉旋紧后再读数，以防尺寸变动。

（2）游标卡尺的读数方法。游标卡尺的游标读数值有 0.02 mm、0.05 mm 和 0.1 mm 三种。游标卡尺是以游标的“0”线为基准进行读数的。以图 2—12a 所示的游标读数值为 0.02 mm 的游标卡尺为例，其读数分为以下三个步骤：

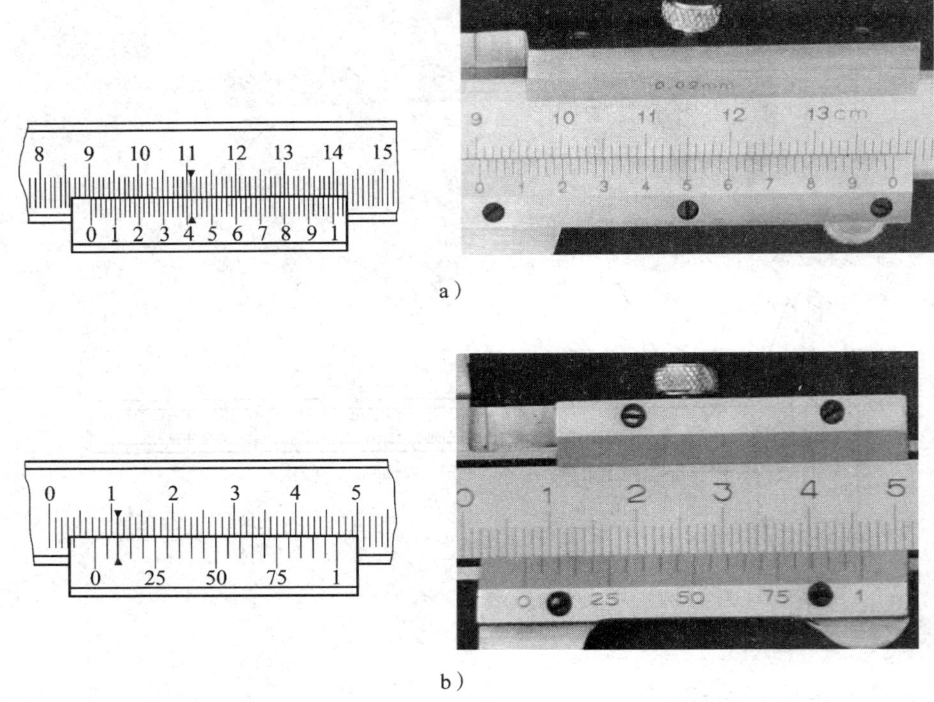

a）

b）

图 2—12　游标卡尺的识读

a）游标读数值为 0.02 mm 的游标卡尺　b）游标读数值为 0.05 mm 的游标卡尺

1）读整数。首先读出尺身上游标“0”线左边的整毫米值，尺身上每格为 1 mm，即读出整数值为 90 mm。

2）读小数。用与尺身上某刻线对齐的游标上的刻线次序数，乘以游标卡尺的游标读数值，得到小数毫米值，即读出小数部分为 $21\times0.02\ \text{mm}=0.42\ \text{mm}$。

3）整数加小数。最后将上述两项读数相加，即为被测表面的尺寸，即 $90+21\times0.02=90.42\ \text{mm}$。

例 2—1　如图 2—12b 所示为游标读数值 0.05 mm 的游标卡尺，试读出其数值。

解： 图 2—12b 所示的游标卡尺的读数为：7 mm + 2 × 0.05 mm = 7.1 mm。

七、技能训练

1. 训练内容

根据图 2—13，加工出符合图样要求的工件。

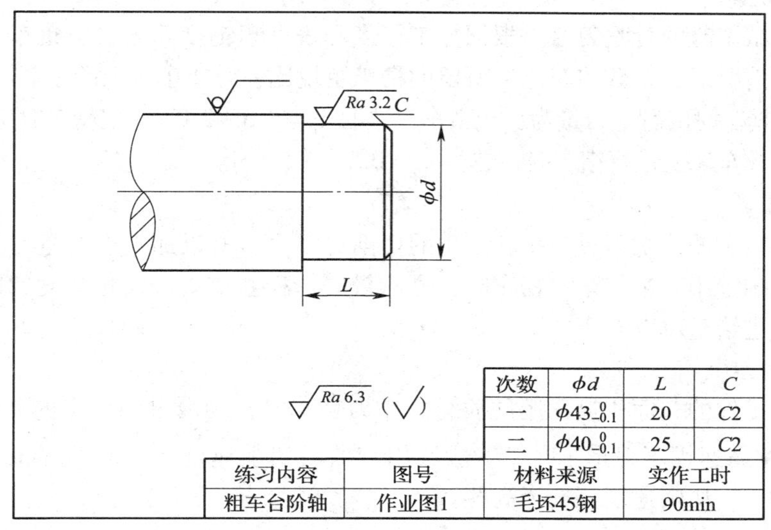

图 2—13　粗车台阶轴

2. 操作步骤

（1）利用三爪自定心卡盘夹持工件外圆，伸出 30 mm 长，找正夹紧。

（2）选择中速粗车工件端面；高速精车端面。

（3）选择中速粗车外圆，尺寸加工至 ϕd 留 0.5 mm 余量，长度尺寸加工至 L（长度留精车余量 0.1 ~ 0.2 mm）。

（4）选择中速车削外圆至尺寸 $\phi d_{-0.1}^{\ 0}$ mm 并保证表面粗糙度，长度尺寸至要求，倒角 $C2$。

（5）测量合格后取下工件。

课题 2　精车台阶轴

学习目标

1. 掌握精车刀的几何参数的选择。
2. 掌握半精车、精车时切削用量的选择。
3. 掌握千分尺的使用。

4. 具有精车台阶轴的技能。

一、半精车、精车时切削用量的选择

半精车、精车时选择切削用量应首先考虑保证加工质量，并注意兼顾生产率和刀具寿命。

1. 背吃刀量 a_p

半精车、精车时的背吃刀量是根据加工精度和表面粗糙度要求，由粗车后留下的余量确定的。一般情况下，在数控车床上所留的精车余量比在卧式车床上的小。

半精车、精车时的背吃刀量为：半精车时选取 $a_p = 0.5 \sim 2.0$ mm；精车时选取 $a_p = 0.1 \sim 0.8$ mm。在数控车床上进行精车时，选取 $a_p = 0.1 \sim 0.5$ mm。

2. 进给量 f

半精车、精车的背吃刀量较小，产生的切削力不大，所以加大进给量对工艺系统的强度和刚度的影响较小。半精车、精车时，进给量的选择主要受表面粗糙度的限制。表面粗糙度值越小，进给量可选择小些。

3. 切削速度 v_c

为了提高工件的表面质量，用硬质合金车刀精车时，一般采用较高的切削速度（$v_c > 80$ m/min）；用高速钢车刀精车时，一般选用较低的切削速度（$v_c < 5$ m/min）。在数控车床上车削工件时，切削速度可选择高些。

二、千分尺

1. 千分尺的构造

千分尺是机械零件加工中最为常用的一种精密量具。千分尺按照用途可分为外径千分尺、内径千分尺、内测千分尺、深度千分尺、螺纹千分尺和壁厚千分尺等。若不特别说明，千分尺即指外径千分尺。如图 2—14 所示为千分尺的结构，它由尺架、固定测砧、测微螺杆、测力装置和锁紧装置等组成。

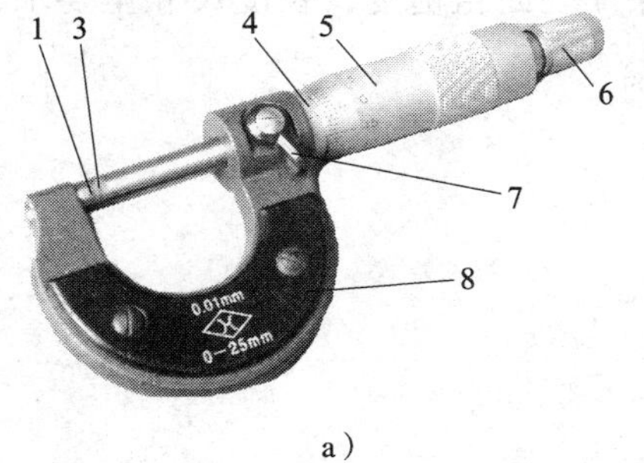

a）

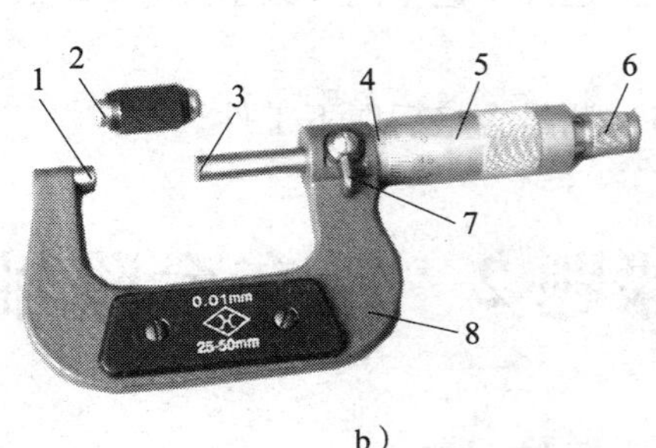

b）

图 2—14 千分尺

a）0 ~ 25 mm 千分尺 b）25 ~ 50 mm 千分尺

1—砧座 2—校对样棒 3—测微螺杆 4—固定套管 5—微分筒

6—测力装置（棘轮） 7—锁紧装置手柄 8—尺架

千分尺受测微螺杆长度的限制，每隔25 mm为一个规格，故千分尺的测量范围为0～25 mm、25～50 mm、50～75 mm、75～100 mm等。

2. 千分尺的使用

千分尺在测量前必须校正零位，如图2—15所示。如果零位不准，可用专用扳手转动固定套管。当零线偏离较多时，可松开紧定螺钉，使测微螺杆与微分筒松动，再转动微分筒来对准零位，直到微分筒的左边缘与固定套管上的“0”刻线重合，同时要使微分筒上“0”刻线对准固定套管上的基准线。

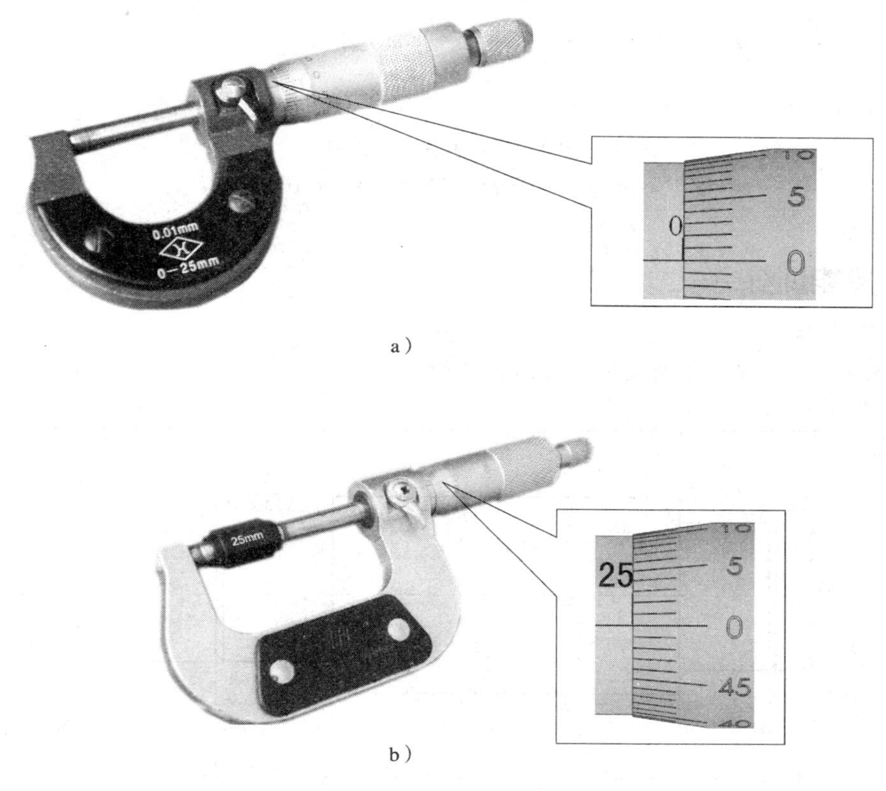

a）

b）

图2—15　千分尺的零位检查

a）0～25 mm千分尺　b）有标准量棒的千分尺

用千分尺测量工件时，千分尺可用单手握、双手握或将千分尺固定在基座上进行操作。测量工件时，先转动千分尺的微分筒，待测微螺杆的测量面接近工件被测表面时，再转动测力装置，使测微螺杆的测量面接触工件表面，当听到2～3声“咔咔”响后即可停止转动，读取工件尺寸。为防止尺寸变动，可转动锁紧装置手柄，锁紧测微螺杆。

3. 千分尺的读数方法

以图2—16a所示的0～25 mm千分尺为例，千分尺的读数步骤为：

（1）首先读出微分筒左边固定套管上露出刻线的整毫米数和半毫米数。固定套管上下两排刻线间的距离为每一格0.5 mm；即可读出固定套管上的数值为11.5 mm。

（2）再读出与固定套管基准线对准的微分筒上的格数，乘以千分尺的分度值0.01 mm；

即为 19 ×0. 01 =0. 19 mm。

（3）最后将两项读数相加，即为被测表面的尺寸，其读数为 11. 5 +0. 19 =11. 69 mm。

如图 2—16b 所示为 25 ~50 mm 千分尺。

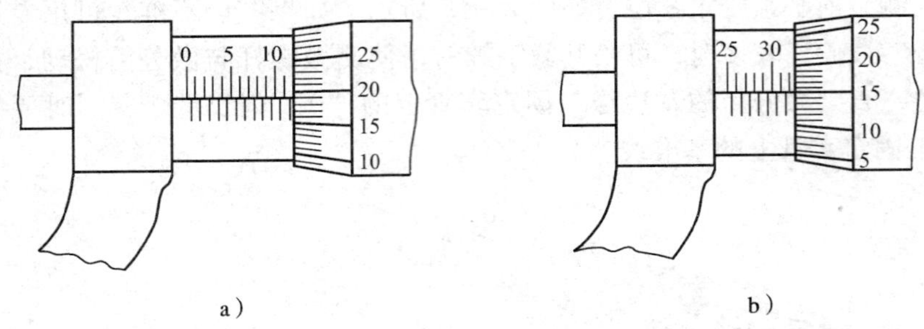

图 2—16 千分尺的识读

a）0 ~25 mm 千分尺 b）25 ~50 mm 千分尺

三、技能训练

1. 训练内容

根据图 2—17，加工出符合图样要求的工件。

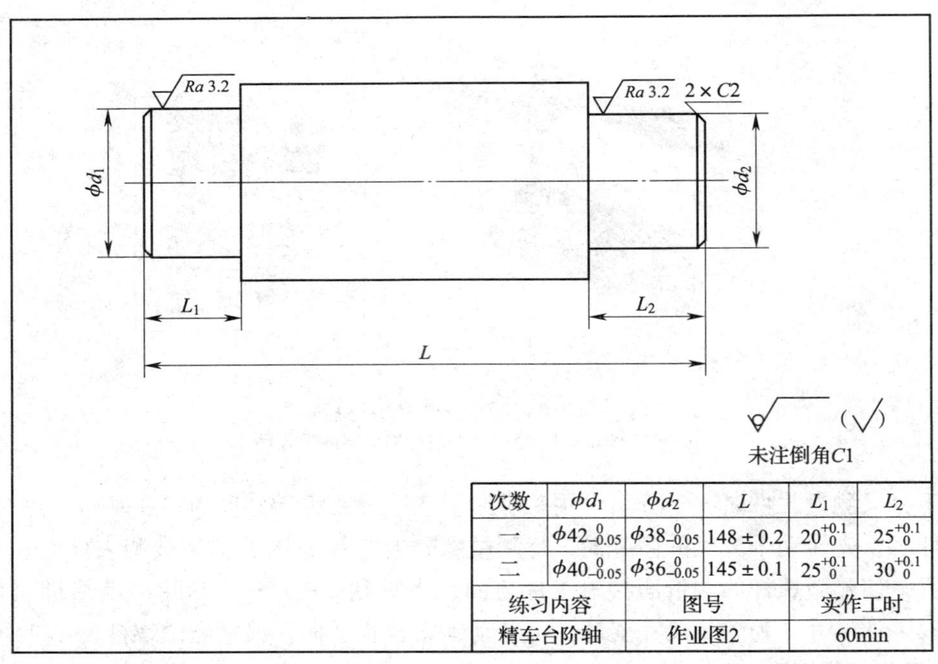

次数	ϕd_1	ϕd_2	L	L_1	L_2
一	$\phi 42^{\ 0}_{-0.05}$	$\phi 38^{\ 0}_{-0.05}$	148 ± 0.2	$20^{+0.1}_{\ 0}$	$25^{+0.1}_{\ 0}$
二	$\phi 40^{\ 0}_{-0.05}$	$\phi 36^{\ 0}_{-0.05}$	145 ± 0.1	$25^{+0.1}_{\ 0}$	$30^{+0.1}_{\ 0}$
练习内容		图号		实作工时	
精车台阶轴		作业图2		60min	

图 2—17 精车台阶轴

2. 操作步骤

（1）利用三爪自定心卡盘夹持工件外圆，伸出 40 mm 长，找正夹紧。

（2）选择中速粗车工件端面，高速精车端面。

（3）选择中速粗车外圆 ϕd_1 留 0.5 mm 余量，长度尺寸加工至 L_1（留精车余量 0.1 ~ 0.2 mm）。

（4）选择高速精车外圆 ϕd_1 至尺寸并保证表面粗糙度，长度尺寸 L_1 至要求，倒角 C_2。

（5）卸下工件，调头装夹不加工表面，伸出 40 mm 长，找正夹紧，车端面取总长 L 至要求。

（6）选择中速粗车外圆 ϕd_2 留 0.5 mm 余量，长度尺寸加工至 L_2（留精车余量 0.1 ~ 0.2 mm）。

（7）选择高速精车外圆 ϕd_2 至尺寸并保证表面粗糙度，长度尺寸 L_2 至要求，倒角 C_2。

（8）测量合格后取下工件。

课题 3　车槽

学习目标

1. 掌握车槽刀（切断刀）的几何参数。
2. 熟悉车槽刀的应用。
3. 了解车槽（切断）时切削用量的选择原则。
4. 掌握槽的检测方法。
5. 具有车槽的技能。

一、车槽刀（切断刀）几何参数

按切削部分的材料不同，车槽刀分为高速钢车槽（切断）刀和硬质合金车槽（切断）刀两种。目前使用较为普遍的是高速钢车槽刀，如图 2—18 所示。

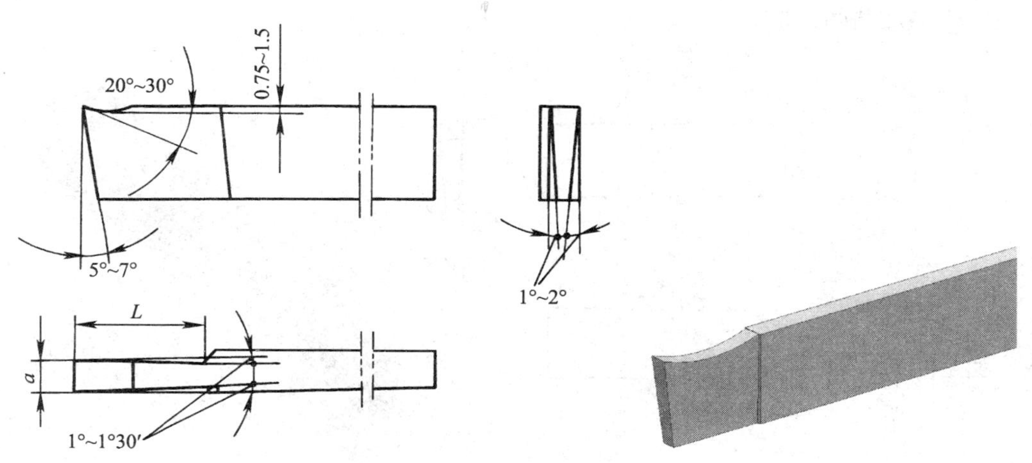

图 2—18　高速钢车槽刀

1. 高速钢车槽刀

车槽刀以横向进给为主，前端的切削刃为主切削刃，两侧的切削刃是副切削刃。高速钢车槽刀几何参数的选择原则见表2—1。

表2—1　　**高速钢车槽刀几何参数的选择原则**

角度	作用和要求	数据和公式
前角（γ_o）	前角增大能使车刀刃口锋利，使切削省力，并使切屑顺利排出	切削中碳钢工件时，通常取 $\gamma_o=20°\sim30°$；切削铸铁工件时，取 $\gamma_o=0°\sim10°$
主后角（α_o）	减少车槽刀主后面和工件过渡表面间的摩擦	一般取 $\alpha_o=5°\sim7°$
副后角（α_o'）	减少车槽刀副后面和工件已加工表面间的摩擦。考虑到车槽刀的刀头狭而长，两个副后角不能太大	车槽刀有两个对称的副后角 $\alpha_o'=1°\sim2°$
主偏角（κ_r）	车槽刀以横向进给为主	$\kappa_r=90°$
副偏角（κ_r'）	车槽刀的两个副偏角必须对称，它们的作用是减少副切削刃和工件已加工表面间的摩擦	取 $k_r'=1°\sim1°30'$
主切削刃宽度（a）	车狭窄的外槽时，一般将车槽刀的主切削刃宽度刃磨成与工件槽宽相等	一般采用经验公式计算：$a\approx(0.5\sim0.6)\sqrt{d}$ 式中　d—工件直径，mm
刀头长度（L）	刀头长度要适中。刀头太长容易引起振动甚至会使刀头折断	计算公式为：$L=h+(2\sim3)$ 式中　h—切入深度，mm

2. 硬质合金车槽（切断）刀

如图2—19所示为硬质合金车槽（切断）刀，为了增加刀头的支撑刚度，常将切断刀的刀头下部做成凸圆弧形。

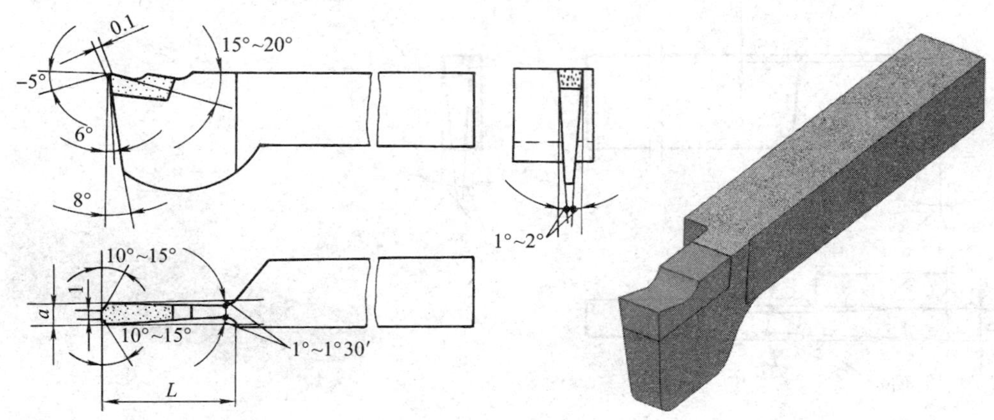

图2—19　硬质合金车槽（切断）刀

由于高速车削会产生很大的热量，为防止刀片脱焊，在开始车削时就应浇注充分的切削液。

高速切断时，如果硬质合金切断刀的主切削刃采用平直刃，那么切屑宽度和工件槽宽相等，容易堵塞在槽内而不易排出。为使排屑顺利，可把主切削刃两边倒角或磨成“人”字形。

二、车槽刀的应用

车一般外槽的车槽刀的形状和几何参数与切断刀基本相同。车狭窄的外槽时，用主切削刃宽度与槽宽相等的车槽刀一次直进车出，如图 2—20a 所示。车较宽外槽时，可以用多次车槽的方法来完成，但必须在槽的两侧和槽的底部留出精车余量，最后根据槽的宽度和位置进行精车，如图 2—20b 所示。

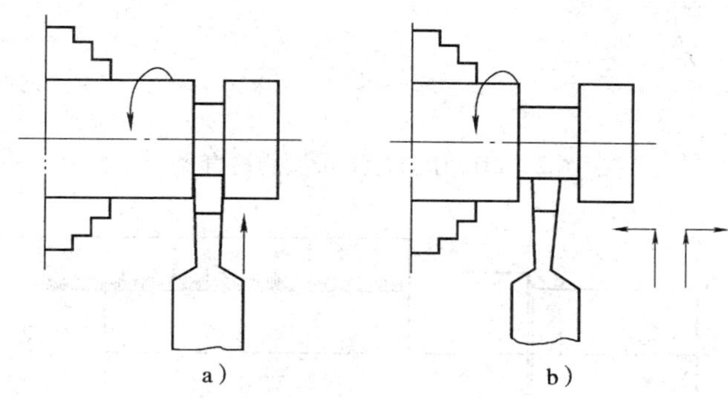

图 2—20　车外槽
a）车狭窄的外槽　b）车较宽的外槽

三、车槽（切断）时切削用量的选择原则

由于车槽刀的刀头强度较差，在选择切削用量时，应适当减小其数值。总的来说，硬质合金切断刀比高速钢切断刀选用的切削用量要大，车削钢料时的切削速度比车削铸铁材料时的切削速度要高，而进给量要略小一些。

1. 背吃刀量 a_p

车槽为横向进给车削，背吃刀量是垂直于已加工表面方向所量得的切削层宽度的数值。所以，车槽时的背吃刀量等于车槽刀主切削刃宽度。

2. 进给量 f

车槽时进给量 f 的选择见表 2—2。

表 2—2　车槽时进给量和切削速度的选择

刀具材料	高速钢车槽刀		硬质合金车槽刀	
工件材料	钢料	铸铁	钢料	铸铁
进给量 f（mm/r）	0.05～0.1	0.1～0.2	0.1～0.2	0.15～0.25
切削速度 v_c（m/min）	30～40	15～25	80～120	60～100

3. 切削速度 v_c

车槽时切削速度 v_c 的选择见表 2—2。

四、槽的检测

槽精度要求不高时，宽度较窄，可用游标卡尺检测其直径（图 2—21），用钢直尺检测槽宽（图 2—22）。

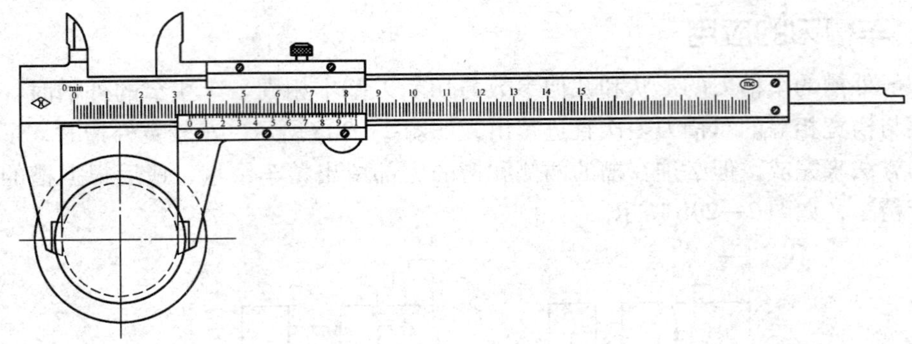

图 2—21　用游标卡尺检测槽直径

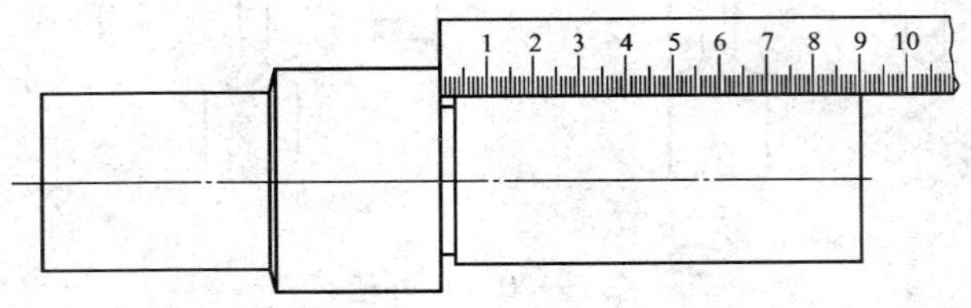

图 2—22　用钢直尺检测槽宽度

精度要求较高的矩形槽，通常用千分尺（图 2—23）、样板（图 2—24）进行检测。

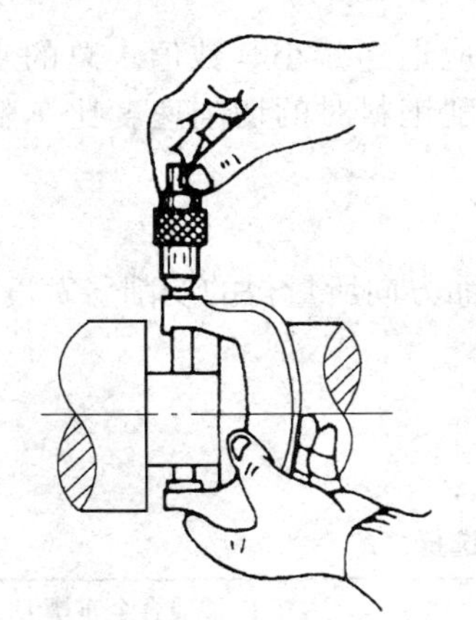

图 2—23　用千分尺检测矩形槽

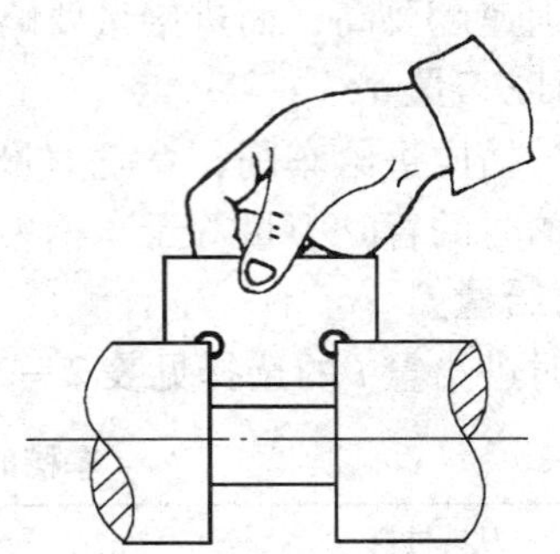

图 2—24　用样板检测矩形槽

五、技能训练

1. 训练内容

根据图 2—25，加工出符合图样要求的工件。

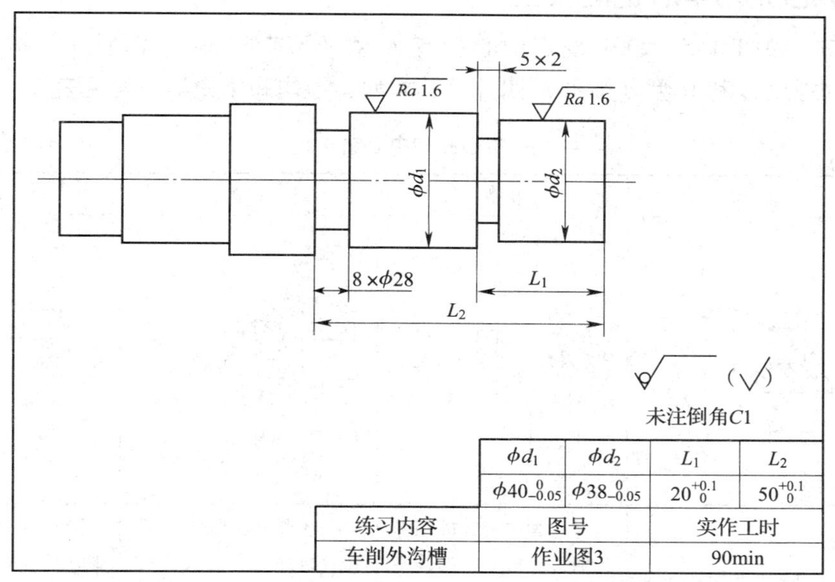

图 2—25 车削外槽

2. 操作步骤

（1）利用三爪自定心卡盘夹持工件不加工外圆，伸出 60 mm 长，找正夹紧。

（2）选择中速粗车外圆 ϕd_1、ϕd_2，均留 0.5 mm 余量，长度尺寸加工至 L_1、L_2（留精车余量 0.1 ~ 0.2 mm）。

（3）选择高速精车外圆 ϕd_1、ϕd_2 至尺寸并保证表面粗糙度，长度尺寸 L_1、L_2 至要求。

（4）选择中速车槽，粗车 5×2 mm 和 8×ϕ28 mm 留 0.1 mm 余量。

（5）选择中速车槽，精车 5×2 mm 和 8×ϕ28 mm 槽至尺寸要求（车槽精车不同于外圆精车，转速过高容易引起振动，导致表面粗糙度下降），各处倒角。

（6）测量合格后取下工件。

课题 4　钻中心孔、一夹一顶装夹工件

学习目标

1. 了解中心孔、中心钻和后顶尖的类型。
2. 掌握钻中心孔的方法及要求。
3. 掌握中心钻折断的原因及预防方法。
4. 了解切削液。
5. 掌握一夹一顶装夹工件的方法以及工件的定位。

一、中心孔和中心钻的类型

国家标准 GB/T 145—2001 规定中心孔有 A 型（不带护锥）、B 型（带护锥）、C 型（带护锥和内螺纹）和 R 型（弧形）四种，其类型、结构和用途等内容见表 2—3。

表 2—3　　中心孔和中心钻

<table>
<tr><td colspan="2">类型</td><td>A 型</td><td>B 型</td><td>C 型</td><td>R 型</td></tr>
<tr><td colspan="2">结构图</td><td> 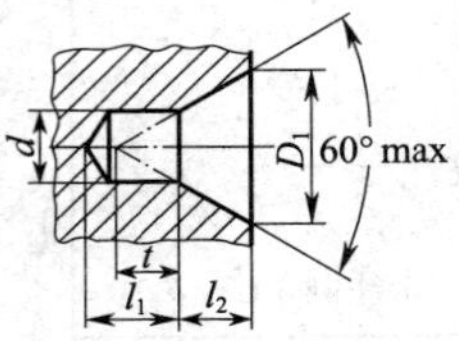</td><td> 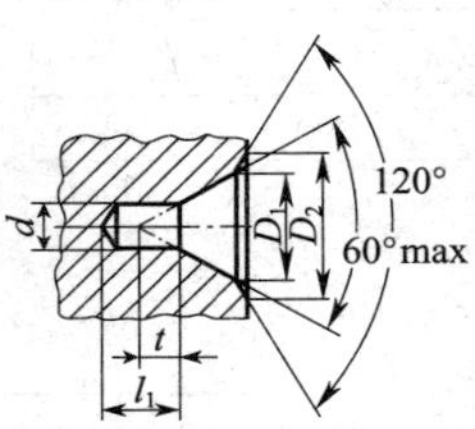</td><td> 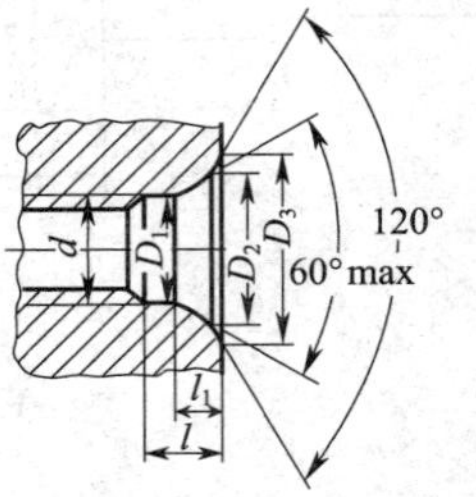</td><td> 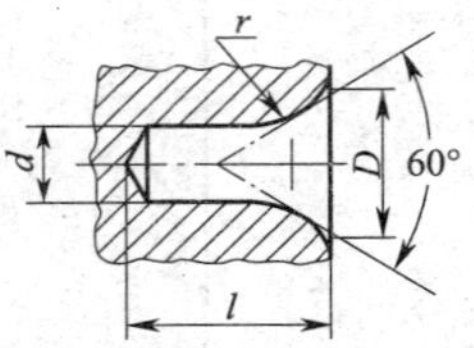</td></tr>
<tr><td colspan="2">结构说明</td><td>由圆锥孔和圆柱孔两部分组成</td><td>在 A 型中心孔的端部再加工一个 120°的圆锥面，用以保护 60°锥面不致碰毛，并使工件端面容易加工</td><td>在 B 型中心孔的 60°锥孔后面加工一短圆柱孔（保证攻制螺纹时不碰毛 60°锥孔），后面还用丝锥攻制成内螺纹</td><td>形状与 A 型中心孔相似，只是将 A 型中心孔的 60°圆锥面改成圆弧面，这样使其与顶尖的配合变成线接触</td></tr>
<tr><td rowspan="2">结构及作用</td><td>圆锥孔</td><td colspan="3">圆锥孔的圆锥角一般为 60°，重型工件用 75°或 90°。它与顶尖锥面配合，起定心作用并承受工件重力和切削力，因此，圆锥孔的表面质量要求较高</td><td>线接触的圆弧面在轴类工件装夹时，能自动纠正少量的位置偏差</td></tr>
<tr><td>圆柱孔</td><td colspan="4">中心孔的基本尺寸为圆柱孔的直径 D，它是选取中心钻的依据
圆柱孔可储存润滑脂，并能防止顶尖头部触及工件，保证顶尖锥面和中心孔锥面配合贴切以确定中心
圆柱孔直径 $d \leqslant 6.3$ mm 的中心孔常用高速钢制成的中心钻直接钻出，$d > 6.3$ mm 的中心孔常用锪孔或车孔等方法加工</td></tr>
<tr><td colspan="2">使用的中心钻</td><td> 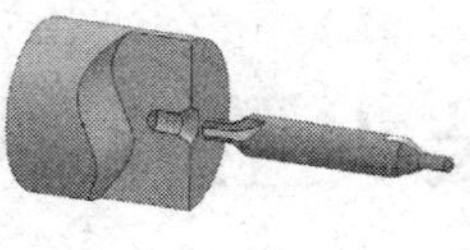</td><td> 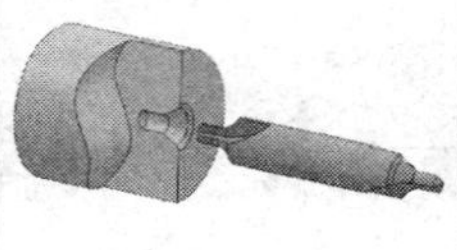</td><td> 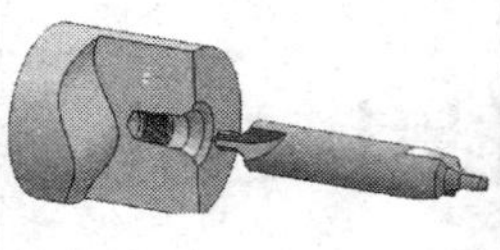</td><td> 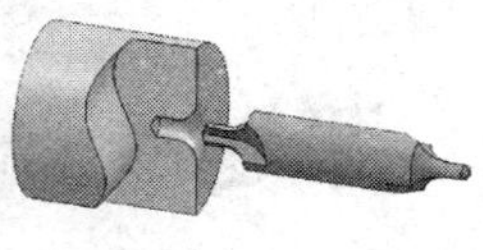</td></tr>
<tr><td colspan="2">用途</td><td>适用于精度要求一般的工件</td><td>适用于精度要求较高或工序较多的工件</td><td>适用于当需要把其他零件轴向固定在轴上时</td><td>适用于轻型和高精度轴类工件</td></tr>
</table>

二、钻中心孔的方法

1. 用钻夹头钥匙逆时针旋转钻夹头外套，使钻夹头的三爪张开（图 2—26）。

2. 将中心钻插入钻夹头的三爪之间，然后用钻夹头钥匙顺时针方向转动钻夹头外套，通过三爪夹紧中心钻（图 2—27）。

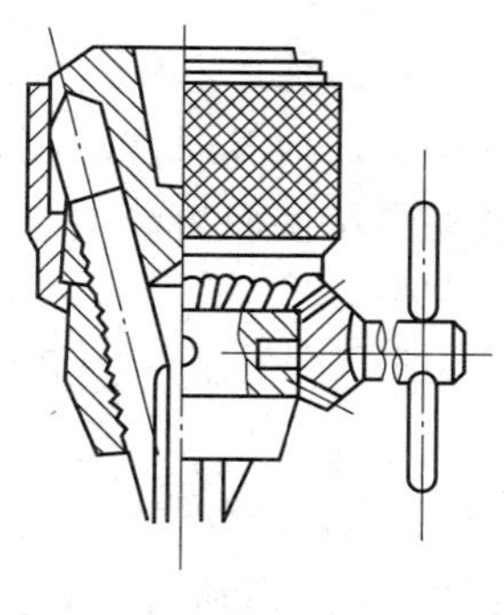
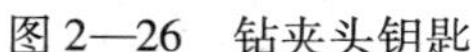
图 2—26　钻夹头钥匙

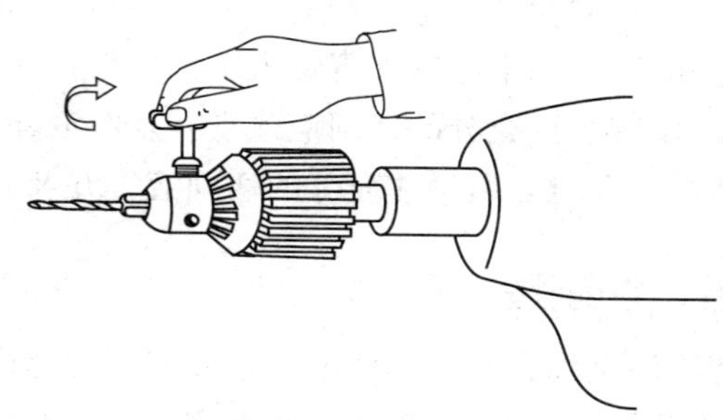
图 2—27　装夹中心钻

擦净钻夹头柄部和尾座锥孔，用左手握住钻夹头外套部位，沿尾座套筒轴线方向将钻夹头锥柄部用力插入尾座套筒锥孔中。

3. 工件装夹在卡盘上开车转动，移动尾座使中心钻接近工件端面，观察中心钻头部是否与工件旋转中心一致，并找正，然后紧固尾座。

4. 切削用量的选择和钻削。由于中心钻直径小，钻削时应取较高的转速（一般取 900 ~ 1 120 r/min），进给量应小而均匀（一般为 0. 05 ~ 0. 2 mm/r）。手摇尾座手轮时切勿用力过猛，当中心钻钻入工件后应及时加切削液冷却润滑；钻毕时，中心钻在孔中应稍作停留，然后退出，以修光中心孔，提高中心孔的形状精度和表面质量。

三、用中心钻钻中心孔的要求

1. 中心孔钻得不宜太深，否则使工件装夹时顶尖不能与中心孔的锥孔贴合，影响加工质量。

2. 后顶尖的中心线应与车床主轴轴线重合，否则车出的工件会产生锥度。

3. 在不影响车刀切削的前提下，尾座套筒应尽量伸出短些，以增加刚度，减少振动。

4. 中心孔的形状应正确，表面粗糙度要小。装入顶尖前，应清除中心孔内的切屑或异物。

5. 当后顶尖用固定顶尖时，由于中心孔与顶尖间为滑动摩擦，故应在中心孔内加入润滑脂，以防温度过高而“烧坏”顶尖或中心孔。

6. 顶尖与中心孔的配合必须松紧合适。如果后顶尖顶得太紧，细长工件会弯曲变形。对于固定顶尖，会增加摩擦；对于回转顶尖，容易损坏顶尖内的滚动轴承。如果后顶尖顶得太松，工件则不能准确地定心，对加工精度有一定影响；并且车削时易产生振动，甚至会使工件飞出而发生事故。

四、中心钻折断的原因

1. 中心钻轴线与工件旋转轴线不一致，使中心钻受到一个附加力而折断。因此，钻中心孔前必须严格找正中心钻的位置。

2. 工件端面不平整或中心处留有凸头，使中心钻不能准确地定心而折断。因此，钻中心孔处的端面必须平整。

3．选用的切削用量不合适，如工件转速太低而中心钻进给太快，使中心钻折断。

4．磨钝后的中心钻强行钻入工件也易折断。因此，中心钻磨损后应及时修磨或调换。

5．没有浇注充分的切削液或没有及时清除切屑，也易导致切屑堵塞而折断中心钻。因此，钻中心孔时必须浇注充分的切削液，并及时清除切屑。

五、切削液

切削液又称为冷却润滑液，是在车削过程中为改善切削效果而使用的液体。在车削过程中，切屑、刀具与加工表面间存在着剧烈的摩擦，并产生很大的切削力和大量的切削热。合理地使用切削液，不仅可以减小表面粗糙度，减小切削力，而且还会使切削温度降低，从而延长刀具寿命，提高劳动生产率和产品质量。

1．切削液的作用

（1）冷却作用。切削液能吸收并带走切削区域大量的热量，降低刀具和工件的温度，从而延长刀具的使用寿命，并能减少工件因热变形而产生的尺寸误差，同时也为提高生产率创造了条件。

（2）润滑作用。切削液能渗透到工件与刀具之间，在切屑与刀具的微小间隙中形成一层很薄的吸附膜，因此，可减小刀具与切屑、刀具与工件间的摩擦，减少刀具的磨损，使排屑流畅，并提高工件的表面质量。对于精加工，润滑作用就显得更加重要了。

（3）清洗作用。车削过程中产生的细小切屑容易吸附在工件和刀具上，尤其是铰孔和钻深孔时，切屑容易堵塞。如加注一定压力、足够流量的切削液，则可将切屑迅速冲走，使切削顺利进行。

2．切削液的种类及其使用

车削时常用的切削液有水溶性切削液和油溶性切削液两大类。切削液的种类、成分、性能、作用和用途见表2—4。

表2—4　　切削液的种类及其成分、性能、作用和用途表

种类		成分	性能和作用	用途
水溶性切削液	水溶液	以软水为主，加入防锈剂、防霉剂，有的还加入油性添加剂、表面活性剂以增强润滑性	主要起冷却作用	常用于粗加工中
	乳化液	配制成3%～5%的低浓度乳化液	主要起冷却作用，但润滑和防锈性能较差	用于粗加工、难加工材料和细长工件的加工
		配制成高浓度乳化液	提高其润滑和防锈性能	精加工用高浓度乳化液
		加入一定的极压添加剂和防锈添加剂，配制成极压乳化液等		用高速钢刀具粗加工和对钢料精加工时用极压乳化液钻削、铰削和加工深孔等半封闭状态下，用黏度较小的极压乳化液

续表

种类			成分	性能和作用	用途
水溶性切削液	合成切削液		由水、各种表面活性剂和化学添加剂组成。国产DX148多效合成切削液有良好的使用效果	具有冷却、润滑和清洗作用，防锈性能良好，不含油，可节省能源，有利环保	国内外推广使用的高性能切削液。国外的使用率达到60%，在我国工厂中的使用也日益增多
油溶性切削液	切削油	矿物油	L－AN15、L－AN22、L－AN32机械油	润滑作用较好	在普通精车、螺纹精加工中使用甚广
			轻柴油、煤油等	煤油的渗透作用和清洗作用较突出	在精加工铝合金、铸铁和高速钢铰刀铰孔中用
		动植物油	食用油	能形成较牢固的润滑膜，其润滑效果比纯矿物油好，但易变质	应尽量少用或不用
		复合油	矿物油与动植物油的混合油	润滑作用、渗透作用和清洗作用均较好	应用范围广
	极压切削油		在矿物油中添加氯、硫、磷等极压添加剂和防锈添加剂配制而成。常用的有氯化切削油、硫化切削油	它在高温下不破坏润滑膜，具有良好润滑效果，防锈性能也得到提高	使用高速钢刀具对钢料精加工时用 钻削、铰削和加工深孔等半封闭状态下工作时，用黏度较小的极压切削油

六、后顶尖

后顶尖有固定顶尖和回转顶尖两种。

固定顶尖的结构如图2—28a、b所示，其特点是刚度高，定心准确；但与工件中心孔间为滑动摩擦，容易产生过多热量而将中心孔或顶尖“烧坏”，尤其是普通固定顶尖（图2—28a）。因此，固定顶尖只适用于低速、加工精度要求较高的工件。目前，多使用镶硬质合金的固定顶尖（图2—28b）。

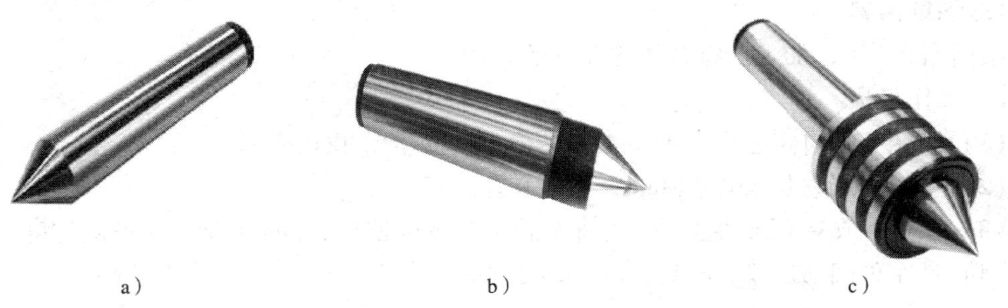

a） b） c）

图2—28 后顶尖

a）普通固定顶尖 b）镶硬质合金固定顶尖 c）回转顶尖

回转顶尖如图 2—28c 所示，它可使顶尖与中心孔之间的滑动摩擦变成顶尖内部轴承的滚动摩擦，能在很高的转速下正常工作，克服了固定顶尖的缺点，因此应用非常广泛。但是，由于回转顶尖存在一定的装配累积误差，且滚动轴承磨损后会使顶尖产生径向圆跳动，从而降低了定心精度。

七、一夹一顶装夹工件

车削一般轴类工件，尤其是较重的工件时，可将工件的一端用三爪自定心或四爪单动卡盘夹紧，另一端用后顶尖支顶（图 2—29），这种装夹方法称为一夹一顶装夹。为了防止由于进给力的作用而使工件产生轴向位移，可以在主轴前端锥孔内安装一限位支撑（图 2—29a），也可利用工件的台阶进行限位（图 2—29b）。用这种方法装夹较安全可靠，能承受较大的进给力，因此应用广泛。

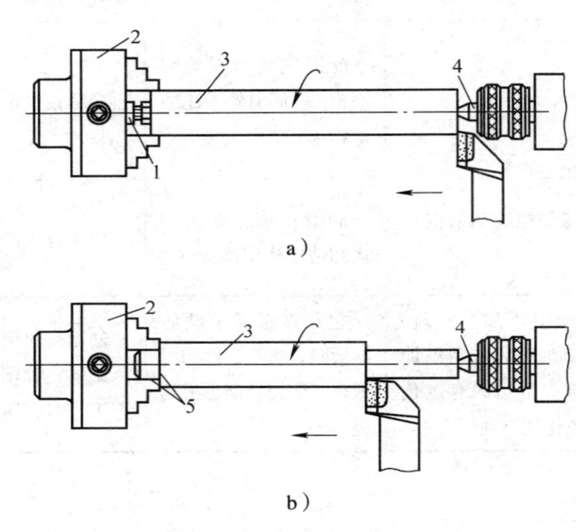

图 2—29　一夹一顶装夹

a）用限位支撑　b）利用工件的台阶限位

1—限位支撑　2—卡盘　3—工件　4—后顶尖　5—台阶

八、技能训练

1. 训练内容

根据图 2—30，加工出符合图样要求的工件。

2. 操作步骤

（1）利用三爪自定心卡盘夹持工件伸出 40 mm 长，找正夹紧。

（2）车端面取总长 $150^{0}_{-0.2}$ mm，钻中心孔。

（3）采用一夹一顶装夹工件，粗车外圆 $\phi39$ mm 留 0.5 mm 余量，保证圆柱度要求。

（4）精车外圆 $\phi39^{0}_{-0.03}$ mm，并倒角 $C2$ mm。

（5）测量合格后取下工件。

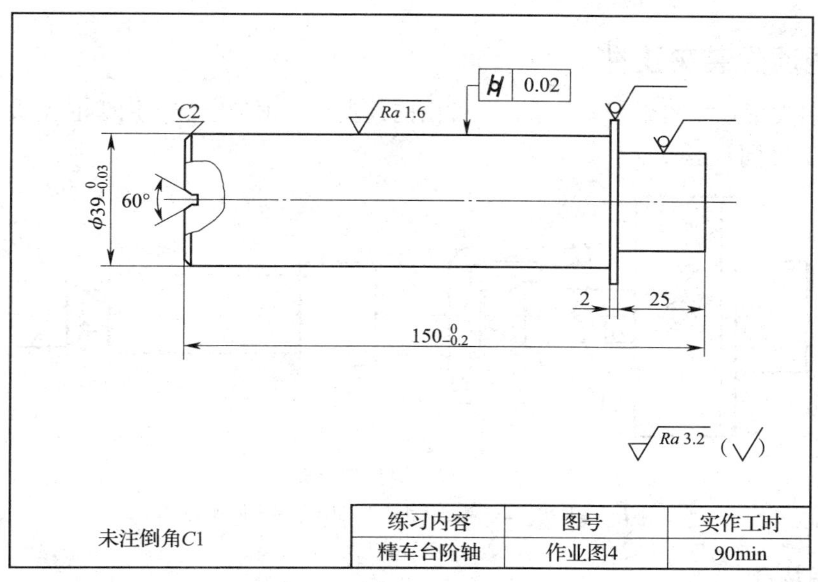

图 2—30　一夹一顶车轴

课题 5　两顶尖装夹工件

1. 了解前顶尖。
2. 掌握两顶尖装夹工件的方法及校正轴类工件锥度的方法。
3. 了解百分表及轴类工件的检测。

一、前顶尖

前顶尖有装夹在主轴锥孔内的前顶尖和卡盘上车成的前顶尖两种，如图 2—31 所示。工作时前顶尖随同工件一起旋转，与中心孔无相对运动，因此不产生摩擦。

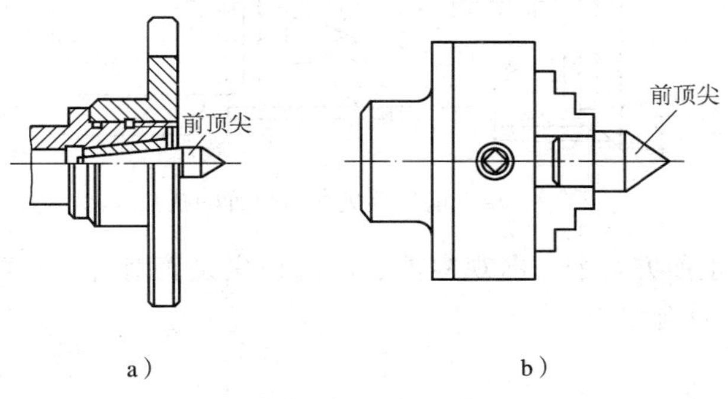

图 2—31　前顶尖

a）主轴锥孔内的前顶尖　b）卡盘上车成的前顶尖

二、两顶尖装夹工件

两顶尖装夹形式如图 2—32 所示，工件由前顶尖和后顶尖定位，用鸡心夹头（图 2—33）夹紧并带动工件同步运动。

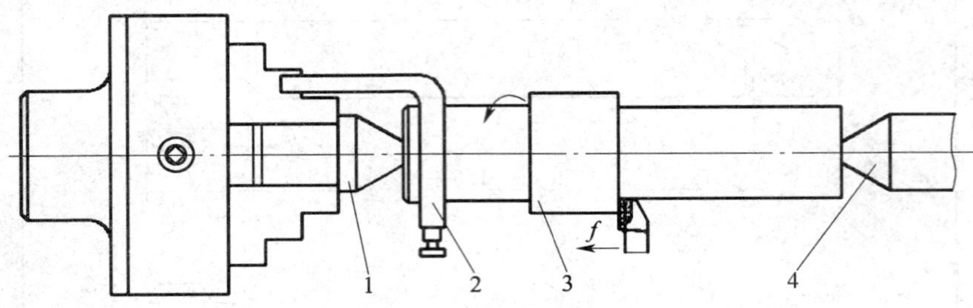

图 2—32　两顶尖装夹

1—前顶尖　2—鸡心夹头　3—工件　4—后顶尖

1. 适用场合

用于装夹较长的工件或必须经过多次装夹才能加工好的工件（如长轴、长丝杠等），以及工序较多，在车削后还要铣削或磨削的工件。

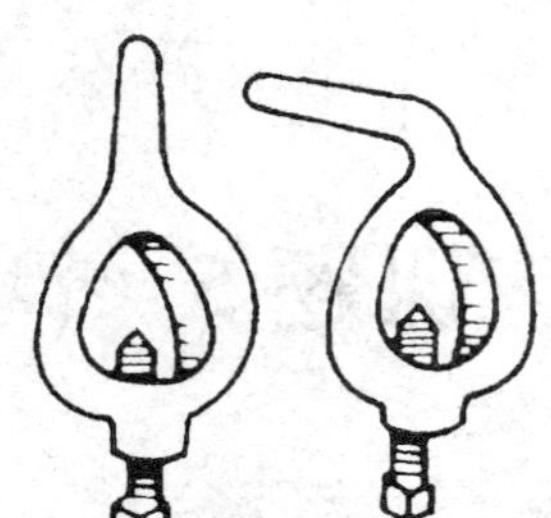

图 2—33　鸡心夹头

2. 装夹特点

采用两顶尖装夹工件的优点是装夹方便，不需找正，装夹精度高；缺点是装夹刚度低，影响了切削用量的提高。

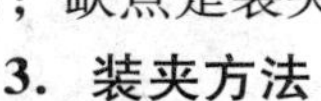

3. 装夹方法

（1）安装并找正顶尖

1）擦净主轴锥孔、前顶尖柄部，将前顶尖插入主轴锥孔内。

2）擦净尾座套筒锥孔和后顶尖柄部，将后顶尖插入尾座套筒锥孔内。

3）拉动尾座，慢慢向主轴靠近，当位置合适时，摇动尾座手轮，使尾座套筒带着后顶尖趋近并轻轻接触前顶尖，如图 2—34 所示。

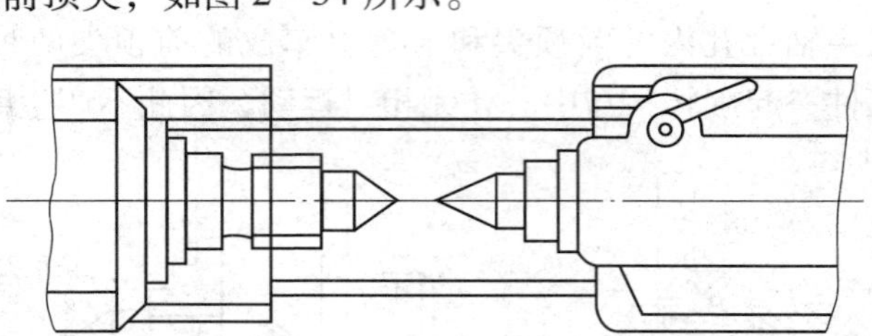

图 2—34　前后顶尖相对位置的找正

4）从正上方与正前方两个方向观察前、后两顶尖是否对齐。若两顶尖没有对准，调整尾座的调整螺栓至符合要求。

（2）装夹工件

1）用鸡心夹头或对分夹头夹紧台阶轴一端外圆处，应使夹头上的拨杆伸出工件轴端。

2）左手托起工件，将夹有夹头一端的中心孔放置在前顶尖上，并使夹头的拨杆插入拨盘的凹槽中（如果用卡盘夹持前顶尖，则将拨杆贴近卡盘的卡爪侧面），以通过拨盘（或卡盘）来带动工件回转。

3）右手摇动事先已根据工件长度调整好位置并紧固的尾座的手轮，使后顶尖顶入工件另一端的中心孔，其松紧程度应以工件在两顶尖间可以灵活转动而又没有轴向窜动为宜。

4）最后，将尾座套筒的固定手柄压紧（图 2—35）。

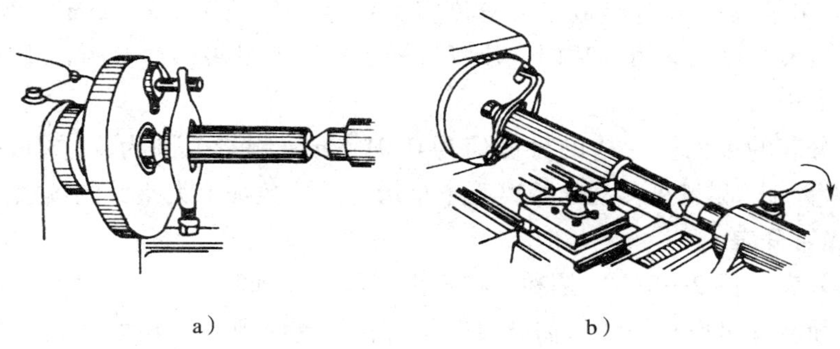

a）　　b）

图 2—35　在两顶尖间装夹工件

三、校正轴类工件锥度

车削轴类工件时，应校正好车床的锥度，以保证工件形状精度的要求。

校正前应先车削整段外圆至一定尺寸，测量两端直径，通过调整尾座的横向偏移量来校正工件的锥度。

调整方法：

1. 如果车出工件右端直径大，左端直径小，尾座应向操作者方向移动；若车出工件右端直径小，左端直径大，尾座移动方向则相反，如图 2—36 所示。

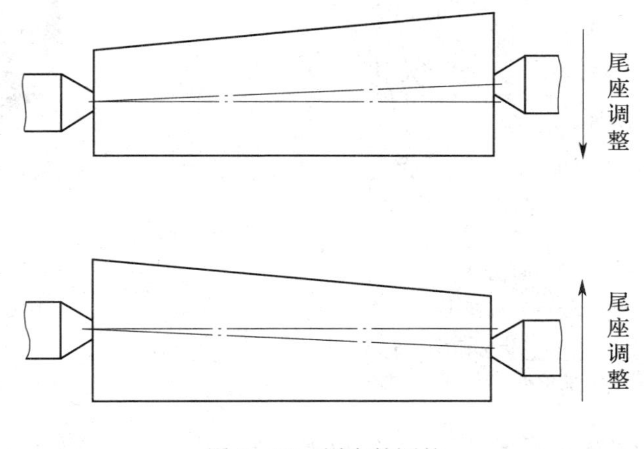

图 2—36　尾座的调整

2. 为节省锥度的调整时间，也可先将工件中间车凹（车凹部分外径不能小于图样要求）。然后车削两端外圆，逐渐测量找正即可。

四、百分表

百分表是一种指示式量仪，应固定在磁性表座上使用，测量前，必须转动罩壳使表的长指针对准“0”刻线。

1. 钟面式百分表

钟面式百分表的结构如图2—37a所示，它由大分度盘1、小分度盘2、小指针3、大指针4、测量杆5和测量头6等组成。大分度盘的一格分度值为0.01 mm，沿圆周共有100格。当大指针沿大分度盘转过一周时，小指针转1格，测量头移动1 mm，因此小分度盘的一格分度值为1 mm。

钟面式百分表的表面上一格的分度值为0.01 mm，测量范围为0～3 mm、0～5 mm、0～10 mm。测量时，测量头移动的距离等于小指针的读数加上大指针的读数。

2. 杠杆式百分表

杠杆式百分表（图2—37b）是利用杠杆齿轮放大原理制成的。其体积较小，由于杠杆式百分表的球面测杆可以根据测量需要改变位置，因此使用灵活方便。

杠杆式百分表表面上一格的分度值为0.01 mm，测量范围为0～0.8 mm。

3. 数显百分表

新式的钟面式百分表用数字计数器计数和读数，又称为数显百分表（图2—38）。

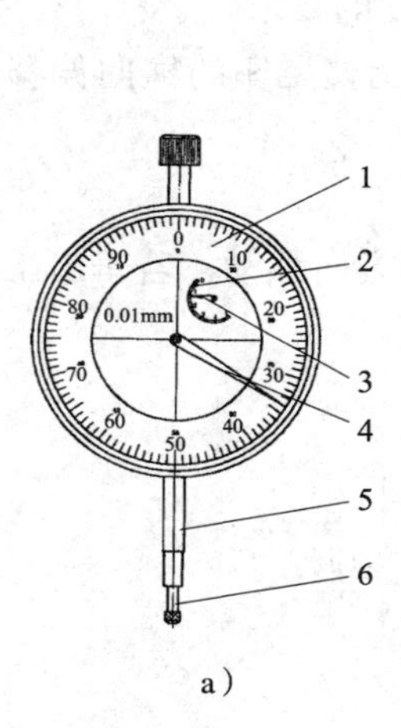

a）

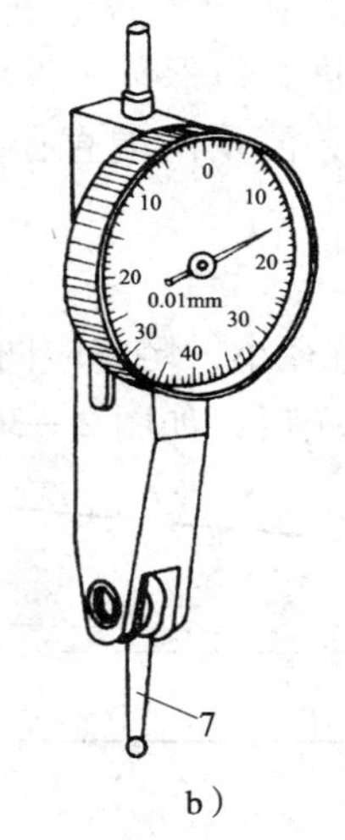

b）

图2—37　百分表

a）钟面式　b）杠杆式

1—大分度盘　2—小分度盘　3—小指针　4—大指针

5—测量杆　6—测量头　7—球面测杆

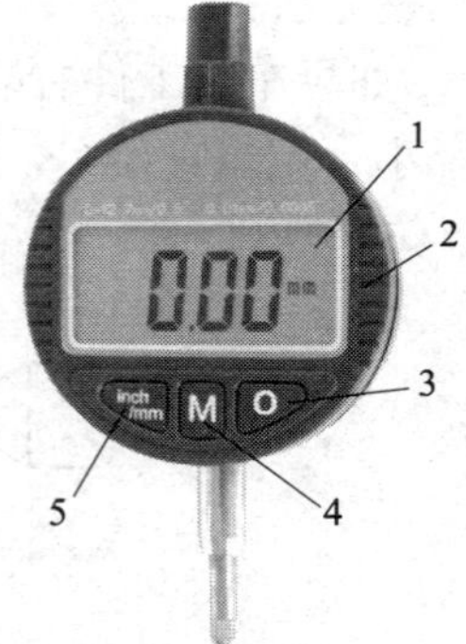

图2—38　数显百分表

1—显示屏　2—表体

3—米英制转换钮

4—保持钮　5—置零钮

数显百分表可在其测量范围内任意给定位置，按动表体上的置零钮使显示屏上的读数置零，然后直接读出被测工件尺寸的正、负偏差值。保持钮可以使其正、负偏差值保持不变。

数显百分表的测量范围是0～30 mm，分辨率为0.01 mm。其特点是体积小、质量小、功耗小、测量速度快、结构简单，便于实现机电一体化，且对环境要求不高。

五、轴类工件的检测

1. 长度尺寸的测量

可用游标卡尺或游标深度尺测量。

2. 外径尺寸的测量

可用千分尺测量。

3. 几何公差的测量

可用百分表来测量工件的几何公差。

（1）圆柱度的测量。加工中一般用百分表来测量工件的圆柱度误差。测量时只要在被测表面的全长上取前、后、中几点，比较其测量值，其最大值与最小值之差的一半即为被测表面全长上的圆柱度误差，如图 2—39 所示。

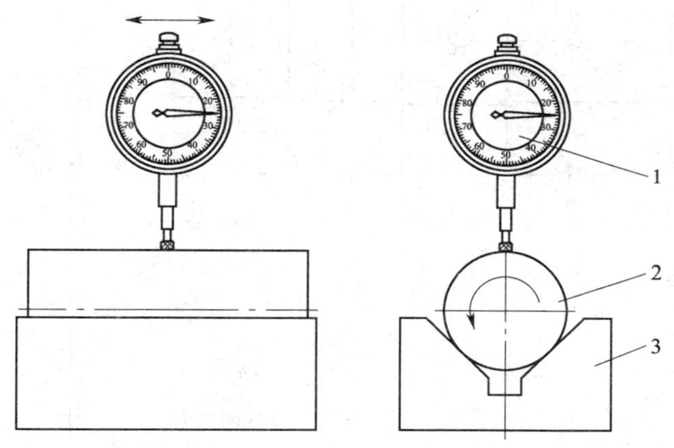

图 2—39 工件在 V 形架上测量圆柱度

1—百分表 2—工件 3—V 形架

（2）轴向圆跳动的测量方法。工件轴向圆跳动的测量方法，先把工件用两顶尖装夹，然后把杠杆式百分表的圆测头靠在需要测量的左侧或右侧端面上，转动工件，测得百分表的读数差，就是轴向圆跳动误差，如图 2—40 所示。

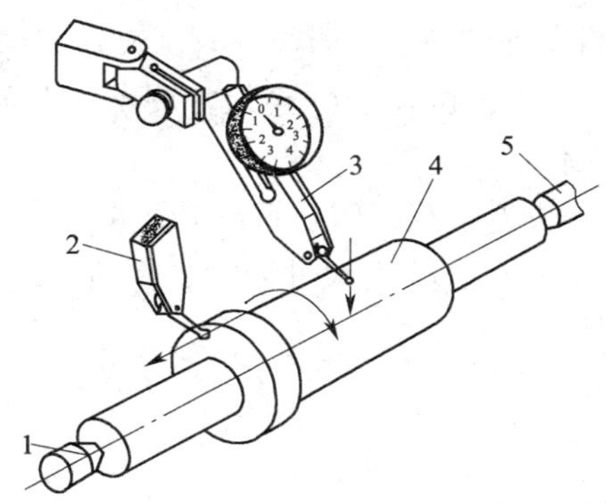

图 2—40 工件在两顶尖间测量轴向圆跳动和径向圆跳动

1、5—顶尖 2、3—杠杆式百分表 4—工件

（3）径向圆跳动的测量方法。测量一般轴类工件径向圆跳动时，可以把工件用两顶尖支撑，用杠杆式百分表来测量。工件转一周时，百分表所得最大值和最小值的读数差就是径向圆跳动误差，如图 2—40 所示。

六、技能训练

1．训练内容

根据图 2—41，加工出符合图样要求的工件。

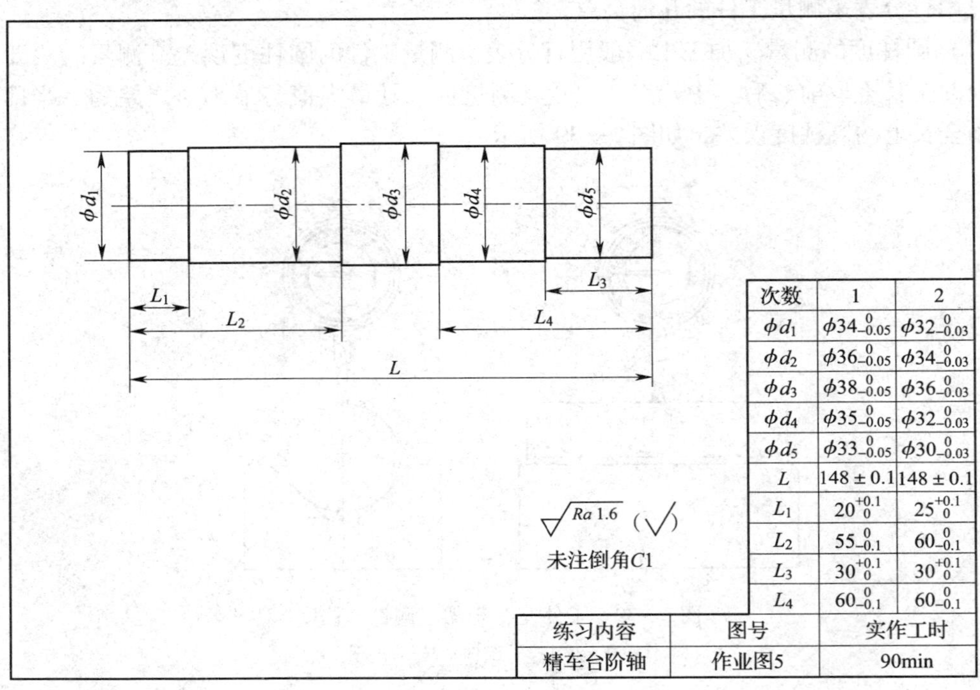

次数	1	2
ϕd_1	$\phi 34^{0}_{-0.05}$	$\phi 32^{0}_{-0.03}$
ϕd_2	$\phi 36^{0}_{-0.05}$	$\phi 34^{0}_{-0.03}$
ϕd_3	$\phi 38^{0}_{-0.05}$	$\phi 36^{0}_{-0.03}$
ϕd_4	$\phi 35^{0}_{-0.05}$	$\phi 32^{0}_{-0.03}$
ϕd_5	$\phi 33^{0}_{-0.05}$	$\phi 30^{0}_{-0.03}$
L	148 ± 0.1	148 ± 0.1
L_1	$20^{+0.1}_{0}$	$25^{+0.1}_{0}$
L_2	$55^{0}_{-0.1}$	$60^{0}_{-0.1}$
L_3	$30^{+0.1}_{0}$	$30^{+0.1}_{0}$
L_4	$60^{0}_{-0.1}$	$60^{0}_{-0.1}$

练习内容	图号	实作工时
精车台阶轴	作业图5	90min

图 2—41　两顶尖装夹车轴

2．操作步骤

（1）利用三爪自定心卡盘夹持工件，分别车削两端面，保证总长，钻中心孔。

（2）两顶尖装夹工件，粗车外圆 ϕd_1、ϕd_2、ϕd_3，长 L_1、L_2，留 0.5 mm 余量。

（3）精车外圆 ϕd_1、ϕd_2、ϕd_3，长 L_1、L_2 至尺寸要求，倒角 $C1$ mm。

（4）调头用两顶尖装夹工件。

（5）粗车外圆 ϕd_4、ϕd_5，长 L_4、L_5，留 0.5 mm 余量。

（6）精车外圆 ϕd_4、ϕd_5，长 L_4、L_5 至尺寸要求，倒角 $C1$ mm。

（7）测量合格后取下工件。

课题6 综合技能训练

学习目标

1. 了解轴类工件的质量分析方法。
2. 了解减小工件表面粗糙度值的方法。
3. 了解切削力的概念。
4. 熟悉轴类工件车削工艺分析方法。
5. 掌握典型轴类工件的车削方法。

一、轴类工件质量分析

车削轴类工件时，常会产生废品。各种废品的产生原因及预防方法见表2—5。

表2—5 车削轴类工件时产生废品的原因及预防方法

废品种类	产生原因	预防方法
尺寸精度达不到要求	1. 看错图样或刻度盘使用不当	1. 必须看清图样的尺寸要求，正确使用刻度盘，看清刻度值
	2. 没有进行试车削	2. 根据加工余量算出背吃刀量，进行试车削，然后修正背吃刀量
	3. 量具有误差或测量不正确	3. 量具使用前，必须检查和调整零位，正确掌握测量方法
	4. 由于切削热的影响，使工件尺寸发生变化	4. 不能在工件温度较高时测量；如测量，应掌握工件的收缩情况，或浇注切削液，降低工件温度
	5. 机动进给没有及时关闭，使车刀进给长度超过台阶长度	5. 注意及时关闭机动进给或提前关闭机动进给，再用手动进给到长度尺寸
	6. 车槽时，车槽刀主切削刃太宽或太窄，使槽宽不正确	6. 根据槽宽刃磨车槽刀主切削刃宽度
	7. 尺寸计算错误，使槽的深度不正确	7. 对留有磨削余量的工件，车槽时应考虑磨削余量
产生锥度	1. 用一夹一顶或两顶尖装夹工件时，后顶尖轴线不在主轴轴线上	1. 车削前必须通过调整尾座校正锥度
	2. 用小滑板车外圆，小滑板的位置不正，即小滑板的基准刻线跟中滑板的“0”刻线没有对准	2. 必须事先检查小滑板基准刻线与中滑板的“0”刻线是否对准
	3. 用卡盘装夹纵向进给车削时，床身导轨与车床主轴轴线不平行	3. 调整车床主轴与床身导轨的平行度
	4. 工件装夹时悬伸较长，车削时因切削力的影响使前端让开，产生锥度	4. 尽量减少工件的伸出长度，或另一端用后顶尖支顶，以增加装夹刚度
	5. 车刀中途逐渐磨损	5. 选用合适的刀具材料，或适当降低切削速度

续表

废品种类	产生原因	预防方法
圆度超差	1. 车床主轴间隙太大 2. 毛坯余量不均匀，切削过程中背吃刀量变化太大 3. 工件用两顶尖装夹时，中心孔接触不良，或后顶尖顶得不紧，或前后顶尖产生径向圆跳动	1. 车削前检查主轴间隙，并调整合适。如主轴轴承磨损严重，则需更换轴承 2. 半精车后再精车 3. 工件用两顶尖装夹时，必须松紧适当，若回转顶尖产生径向圆跳动，需及时修理或更换
表面粗糙度达不到要求	1. 车床刚度低，如滑板楔铁太松，传动零件（如带轮）不平衡或主轴太松引起振动 2. 车刀刚度低或伸出太长引起振动 3. 工件刚度低引起振动 4. 车刀几何参数不合理，如选用过小的前角、后角和主偏角 5. 切削用量选用不当	1. 消除或防止由于车床刚度不足而引起的振动（如调整车床各部分的间隙） 2. 增加车刀刚度和正确装夹车刀 3. 增加工件的装夹刚度 4. 选用合理的车刀几何参数（如适当增加前角、选择合理的后角和主偏角等） 5. 进给量不宜太大，精车余量和切削速度应选择恰当

二、减小工件表面粗糙度值的方法

生产中若发现工件表面粗糙度达不到技术要求，应首先观察表面粗糙度值大的现象并分析原因，找出影响表面粗糙度的主要因素，才能提出解决方法。

常见的表面粗糙度值大的现象如图 2—42 所示，可采取以下措施减小工件表面粗糙度值。

1. 减小残留面积高度（图 2—42a）

车削时，如果工件表面残留面积轮廓清楚，这说明其他切削条件正常，若要减小表面粗糙度值，可从以下几个方面着手：

（1）减小主偏角和副偏角。减小主偏角会使背向力 F_p 增大，若工艺系统刚度差，会引起振动。一般情况，减小副偏角对减小表面粗糙度值效果较明显。

（2）增大刀尖圆弧半径。但如果机床刚度不足，刀尖圆弧半径 r_ε 过大会使背向力 F_p 增大而产生振动，反而使表面粗糙度值变大。

（3）减小进给量。进给量 f 是影响表面粗糙度最显著的一个因素，进给量 f 越小，残留面积高度 R_{max} 越小。此外，鳞刺、积屑瘤和振动均不易产生，因此表面质量越高。

2. 防止工件表面产生毛刺（图 2—42b）

工件表面产生毛刺一般是因为积屑瘤引起的。可用改变切削速度的方法来控制积屑瘤的产生。如果用高速钢车刀时应降低切削速度（$v_c < 3$ m/min），并加注切削液；用硬质合金车刀时应提高切削速度，避开最易产生积屑瘤的中速（$v_c = 20$ m/min）区域。另外，应尽量减小车刀前面和后面的表面粗糙度值，经常刃磨车刀以保持刀刃锋利。

3. 避免磨损亮斑

工件在车削时，已加工表面出现亮斑或亮点，同时切削时又有噪声，说明刀具已严重磨损。

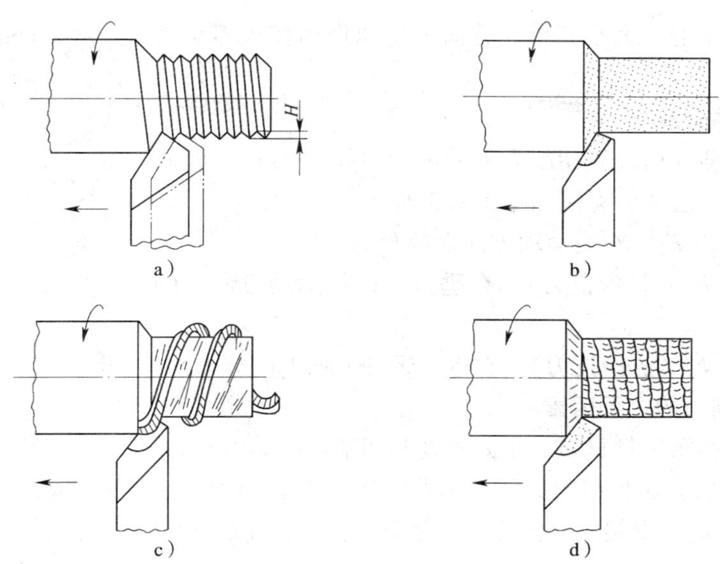

图 2—42　常见的表面粗糙度值大的现象

a）残留面积　b）毛刺　c）切屑拉毛　d）振纹

磨钝的切削刃将工件表面挤压出亮痕，使表面粗糙度值增大，这时应及时更换或重磨刀具。

4. 防止切屑拉毛已加工表面

被切屑拉毛的工件表面一般是出现无规则的很浅的痕迹（图 2—42c）。这时，应选用正值刃倾角的车刀，使切屑流向工件待加工表面，并采用卷屑或断屑措施。

5. 防止和减小振纹

切削时产生的振动会使工件表面出现周期性的横向或纵向振纹（图 2—42d）。防止和消除振纹可从以下几方面着手：

（1）机床方面。调整车床主轴间隙，提高轴承精度；调整滑板楔铁，使间隙小于 0.04 mm，并使移动平稳轻便。

（2）刀具方面。合理选择刀具几何参数，经常刃磨车刀以保持切削刃光滑和锋利；增加刀具的装夹刚度。

（3）工件方面。增加工件的装夹刚度，如装夹时不宜悬伸太长，细长轴应采用中心架或跟刀架支撑。

（4）切削用量方面。选用较小的背吃刀量和进给量，改变切削速度。

6. 合理选用切削液，保证充分冷却润滑

采用合适的切削液是消除积屑瘤、鳞刺和减小表面粗糙度值的有效方法。车削时，合理选用切削液并保证充分冷却润滑，可以改善切削条件；尤其是润滑性能增强使切削区域金属材料的塑性变形程度下降，从而减小已加工表面的粗糙度值。

三、切削力

切削加工时，工件材料抵抗刀具切削所产生的阻力称为切削力。切削力是在车刀车削工件的过程中产生的，大小相等、方向相反地作用在车刀和工件上的力。

1. 切削力的分解

为了测量方便，可以把切削力 F 分解为主切削力 F_c、背向力 F_p 和进给力 F_f 三个分力，如图 2—43 所示。

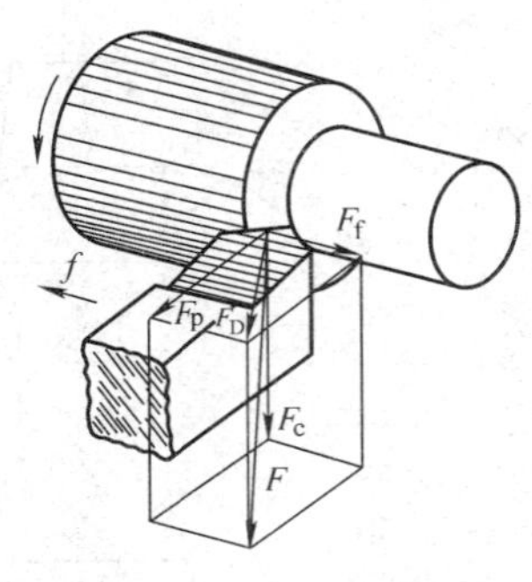

图 2—43 切削力 F 分解

（1）主切削力 F_c。在主运动方向上的分力。

（2）背向力 F_p（切深抗力）。在垂直于进给运动方向上的分力。

（3）进给力 F_f（进给抗力）。在进给运动方向上的分力。

2. 影响切削力的主要因素

切削力的大小跟工件材料、车刀角度和切削用量等因素有关。

（1）工件材料。工件材料的强度和硬度越高，车削时的切削力就越大。

（2）主偏角 κ_r。主偏角变化使切削分力 F_D 的作用方向改变，当 κ_r 增大时，F_p 减少，F_f 增大。

（3）前角 γ_o。增大车刀的前角，车削时的切削力就降低。

（4）背吃刀量 a_p 和进给量 f。一般车削时，当 f 不变，a_p 增大一倍时，切削力 F_c 也成倍地增大；而当 a_p 不变，f 增大一倍时，F_c 增大 70% ~80%。

四、轴类工件车削工艺分析

根据工件的形状特点、技术要求、数量多少和装夹方法，应对轴类工件进行车削工艺分析，一般考虑以下几个方面：

1. 用两顶尖装夹车削轴类工件，至少要装夹 3 次，即粗车第一端，调头再粗车和精车另一端，最后精车第一端。

2. 轴类工件的定位基准通常选用中心孔。加工中心孔时，应先车端面后钻中心孔，以保证中心孔的加工精度。

3. 在轴上车槽，一般安排在粗车或半精车之后、精车之前进行。如果工件刚度高或精度要求不高，也可在精车之后再车槽。

4. 车螺纹一般安排在半精车之后进行，待螺纹车好后再精车各外圆，这样可避免车螺纹时轴发生弯曲而影响轴的精度。若工件精度要求不高，可安排最后车削螺纹。

5. 工件车削后还需磨削时，只需粗车或半精车，并注意留磨削余量。

五、轴类工件车削工艺分析示例

车削图 2—44 所示的台阶轴，工件每批为 60 件。

1. 车削工艺分析

（1）由于轴各台阶之间的直径相差不大，所以毛坯可选用热轧圆钢。

（2）为了减少工序周转，毛坯可直接调质处理。

（3）各主要轴颈必须经过磨削，而对车削要求不高，故可采用一夹一顶的装夹方法。但是必须注意，工件毛坯两端不能先钻中心孔，应该将一端车削后，再在另一端搭中心架，钻中心孔。

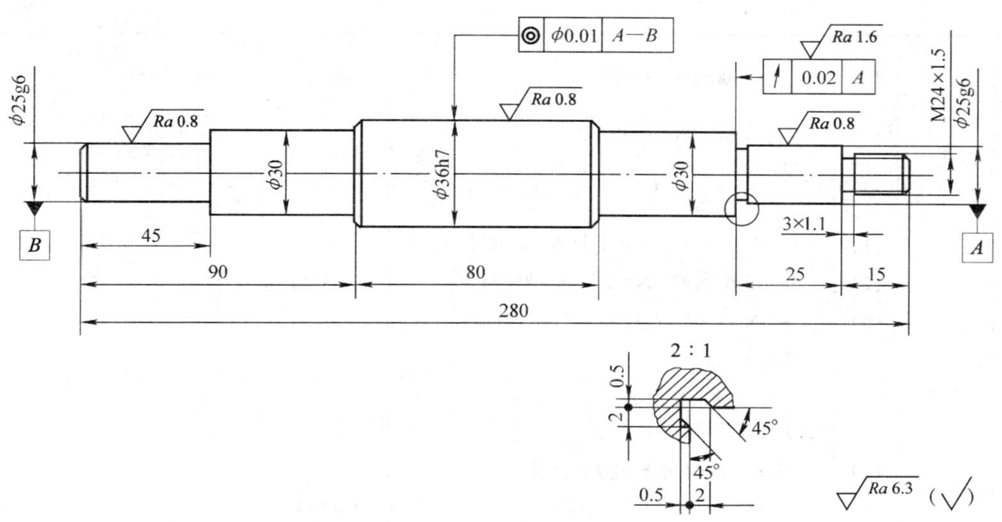

图 2—44　台阶轴

（4）工件用一夹一顶装夹，装夹刚度高，轴向定位较准确，台阶长度容易控制。

（5）ϕ36h7 及两端 ϕ25g6 外圆的表面粗糙度值较小，同轴度要求较高，需经磨削，车削时必须留磨削余量。

2．机械加工工艺卡

台阶轴机械加工工艺卡见表 2—6。

表 2—6　　台阶轴机械加工工艺卡

××厂			机械加工工艺卡	产品名称			图号	
				零件名称		台阶轴	共 1 页	第 1 页
材料种类			热轧圆钢　材料牌号　45 钢	毛坯尺寸			ϕ40 mm × 282 mm	
工序	工种	工步	工序内容	车间	设备	工艺装备		
						夹具	刃具	量具
1	热处理	（1） （2）	调质（5151）后硬度为 220 ~ 240HBW 热处理检验					
2	车	 （1） （2）	夹住毛坯外圆 车端面 钻中心孔 ϕ2. 5 mm	I	CA6140 CA6140		ϕ2. 5 mm 中心钻	
3	车		调头夹紧毛坯外圆 车端面，取总长至 280 mm	I	CA6140			
4	车	 （1） （2） （3） （4）	一夹一顶装夹 车 ϕ36h7 外圆至 $\phi36^{+0.6}_{+0.5}$ mm × 250 mm 车 ϕ30 mm 外圆至 ϕ30 mm × 90 mm 车 ϕ25g6 外圆至 $\phi25^{+0.5}_{+0.4}$ mm × 45 mm 倒角 C1 mm	I	CA6140			

续表

工序	工种	工步	工序内容	车间	设备	工艺装备		
						夹具	刃具	量具
5	车		一端夹紧，另一端搭中心架 钻中心孔 $\phi 2.5$ mm	I	CA6140		$\phi 2.5$ mm 中心钻	
6	车	 (1) (2) (3) (4)	一夹一顶装夹 车 $\phi 30$ mm×110 mm，保证 80 mm 尺寸 车 $\phi 25g6$ 外圆至 $\phi 25^{+0.5}_{+0.4}$ mm×40 mm 车 M24×1.5 外圆至 $\phi 24^{-0.032}_{-0.268}$ mm×15 mm 倒角 $C1$ mm	I	CA6140			
7	车	 (1) (2) (3) (4)	一端用软卡爪夹紧，另一端用后顶尖支顶 车 $\phi 30$ mm 右端轴肩槽至尺寸 车 3 mm×1.1 mm 槽至尺寸 车 M24×1.5 螺纹至尺寸 检验 （以下略）	I	CA6140			

六、技能训练

1. 训练内容

根据图 2—45 轴类工件综合练习，加工出符合图样要求的工件。

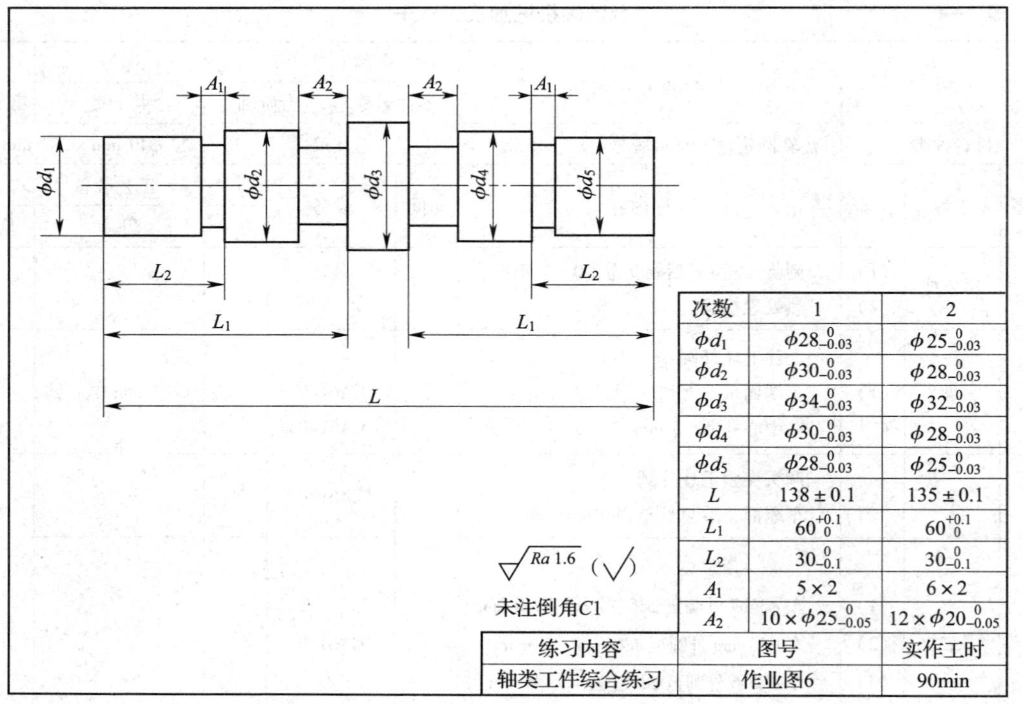

次数	1	2
ϕd_1	$\phi 28^{0}_{-0.03}$	$\phi 25^{0}_{-0.03}$
ϕd_2	$\phi 30^{0}_{-0.03}$	$\phi 28^{0}_{-0.03}$
ϕd_3	$\phi 34^{0}_{-0.03}$	$\phi 32^{0}_{-0.03}$
ϕd_4	$\phi 30^{0}_{-0.03}$	$\phi 28^{0}_{-0.03}$
ϕd_5	$\phi 28^{0}_{-0.03}$	$\phi 25^{0}_{-0.03}$
L	138±0.1	135±0.1
L_1	$60^{+0.1}_{0}$	$60^{+0.1}_{0}$
L_2	$30^{0}_{-0.1}$	$30^{0}_{-0.1}$
A_1	5×2	6×2
A_2	$10\times\phi 25^{0}_{-0.05}$	$12\times\phi 20^{0}_{-0.05}$

练习内容	图号	实作工时
轴类工件综合练习	作业图6	90min

图 2—45　轴类工件综合练习

2. 操作步骤

（1）利用三爪自定心卡盘夹持工件外圆，找正夹紧。

（2）粗、精车端面，钻中心孔。

（3）粗车外圆 ϕd_1、ϕd_2、ϕd_3，长度 L_1、L_2，留 0.5 mm 余量。

（4）精车外圆 $\phi d_{1\ -0.03}^{\ \ 0}$、$\phi d_{2\ -0.03}^{\ \ 0}$、$\phi d_{3\ -0.03}^{\ \ 0}$，长度 L_1、L_2 至尺寸要求。

（5）后顶尖顶中心孔，用车槽刀粗、精车槽 A_1、A_2 至尺寸要求，倒角 $C1$。

（6）测量合格后取下工件，掉头夹 ϕd_2 外圆，粗、精车端面保证总长，钻中心孔。

（7）粗车外圆 ϕd_4、ϕd_5，长度 L_1、L_2，留 0.5 mm 余量。

（8）精车外圆 $\phi d_{4\ -0.03}^{\ \ 0}$、$\phi d_{5\ -0.03}^{\ \ 0}$，长度 L_1、L_2 至尺寸要求，倒角 $C1$。

（9）后顶尖顶中心孔，用车槽刀粗、精车槽 A_1、A_2 至尺寸要求，倒角 $C1$。

（10）测量合格后取下工件。

课后练习

1. 画出 90°硬质合金车刀几何角度图。
2. 如何选择外圆粗车刀几何参数？
3. 粗、精车时切削用量的选择原则分别有哪些？
4. 画出高速钢车槽刀几何角度图。
5. 切断外径为 ϕ60 mm、孔径为 ϕ40 mm 的工件，求切断刀的主切削刃宽度和刀头长度。
6. 钻中心孔时中心钻折断的原因有哪些？
7. 切削液有什么作用？使用时应注意什么问题？
8. 用一夹一顶装夹工件时，应注意哪些问题？
9. 工件六点定位原则是什么？工件的定位类型有哪些？
10. 两顶尖装夹加工的工作原理是什么？
11. 如何测量工件的圆柱度？
12. 车削轴类工件时，产生锥度的原因是什么？
13. 车削轴类工件时，表面粗糙度达不到要求的原因是什么？
14. 减少工件表面粗糙度值，从刀具几何参数和切削用量方面采取哪些措施？
15. 影响切削力的主要因素有哪些？
16. 轴类工件进行车削时需要考虑的问题有哪些？

模块三

简单套类工件加工

课题 1　钻、扩孔

学习目标

1. 了解麻花钻的几何形状。
2. 掌握麻花钻的刃磨要求。
3. 了解钻孔时的切削用量。
4. 掌握麻花钻钻孔、扩孔的方法。

一、麻花钻的几何形状

1. 麻花钻的组成

麻花钻由柄部、颈部和工作部分组成，如图 3—1 所示。

（1）柄部。柄部是麻花钻的夹持部分，装夹时起定心作用，钻削时起传递转矩的作用。麻花钻的柄部有直柄（图 3—1a）和锥柄（图 3—1b）两种。

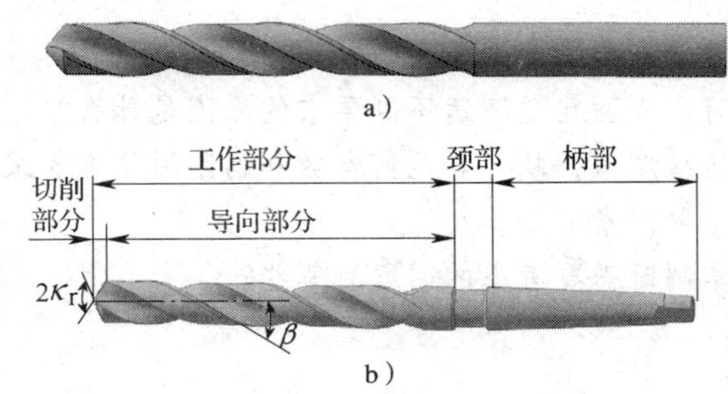

图 3—1　麻花钻的组成

a）直柄麻花钻　b）锥柄麻花钻

（2）颈部。直径较大的麻花钻在颈部标有麻花钻直径、材料牌号和商标。直径小的直柄麻花钻没有明显的颈部。

（3）工作部分。工作部分是麻花钻的主要部分，由切削部分和导向部分组成，起切削和导向作用。切削部分主要起切削作用；导向部分在钻削过程中能起到保持钻削方向、修光孔壁的作用，同时也是切削的后备部分。

2. 麻花钻工作部分的几何形状

麻花钻工作部分结构如图 3—2 所示。它有两条对称的主切削刃、两条副切削刃和一条横刃。麻花钻钻孔时，相当于正反两把车刀同时切削，所以它的几何角度的概念与车刀基本相同，但也具有其特殊性。

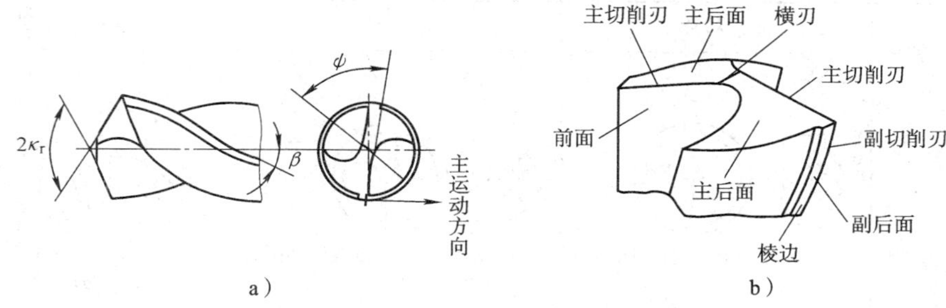

图 3—2　麻花钻工作部分的几何形状

a）几何角度　b）切削刃、切削面

（1）螺旋槽。麻花钻的工作部分有两条螺旋槽，其作用是构成切削刃、排出切屑和流通切削液。螺旋槽上螺旋角的有关内容见表 3—1。

表 3—1　　麻花钻切削刃上不同位置处的螺旋角、前角和后角的变化

角度	螺旋角	前角	后角
符号	β	γ_o	α_o
定义	螺旋槽上最外缘的螺旋线展开成直线后与麻花钻轴线之间的夹角	基面与前面间的夹角	切削平面与后面间的夹角
变化规律	麻花钻切削刃上的位置不同，其螺旋角 β、前角 γ_o 和后角 α_o 也不同		
	自外缘向钻心逐渐减小	自外缘向钻心逐渐减小，并且在 $d/3$ 处前角为0°，再向钻心则为负前角	自外缘向钻心逐渐增大
靠近外缘处	最大（名义螺旋角）	最大	最小
靠近钻心处	较小	较小	较大
变化范围	18° ~30°	−30° ~ +30°	8° ~12°
关系	对麻花钻前角的变化影响最大的是螺旋角。螺旋角越大，前角就越大		

（2）前面。麻花钻切削部分的螺旋槽面称为前面，切屑从此面排出。

（3）主后面。麻花钻钻顶的螺旋圆锥面称为主后面。

(4) 主切削刃。前面与主后面的交线称为主切削刃，担负着主要的钻削任务。麻花钻有两个主切削刃。

(5) 顶角 ($2\kappa_r$)。在通过麻花钻轴线并与两主切削刃平行的平面上，两主切削刃投影间的夹角称为顶角，如图 3—2 所示。一般标准麻花钻的顶角为 118°。刃磨麻花钻时，可根据表 3—2 大致判断顶角的大小。

表 3—2　　麻花钻顶角的大小对切削刃和加工的影响

顶角	$2\kappa_r>118°$	$2\kappa_r=118°$	$2\kappa_r<118°$
图示	>118°　凹形切削刃	118°　直线形切削刃	凸形切削刃　<118°
两主切削刃的形状	凹曲线	直线	凸曲线
对加工的影响	顶角大，则切削刃短、定心差，钻出的孔容易扩大；同时前角也增大，使切削省力	适中	顶角小，则切削刃长、定心准，钻出的孔不容易扩大；同时前角也减小，使切削阻力大
适用的材料	适用于钻削较硬的材料	适用于钻削中等硬度的材料	适用于钻削较软的材料

(6) 前角 (γ_o)。麻花钻上前角如图 3—3 所示，其有关内容参见表 3—1。

(7) 后角 (α_o)。麻花钻上后角的有关内容参见表 3—1。为了测量方便，后角在柱截面内测量，如图 3—4 所示。

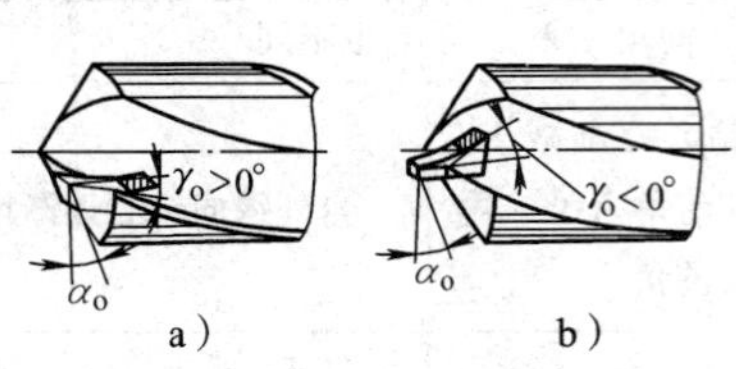

图 3—3　麻花钻前角的变化

a) 外缘处前角　b) 钻心处前角

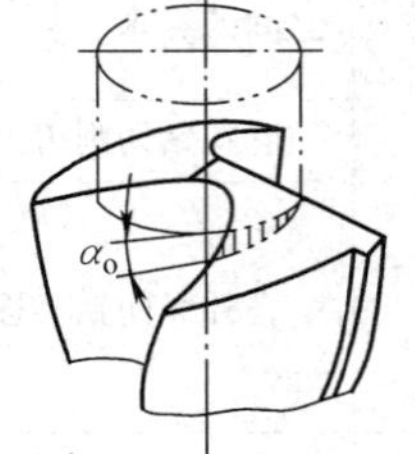

图 3—4　在柱截面内测量麻花钻的后角

(8) 横刃。麻花钻两主切削刃的连接线称为横刃，也就是两主后面的交线。横刃担负着钻心处的钻削任务。横刃太短会影响麻花钻的钻尖强度，横刃太长会使轴向的进给力增大，对钻削不利。

(9) 横刃斜角 (ψ)。在垂直于麻花钻轴线的端面投影中，横刃与主切削刃之间所夹的锐角称为横刃斜角。它的大小由后角决定，后角大时，横刃斜角减小，横刃变长；后角小时，情况相反。横刃斜角一般为55°。

（10）棱边。在麻花钻的导向部分特地制出了两条略带倒锥形的刃带，即棱边，如图3—2所示。它减少了钻削时麻花钻与孔壁之间的摩擦。

二、麻花钻的刃磨要求

刃磨麻花钻时，一般只刃磨两个主后面，但同时要保证后角、顶角和横刃斜角正确，所以麻花钻的刃磨是比较困难的。

1. 麻花钻的刃磨要求

（1）麻花钻的两主切削刃应对称，也就是两主切削刃与麻花钻的轴线成相同的角度，并且长度相等。

（2）横刃斜角为55°。

2. 刃磨不正确的麻花钻对钻孔质量的影响（表3—3）

表3—3　　麻花钻刃磨情况对加工质量的影响

刃磨情况	麻花钻刃磨正确	麻花钻刃磨得不正确		
		顶角不对称	切削刃长度不等	顶角不对称且切削刃长度不等
图示	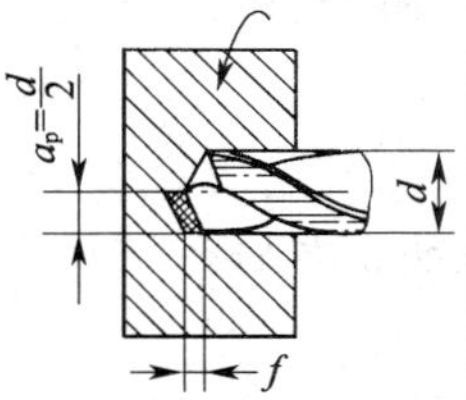	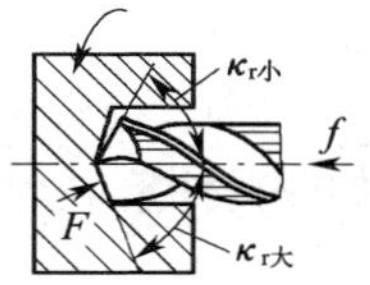	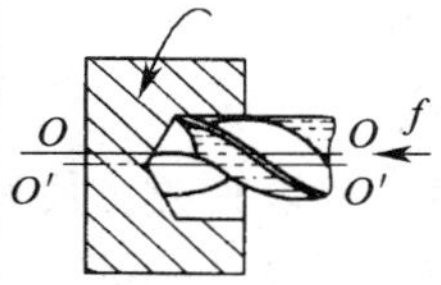	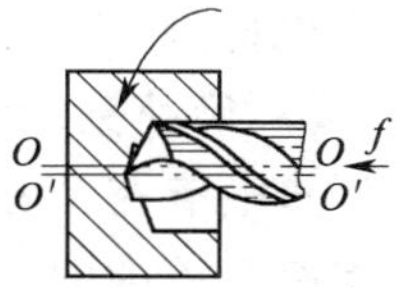
钻削情况	钻削时，两条主切削刃同时切削，两边受力平衡、使钻头磨损均匀	钻削时，只有一条主切削刃在切削，而另一条切削刃不起作用，两边受力不平衡，使钻头很快磨损	钻削时，麻花钻的工作中心轴 $O—O$ 移到 $O'—O'$，切削不均匀，使钻头很快磨损	钻削时，两条切削刃受力不平衡，而且麻花钻的工作中心由 $O—O$ 移到 $O'—O'$，使钻头很快磨损
对钻孔质量的影响	钻出的孔不会扩大、倾斜和产生台阶	使钻出的孔扩大和倾斜	使钻出的孔径扩大	钻出的孔不仅孔径扩大，而且还会产生台阶

三、钻孔时的切削用量

1. 背吃刀量（a_P）

钻孔时的背吃刀量是钻头直径的1/2（图3—5）。

2. 切削速度（v_c）

钻孔时的切削速度是指麻花钻主切削刃外缘处的线速度：

$$v_c = \frac{\pi D n}{1\ 000}$$

式中　v_c——切削速度，m/min；

D——钻头的直径，mm；

n——主轴转速，r/min。

用高速钢麻花钻钻钢料时，切削速度一般选 $v_c = 15 \sim 30$ m/min；钻铸铁时 $v_c = 10 \sim 25$ m/min。

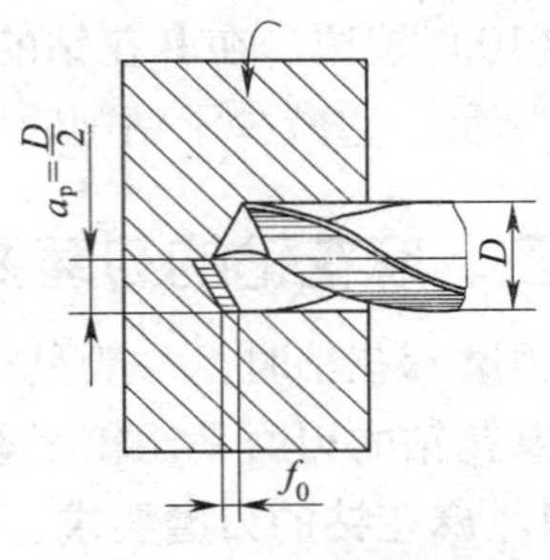

图 3—5　钻孔时的背吃刀量

3. 进给量（f）

在车床上钻孔时，工件转 1 周，钻头沿轴向移动的距离为进给量。用手慢慢转动尾座手轮来实现进给运动，进给量太大会使钻头折断，选 $f =（0.01 \sim 0.02）d$，钻铸铁时进给量略大些。

四、用麻花钻钻孔

1. 麻花钻的选用

钻孔属于粗加工，其尺寸精度一般可达 IT11 ~ IT12，表面粗糙度 Ra12.5 ~ 25 μm。麻花钻是钻孔最常用的刀具，钻头一般由高速钢制成。由于高速切削的发展，镶硬质合金的钻头也得到了广泛应用。

2. 麻花钻的装夹

直柄麻花钻的装夹　装夹时，用钻夹头夹住麻花钻直柄，然后将钻夹头的锥柄用力装入尾座套筒内即可使用（图 3—6a）。

锥柄麻花钻的装夹　麻花钻的锥柄如果和尾座套筒锥孔的规格相同，可直接将麻花钻插入尾座套筒锥孔内进行钻孔；如果钻头的锥柄和尾座套筒锥孔的规格不相同，可采用莫氏过渡锥套插入尾座锥孔中（图 3—6b）。

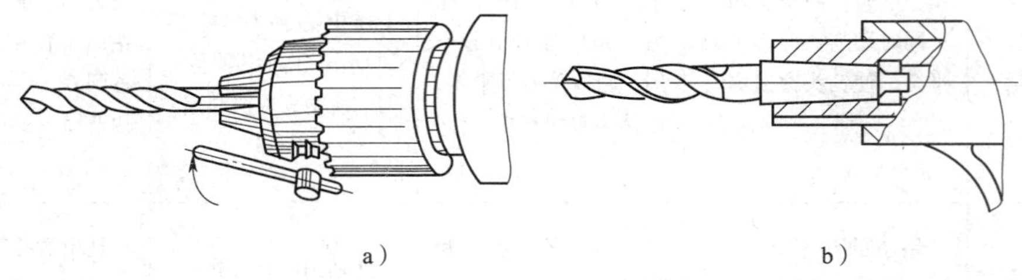

a）　　b）

图 3—6　麻花钻的装夹

a）直柄麻花钻的装夹　b）锥柄麻花钻的装夹

3. 钻孔时切削液的选用

在车床上钻孔，属于半封闭加工，切削液很难深入到切削区域，因此，对钻孔时切削液的要求较高，其选用见表 3—4。在加工过程中，浇注量和压力也要大一些；同时还应经常退出钻头，以利于排屑和冷却。

表 3—4　　钻孔时切削液的选用

麻花钻的种类	被钻削的材料		
	低碳钢	中碳钢	淬硬钢
高速钢麻花钻	用1%～2%的低浓度乳化液、电解质水溶液或矿物油	用3%～5%的中等浓度乳化液或极压切削油	用极压切削油
镶硬质合金麻花钻	一般不用，如用可选3%～5%的中等浓度乳化液		用10%～20%的高浓度乳化液或极压切削油

4．钻孔的步骤

（1）钻孔前先将工件平面车平，中心处不许留有凸台，以利于钻头正确定心。

（2）找正尾座，使钻头中心对准工件旋转中心，否则可能会使孔径钻大、钻偏甚至折断钻头。

（3）用细长麻花钻钻孔时，为了防止钻头晃动，可在刀架上夹一挡铁（图 3—7），支持钻头头部帮助钻头定心。即先用钻头尖部少量钻进工件平面，然后缓慢摇动中滑板，移动挡铁逐渐接近钻头前端，以使钻头的中心稳定在工件回转中心的位置上，但挡铁不能将钻头支顶过工件回转中心，否则容易折断钻头，当钻头已正确定心时，挡铁即可退出。

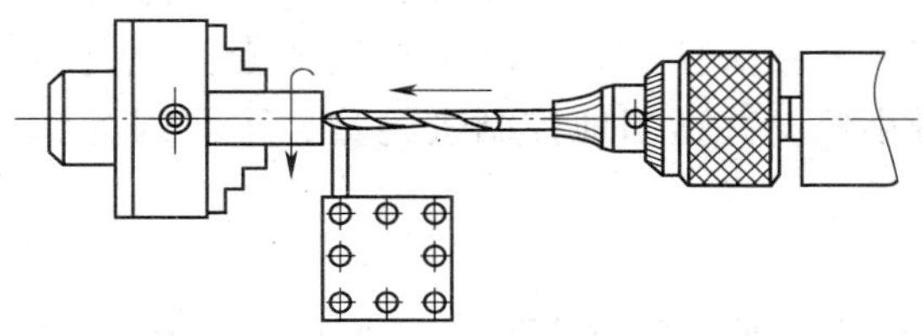

图 3—7　用挡铁支顶钻头

另一种办法是先用直径小于 5 mm 的麻花钻钻孔，钻孔前先在端面钻出中心孔，这样既便于定心且钻出的孔同轴度好。

（4）在实体材料上钻孔，小孔径可以一次钻出，若孔径超过 30 mm，则不宜用大钻头一次钻出。因为钻头大，其横刃亦长，轴向切削阻力亦大，钻削时费力，此时可分为两次钻出。即先用一支小钻头钻出底孔，再用大钻头钻出所要求的尺寸，一般情况下，第一支钻头直径为第二支钻头直径的 0.5～0.7 倍。

（5）钻孔后需铰孔的工件，由于所留铰孔余量较少，因此当钻头钻进 1～2 mm 后应将钻头退出，停车检查孔径，以防因孔径扩大没有铰削余量而报废。

（6）钻不通孔与钻通孔的方法基本相同，不同的是钻不通孔时需要控制孔的深度，具体可按下述方法操作：开动机床，摇动尾座手轮，当钻尖开始切入工件端面时，用钢直尺量出尾座套筒的伸出长度，那么钻不通孔的深度就应该控制为所测伸出长度加上孔深（图 3—8）。

5. 钻孔的技巧

(1) 将钻头装入尾座套筒中，找正钻头轴线与工件旋转轴线相重合，否则可能会使孔径钻大、钻偏甚至折断钻头。

(2) 钻孔前，必须将端面车平，中心处不允许有凸台，否则钻头不能自动定心，会使钻头折断。

(3) 当钻头刚接触工件端面和通孔快要钻穿时，进给量要小，以防钻头折断。

(4) 钻小而深的孔时，应先用中心钻钻中心孔，以避免将孔钻歪。在钻孔过程中必须经常退出钻头清除切屑。

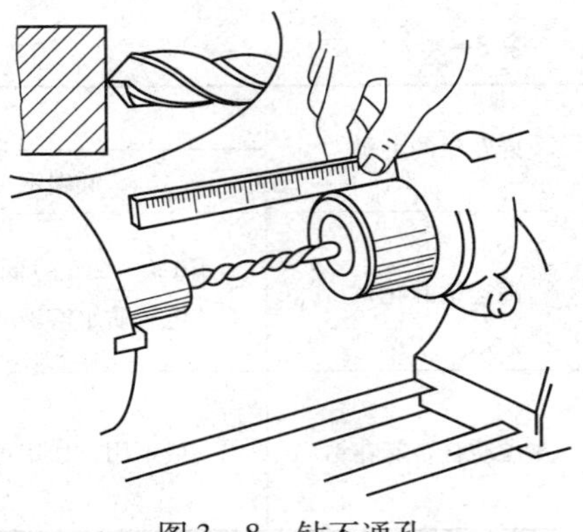

图 3—8　钻不通孔

(5) 钻削钢料时必须浇注充分的切削液，使钻头冷却；钻削铸件时可不用切削液。

(6) 内孔应防止喇叭口和出现试刀痕迹。

五、扩孔

用扩孔刀具扩大工件孔径的方法称为扩孔。常用的扩孔刀有麻花钻和扩孔钻等。精度要求低的工件的扩孔可用麻花钻，精度要求高的孔的半精加工可用扩孔钻。

1. 用麻花钻扩孔

用麻花钻扩孔时，由于横刃不参加工作，轴向切削力小，进给省力。但是，因钻头外缘处的前角较大，容易将钻头拉出，使钻头在尾座套筒里打滑。因此，扩孔时应将钻头外缘处的前角修磨得小些，并适当地控制进给量，不要因为钻削轻松而盲目地加大进给量。

2. 用扩孔钻扩孔

扩孔钻有高速钢扩孔钻和硬质合金扩孔钻两种（图 3—9）。扩孔钻的主要特点是：

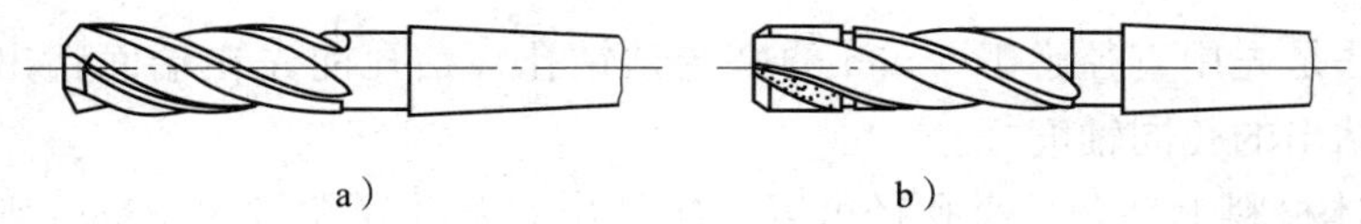

a)　　b)

图 3—9　扩孔钻

a) 高速钢扩孔钻　b) 硬质合金扩孔钻

(1) 扩孔钻齿数较多（一般有 3 ~ 4 齿），导向性好，切削平稳。

(2) 切削刃不必自外缘一直到中心，没有横刃，可避免横刃对切削的不利影响。

(3) 扩孔钻钻心粗，刚度好，可选较大的切削用量。

孔加工可采用先钻孔再扩孔的工艺，利用这种方法加工，轴向切削阻力较小，钻削轻快。扩孔钻头直径取孔径的 50% ~ 70%。扩孔时切削速度可略高一些。扩孔时的背吃刀量为 $a_p = \frac{D-d}{2}$（图 3—10）。

由于扩孔钻结构上的特点弥补了麻花钻的不足，所以用扩孔钻扩孔的效果比麻花钻好。而且，生产效率高，加工质量好，扩孔精度一般可达 IT10 ~ IT11，表面粗糙度值达 *Ra* 6.3 ~ 12.5 μm，可作为孔的半精加工。

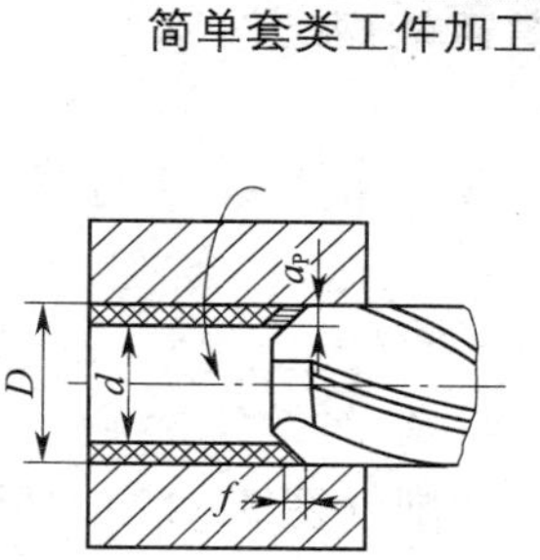

图 3—10　扩孔时的背吃刀量

六、技能训练

1. 训练内容

根据图 3—11 钻孔，加工出符合图样要求的工件。

练习内容	图号	材料来源	实作工时
钻孔	作业图1	毛坯45钢	90min

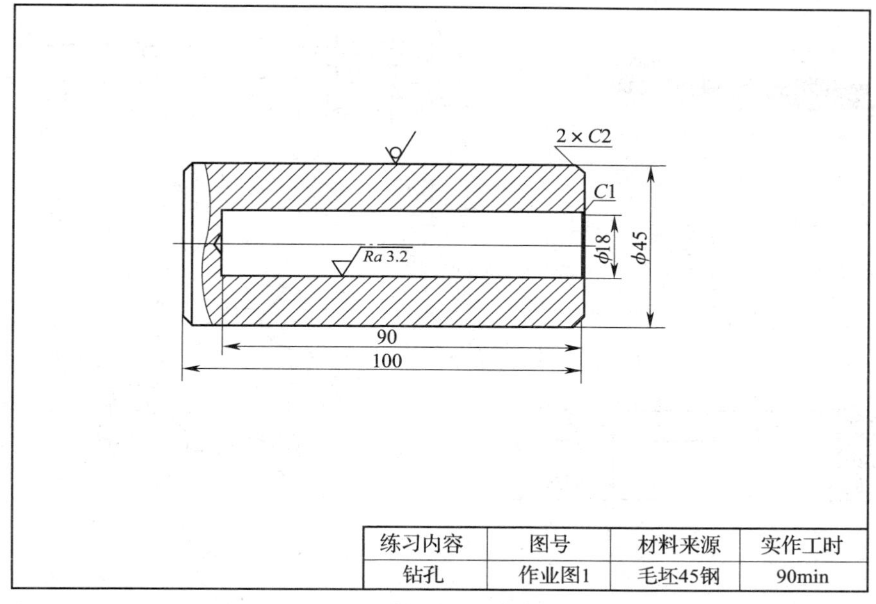

图 3—11　钻孔

2. 操作步骤

（1）利用三爪自定心卡盘夹持工件，找正夹紧，精车一侧端面并倒角 *C*2。

（2）卸下工件，掉头装夹，精车另一侧端面并保证总长，倒角 *C*2。

（3）利用中心钻钻中心孔，选用 ϕ18 mm 的麻花钻钻孔 90 mm 深，孔口倒角 *C*1。

（4）测量合格后取下工件。

课题 2　铰孔

学习目标

1. 了解铰刀及选择。

2. 掌握铰削前对孔的要求及铰孔方法。

3. 掌握铰刀的装夹方法。

一、铰刀

铰削（图 3—12）是用铰刀切除工件孔壁上微量金属层的精加工孔的方法。铰刀是尺寸精确、刚度高的多刃刀具，铰孔质量好、效率高，操作简便，批量生产中广泛应用；尤其适用于加工直径较小、长度较长的通孔。

铰刀由工作部分、颈部和柄部组成。

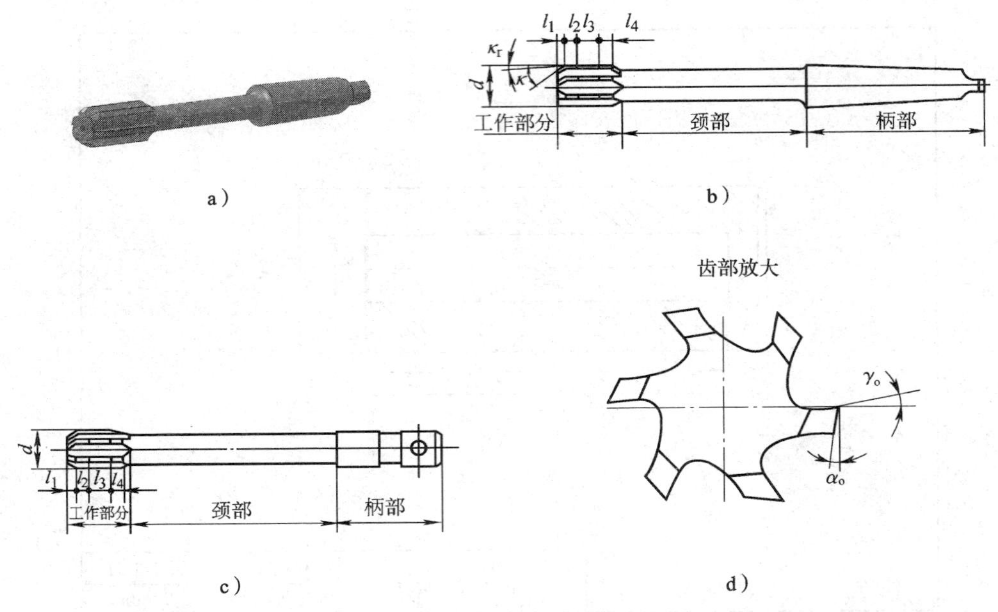

图 3—12 铰刀

a）铰刀外形图 b）锥柄铰刀的结构 c）圆柱柄铰刀的结构 d）齿部放大图

1. 柄部

柄部用来夹持和传递转矩。

2. 工作部分

工作部分由引导部分 L_1、切削部分 L_2、修光部分 L_3 和倒锥部分 L_4 组成。

（1）引导部分。它是铰刀开始进入孔时的导向部分。

（2）切削部分。它担负主要切削工作，其切削锥角较小，因此铰削时定心好，切屑薄；铰刀的前角一般为 0°，粗铰钢料时可取前角 $\gamma_o = 5° \sim 10°$，铰刀的后角可取 $\alpha_o = 6° \sim 8°$，主偏角一般取 $\kappa_r = 3° \sim 15°$。

（3）修光部分。修光部分有棱边，起定向、修光孔壁、控制铰刀直径和便于测量等作用。

（4）倒锥部分。它可减小铰刀与孔壁之间的摩擦，还可防止产生喇叭形孔和孔径扩大等缺陷。

二、铰刀的种类和选择

1. 铰刀的种类

铰刀按使用方式分为机用铰刀和手用铰刀。机用铰刀的柄部有直柄和锥柄两种。由于铰孔时由车床尾座定心，因此机用铰刀工作部分较短，主偏角较大，标准机用铰刀的主偏角 $\kappa_r=15°$；手用铰刀的柄部做成方榫形，以便套入铰杠铰削工件。手用铰刀工作部分较长，主偏角较小，一般为 $\kappa_r=40'\sim4°$。

铰刀按切削部分材料分为高速钢铰刀和硬质合金铰刀。

2. 铰刀尺寸的选择

铰孔的精度主要取决于铰刀的尺寸，铰刀的基本尺寸与孔基本尺寸相同。铰刀的公差是根据孔的精度等级、加工时可能出现的扩大量或收缩量及允许铰刀的磨损量来确定的，一般可按下面的计算方法来确定铰刀的上偏差和下偏差：

$$上偏差=2\times被加工孔公差/3$$

$$下偏差=1\times被加工孔公差/3$$

三、铰孔方法

（1）摇动尾座手轮，使铰刀的引导部分轻轻进入孔口，深度为 1 ~2 mm。

（2）启动车床，加注充分的切削液，双手均匀摇动尾座手轮，进给量约 0. 5 mm/r，均匀地进给至铰刀切削部分的 3/4 超出孔末端时，即反向摇动尾座手轮，将铰刀从孔内退出。此时工件应继续做主运动。

（3）将内孔擦净后，检查孔径尺寸。

四、铰削前对孔的要求

铰孔前，一般先经过钻孔、扩孔或车孔等半精加工，并留有适当的铰削余量。余量的大小直接影响到铰孔的质量。铰孔余量一般为 0. 08 ~0. 15 mm，用高速钢铰刀铰削余量取小值，用硬质合金铰刀取大值。

采用浮动套筒安装铰刀，铰孔时是靠铰孔前的半精加工内孔表面导向、定位的，铰孔工序不能修正半精加工孔的形位误差。当用车孔的方法来预留铰削余量时，由于车孔能纠正钻孔带来的轴线不直或径向圆跳动等缺陷，因而可以使铰出的孔达到同轴度和垂直度的要求。但是当孔径尺寸小于 ϕ12 mm 时，用车孔的方法留铰削余量则比较困难，通常选用扩孔方法作为铰孔前的半精加工。但是由于扩孔不能修正钻孔造成的缺陷，因此在扩孔前钻孔时必须采取定中心的措施，保证钻孔质量。铰孔前的内孔表面粗糙度 Ra 不得大于 6. 3 μm，否则会因铰削余量小而难以去除铰孔前的表面缺陷。

五、铰刀的装夹

在车床上铰孔时，一般将机用铰刀的锥柄插入尾座套筒的锥孔中，并调整尾座套筒轴线与主轴轴线相重合，同轴度应小于 0. 02 mm。但对一般精度的车床要求其主轴轴线与尾座轴线非常精确地在同一轴线上是比较困难的，为保证工件的同轴度，常采用浮动套筒（图 3—13）来装夹。

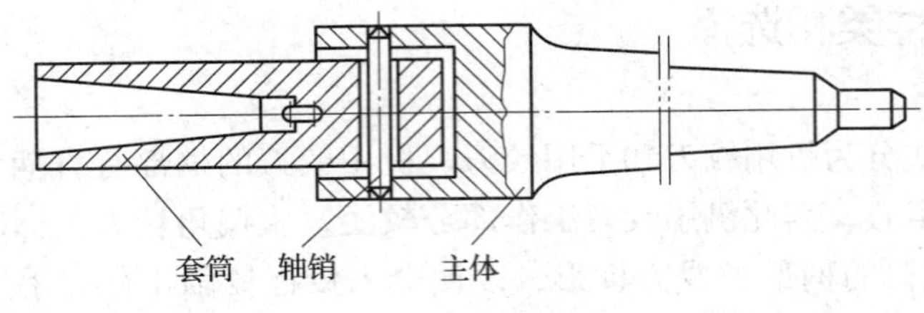

图 3—13　浮动套筒

六、技能训练

1. 训练内容

根据图 3—14 铰孔，加工出符合图样要求的工件。

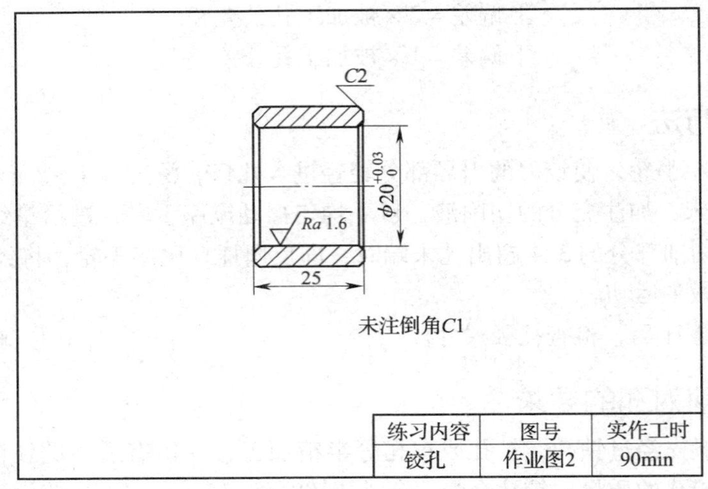

练习内容	图号	实作工时
铰孔	作业图2	90min

图 3—14　铰孔

2. 操作步骤

(1) 利用三爪自定心卡盘夹持工件，找正夹紧，精车一侧端面并倒角 $C2$。

(2) 卸下工件，掉头装夹，精车另一侧端面并保证总长，倒角 $C2$。

(3) 利用中心钻钻中心孔，分别选用 $\phi18$ mm、$\phi19.8$ mm 的麻花钻钻通工件。

(4) 选用 $\phi20$ mm 铰刀低速铰孔至尺寸要求，孔口倒角 $C1$。

(5) 测量合格后取下工件。

课题 3　车孔

1. 了解孔的形状。

2. 掌握内孔车刀的选择方法。
3. 了解车孔的技术要求。
4. 掌握车内孔及孔径的测量方法。
5. 了解几何公差的测量方法。

一、孔的形状

孔的分类方法有多种，例如有通孔和盲孔；有大孔和小孔；直通孔和台阶孔；圆柱孔和圆锥孔；攻丝的有螺孔和底孔；浅孔和深孔；毛坯有铸孔和预留孔等。车削加工中，一般分通孔、盲孔和台阶孔。

二、内孔车刀的选择

根据不同的加工情况，内孔车刀有通孔车刀和盲孔（台阶孔）车刀两种（图 3—15）。

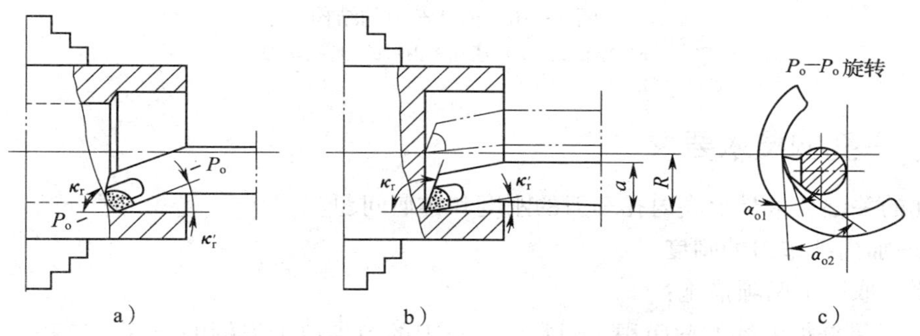

图 3—15　内孔车刀
a）通孔车刀　b）盲孔车刀　c）两个后角

1. 通孔车刀

通孔车刀切削部分的几何形状基本上与外圆车刀相似（图 3—15a）。为了减小径向切削抗力，防止车孔时振动，主偏角 κ_r应取得大些，一般在 60°～75°之间，副偏角 κ_r'一般为 15°～30°。为了防止内孔车刀后刀面和孔壁的摩擦又不使后角磨得太大，一般磨成两个后角（图 3—15c）α_{01}和 α_{02}，其中 α_{01}为 6°～12°，α_{02}约为 30°。

2. 盲孔车刀

盲孔车刀用来车削盲孔或台阶孔，切削部分的几何形状基本上与偏刀相似。它的主偏角 κ_r大于 90°，一般为 92°～95°（图 3—15b），后角的要求和通孔车刀一样。不同之处是：盲孔车刀刀尖在刀杆的最前端，刀尖到刀杆外端的距离 a 小于孔半径 R，否则无法车平孔的底面。

内孔车刀可做成整体式（图 3—16a）；为节省刀具材料和增加刀柄强度，也可把高速钢或硬质合金做成较小的刀头，安装在碳钢或合金钢制成的刀柄前端的方孔中，上面用螺钉固定（图 3—16b、c）。

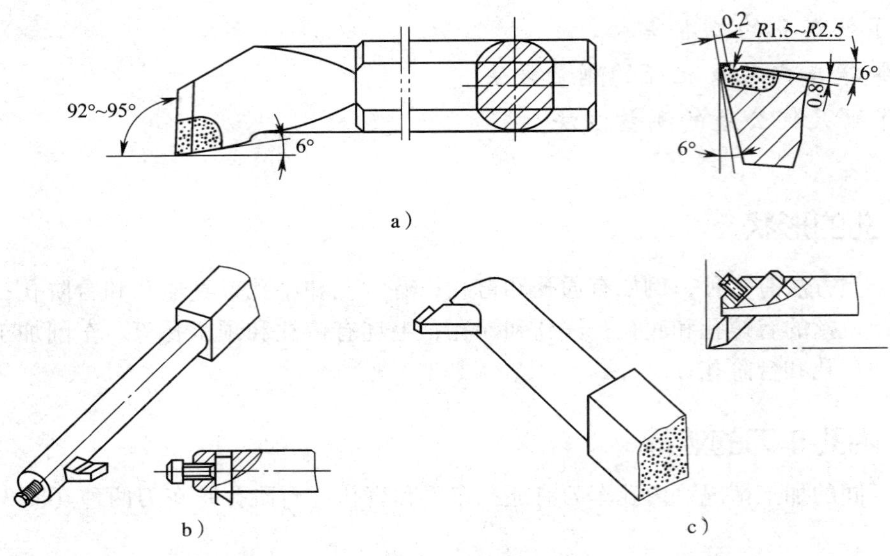

图 3—16　内孔车刀的结构

a）整体式　b）通孔车刀　c）盲孔车刀

三、车孔的技术要求

车孔的关键技术是解决内孔车刀的刚度和排屑问题。

1. 增加内孔车刀的刚度

主要采取以下两项措施：

（1）尽量增加刀柄的截面积。通常内孔车刀的刀尖位于刀柄的上面，这样刀柄的截面积较小，还不到孔截面积的 1/4（图 3—17a）。若使内孔车刀的刀尖位于刀柄的中心线上，那么刀柄在孔中的截面积可大大地增加（图 3—17b）。

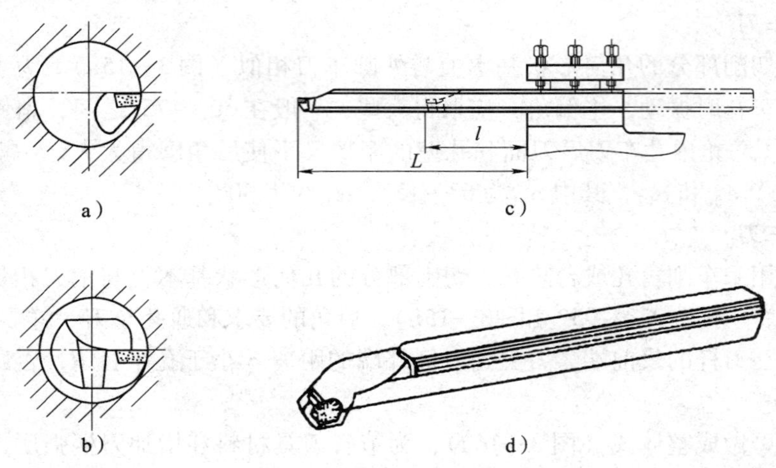

图 3—17　可调节刀柄长度的内孔车刀

a）刀尖位于刀柄上面　b）刀尖位于刀柄中心　c）刀柄伸出长度　d）车刀外形

（2）尽可能缩短刀柄的伸出长度。刀柄长度短，可以增加车刀刀柄刚度，减小切削过程中的振动，如图 3—17c 所示。此外，还可将刀柄上下两个平面做成互相平行的平面，就能很方便地根据孔深调节刀柄伸出的长度。

2．解决排屑问题

解决排屑问题，主要是控制切屑流出方向。精车孔时，要求切屑流向待加工表面（前排屑），为此，采用正值刃倾角的内孔车刀（图 3—18a）；加工盲孔时，应采用负值刃倾角内孔车刀，使切屑从孔口排出（图 3—18b）。

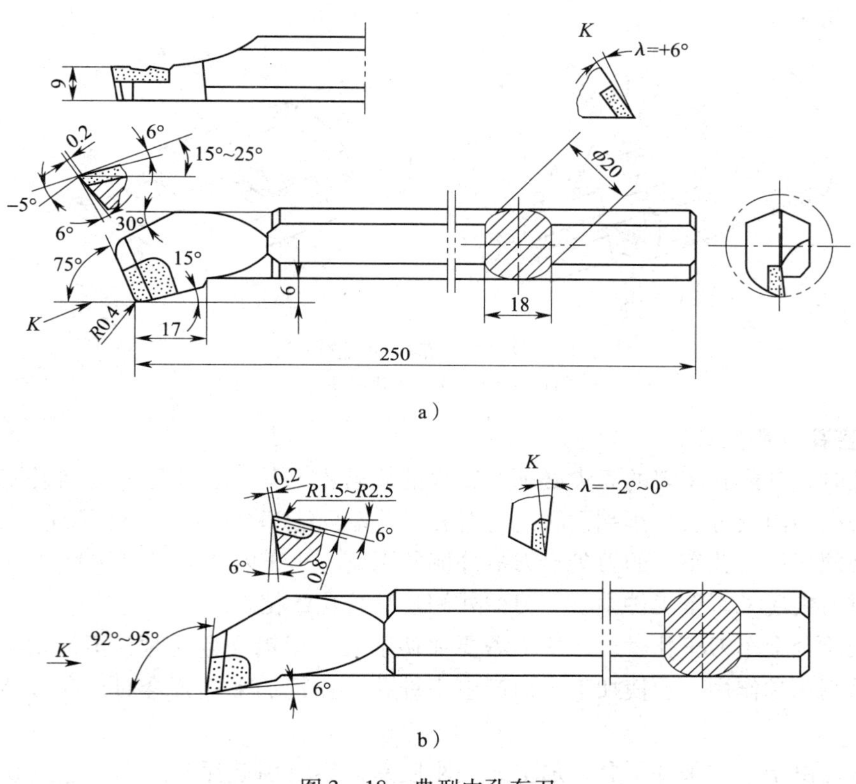

图 3—18　典型内孔车刀

a）前排屑通孔车刀　b）后排屑盲孔车刀

四、车内孔

1．车直孔

车直孔的切削用量要比车外圆时适当减小些，特别是车小孔或深孔时，其切削用量应更小。

2．车台阶孔

（1）车直径较小的台阶孔时，由于观察困难且尺寸精度不易掌握，所以常采用粗、精车小孔，再粗、精车大孔。

（2）车直径大的台阶孔时，在便于测量小孔尺寸而视线又不受影响的情况下，一般先粗车大孔和小孔，再精车小孔和大孔。

(3) 车削孔径尺寸相差较大的台阶孔时，最好采用主偏角为 $\kappa_r = 85° \sim 88°$ 的内孔车刀先粗车，然后再用盲孔车刀精车，直接用盲孔车刀车削时背吃刀量不可太大，否则刀刃易损坏。其原因是刀尖处于刀刃的最前端，切削时刀尖先切入工件，因此其承受切削力最大，加上刀尖本身强度差，所以容易碎裂；由于刀柄伸长，在轴向抗力的作用下，背吃刀量大容易产生振动和扎刀。

(4) 控制车孔深度的方法：粗车时，在刀柄上刻线做记号（图 3—19a）或安放限位铜片（图 3—19b），以及用床鞍刻线盘来控制等；精车时，需用小滑板刻度盘或游标深度尺等来控制车孔深度。

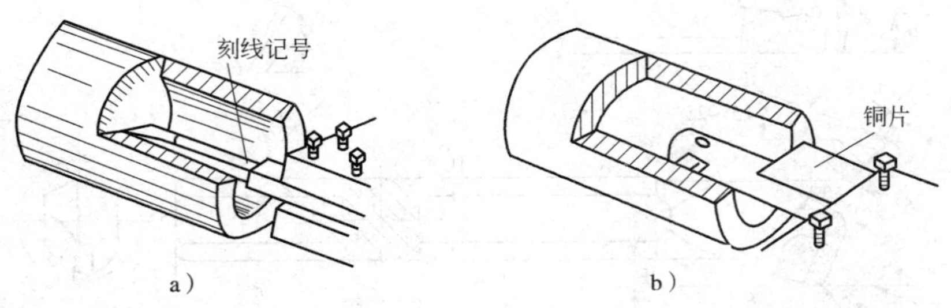

图 3—19　控制车孔深度的方法
a）刻线法　b）铜片挡铁法

3. 车盲孔（平底孔）

车盲孔时，其内孔车刀的刀尖必须与工件的旋转中心等高，否则不能将孔底车平。检验刀尖中心高的简便方法是车端面时进行对刀，若端面能车至中心，则盲孔底面也能车平。同时，还必须保证盲孔车刀的刀尖至刀柄外侧的距离应小于内孔半径 R（参见图 3—15b），否则切削时刀尖还未车至工件中心，刀柄外侧就已与孔壁相碰。

在用硬质合金车刀车孔时，一般不需要加切削液。车铝合金孔时，不加切削液。因为水和铝容易起化学作用，会使加工表面产生小针孔。在精加工铝合金时，一般使用煤油冷却较好。

车孔时，由于工作条件不利，加上刀柄刚度差，容易引起振动，因此它的切削用量应比车外圆时要低些。

五、内孔孔径的测量

测量孔径尺寸时，应根据工件的尺寸、数量及精度要求采用相应的量具。如果孔的精度要求较低，可采用钢直尺、游标卡尺测量。精度要求较高可采用内径百分表、塞规等测量。

1. 内径百分表测量

内径百分表主要用于测量精度要求较高而且又较深的孔。测量前，应转动罩壳使表的长指针对准“0”刻线。测量时，测量头移动的距离等于小指针的读数加上大指针的读数。

内径百分表的结构如图 3—20 所示，它是将百分表装夹在测架上，在测量头端部有一个活动测量头，另一端的固定测量头可根据孔径的大小更换。为了便于测量，测量头旁装有定心器。使用内径百分表测量属于比较测量法，测量时必须摆动内径百分表（图 3—20b），所得的尺寸为孔的实际尺寸。

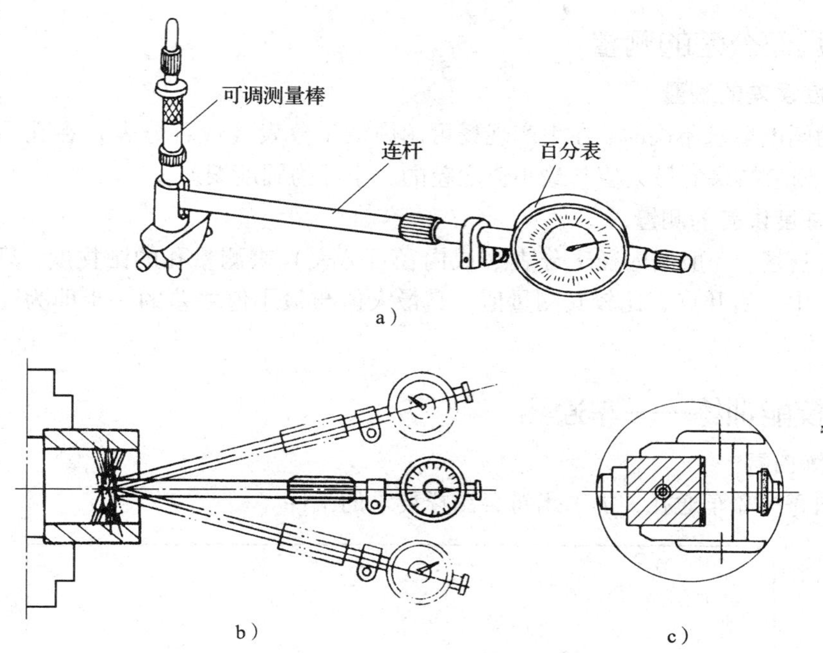

图 3—20　内径百分表及使用

a）内径百分表　b）内径百分表的测量方法　c）孔中测量情况

内径百分表和千分尺配合使用，也可以测量出孔径的实际尺寸。

2．塞规测量

在成批生产中，为了测量方便，常用塞规测量孔径（图 3—21）。塞规通端的尺寸等于孔的最小极限尺寸 L_{min}，止端的基本尺寸等于孔的最大极限尺寸 L_{max}。用塞规检验孔径时，若通端进入工件的孔内而止端不能进入工件的孔内，说明工件孔径合格。测量盲孔时，为了排除孔内的空气，常在塞规的外圆上开有通气槽或在轴心处轴向钻出通气孔。

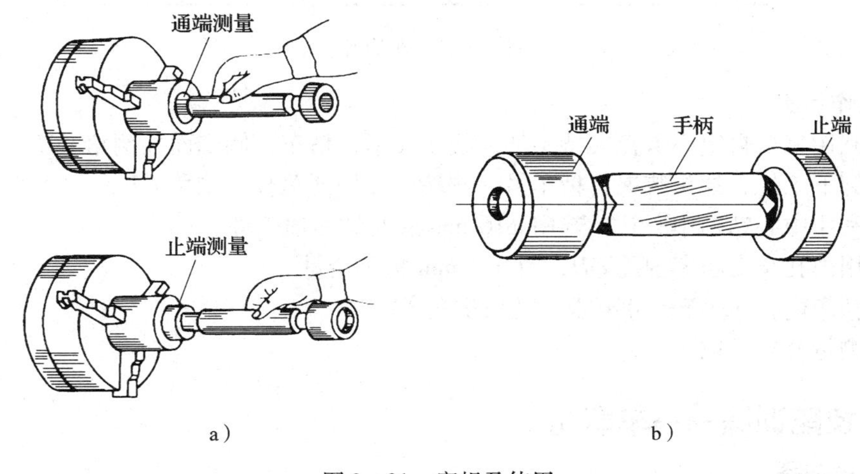

图 3—21　塞规及使用

a）测量方法　b）塞规结构

六、几何公差的测量

1. 圆度误差的测量

当孔的圆度要求不高时，在生产现场可用内径千分表（或百分表）在孔圆周的各个方向上测量，测量结果的最大值与最小值之差的一半即为圆度误差。

2. 圆柱度误差的测量

在生产现场，一般用内径千分表（或内径百分表）来测量孔的圆柱度，只要在孔的全长上取前、中、后几点，比较其测量值，其最大值与最小值之差的一半即为孔全长上的圆柱度误差。

七、技能训练——车通孔

1. 训练内容

根据图 3—22 车通孔，加工出符合图样要求的工件。

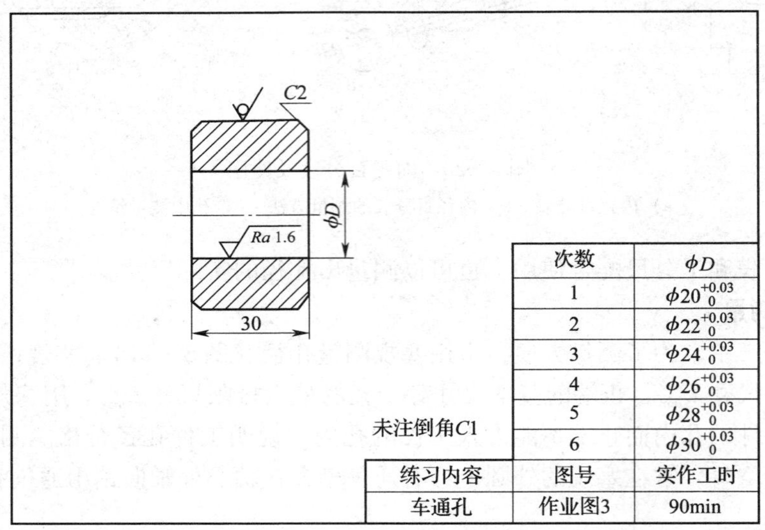

次数	ϕD
1	$\phi 20^{+0.03}_{0}$
2	$\phi 22^{+0.03}_{0}$
3	$\phi 24^{+0.03}_{0}$
4	$\phi 26^{+0.03}_{0}$
5	$\phi 28^{+0.03}_{0}$
6	$\phi 30^{+0.03}_{0}$

练习内容	图号	实作工时
车通孔	作业图3	90min

图 3—22　车通孔

2. 操作步骤

（1）利用三爪自定心卡盘夹持工件，找正夹紧，精车一侧端面并倒角 *C*2。

（2）卸下工件，掉头装夹，精车另一侧端面并保证总长，倒角 *C*2。

（3）利用中心钻钻中心孔，选用 $\phi 16$ mm 麻花钻钻通工件。

（4）用内孔车刀粗车内孔 ϕD，留 0. 3 mm 精车余量。

（5）精车内孔 ϕD 至尺寸要求，孔口倒角 *C*1。

（6）测量合格后取下工件。

八、技能训练——车盲孔

1. 训练内容

根据图 3—23 车盲孔，加工出符合图样要求的工件。

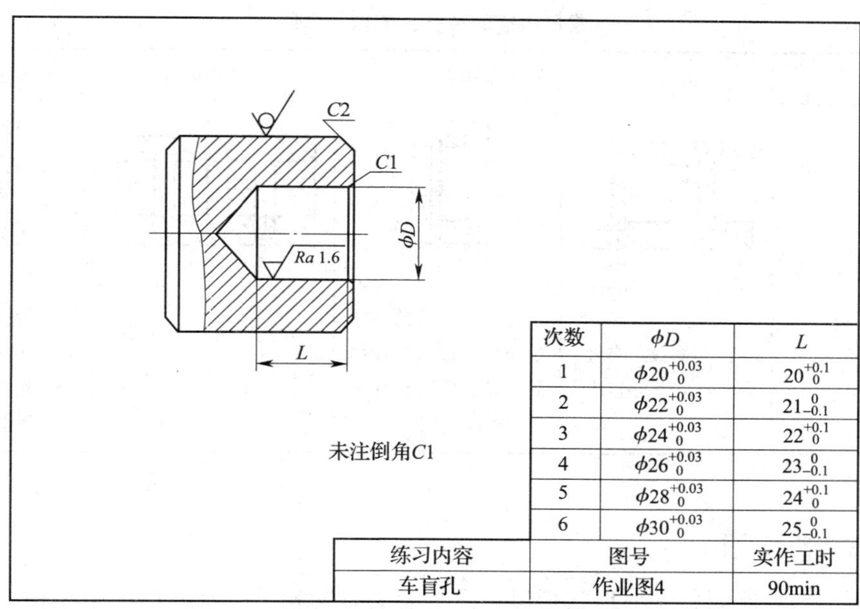

次数	ϕD	L
1	$\phi 20^{+0.03}_{0}$	$20^{+0.1}_{0}$
2	$\phi 22^{+0.03}_{0}$	$21^{0}_{-0.1}$
3	$\phi 24^{+0.03}_{0}$	$22^{+0.1}_{0}$
4	$\phi 26^{+0.03}_{0}$	$23^{0}_{-0.1}$
5	$\phi 28^{+0.03}_{0}$	$24^{+0.1}_{0}$
6	$\phi 30^{+0.03}_{0}$	$25^{0}_{-0.1}$

练习内容	图号	实作工时
车盲孔	作业图4	90min

图 3—23　车盲孔

2. 操作步骤

（1）利用三爪自定心卡盘夹持工件，找正夹紧，精车端面并倒角 $C2$。

（2）利用中心钻钻中心孔，选用 $\phi 16$ mm 麻花钻钻工件（钻孔深度可略大于 L）。

（3）用内孔车刀粗车内孔 ϕD、孔深 L，均留 0.3 mm 精车余量。

（4）精车内孔 ϕD、孔深 L 至尺寸要求，孔口倒角 $C1$。

（5）测量合格后取下工件。

课题 4　车内槽

学习目标

1. 了解常见内槽的种类、结构、作用。
2. 熟悉内槽车刀。
3. 掌握内槽车刀的几何角度及刃磨。
4. 掌握内槽的车削方法。
5. 了解内槽的测量方法。

一、常见内槽的种类、结构、作用

常见内槽的种类、结构、作用见表 3—5。

表 3—5　　　　常见内槽的种类、结构、作用

类型	退刀槽	轴向定位槽	油气通道槽	内 V 形槽（密封槽）
结构				
作用	在车螺纹、车孔、磨削内孔时作退刀用	在适当位置的轴向定位槽中嵌入弹性挡圈，以实现滚动轴承等的轴向定位	在液压或气动滑阀中车出内槽，用以通油或通气	在内 V 形槽内嵌入油毛毡，以起防尘作用并防止轴上的润滑剂溢出

二、内槽车刀

内槽车刀与切断刀的几何形状相似，只是装夹方向相反，且在内孔中车槽。加工小孔中的内槽车刀做成整体式（图 3—24a）；在大直径内孔中车内槽的车刀可做成车槽刀刀体，然后装夹在刀柄上使用（图 3—24b）。

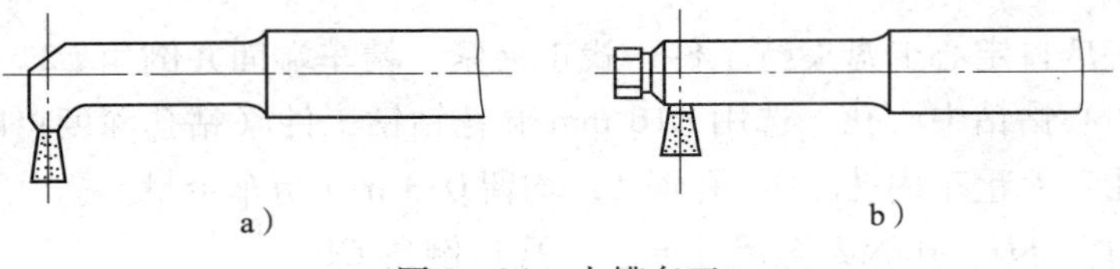

图 3—24　内槽车刀

a）整体式　b）装夹式

三、内槽车刀几何角度及刃磨（图 3—25）

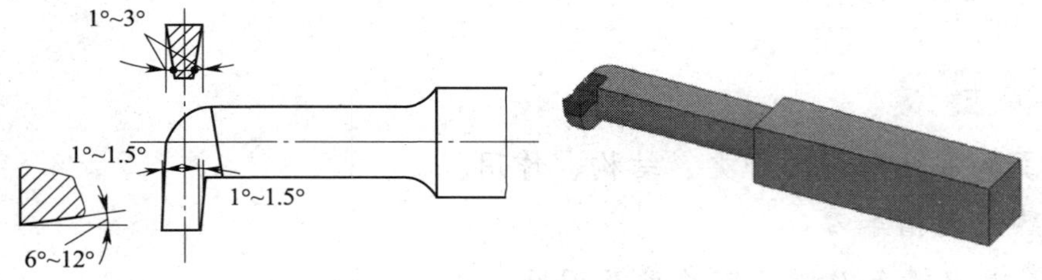

图 3—25　内槽车刀几何角度

1. 双手紧握车刀，车刀前面向上，同时磨出左侧副后角 1°～3°和副偏角 1°～1.5°、右侧副后角 1°～3°和副偏角 1°～1.5°。

2. 双手握刀，车刀前面向上，同时磨出主后面和主后角 6°～12°，保证主切削刃平直。

3. 车刀前面对着砂轮磨削表面，刃磨前面和前角 0°。为保护刀尖，可在两刀尖处各磨出一个修圆刀尖。

四、内槽的车削

1. 内槽深度尺寸的控制方法

(1) 摇动床鞍与中滑板，将内槽车刀伸入孔口，并使主切削刃与孔壁刚好接触，此时中滑板手柄刻度盘刻度为零位（即起始位置）。

(2) 根据内槽深度计算出中滑板刻度的进给格数，并在进给终止相应刻度位置用记号笔做出标记或记下该刻度值。

(3) 使内槽车刀主切削刃退离孔壁 0.3 ~ 0.5 mm，在中滑板刻度盘上做出退刀位置标记。

2. 内槽轴向位置尺寸的控制方法

(1) 移动床鞍和中滑板，使内槽车刀的副切削刃（刀尖）与工件端面轻轻接触，如图 3—26 所示。此时将大滑板刻度盘刻度调到零位（即纵向起始位置）。

(2) 如果内槽轴向位置离孔口不远，可利用小滑板刻度控制内槽轴向位置，则应先将小滑板刻度调整到零位。

(3) 用床鞍刻度或小滑板刻度控制内槽车刀进入孔内深度为内槽位置尺寸 L 和内槽车刀主切削刃宽度 b 之和，即 $L+b$。

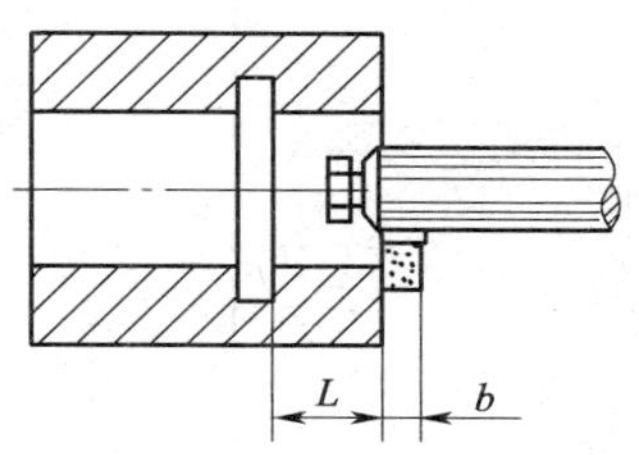

图 3—26 内槽轴向位置的控制

五、内槽的测量

1. 内槽的深度一般用弹簧内卡钳测量（图 3—27a）。测量时，先将弹簧内卡钳收缩，放入内槽，然后调整卡钳螺母，使卡脚与槽底径表面接触，测出内槽直径，然后将内卡钳收缩取出，恢复到原来尺寸，再用游标卡尺或外径千分尺测出内卡钳的张开尺寸。当内槽直径较大时，可用弯脚游标卡尺测量（图 3—27b）。

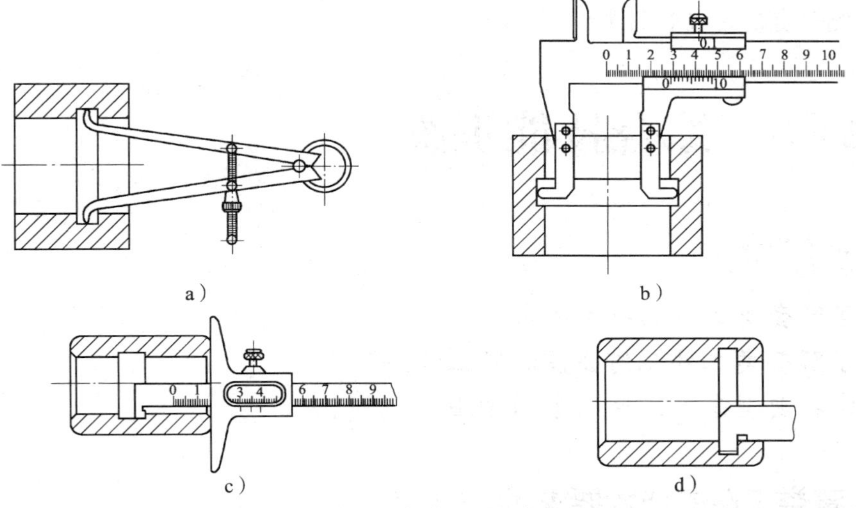

图 3—27 内槽的测量方法

a) 弹簧内卡钳的应用 b) 弯脚游标卡尺的应用 c) 内槽轴向位置测量 d) 内槽宽度的测量

2．内槽的轴向尺寸可用钩形游标深度卡尺测量（图 3—27c）。

3．当孔径较大时，内槽的宽度可用样板或游标卡尺测量（图 3—27d）。

六、技能训练

1．训练内容

根据图 3—28 车内槽，加工出符合图样要求的工件。

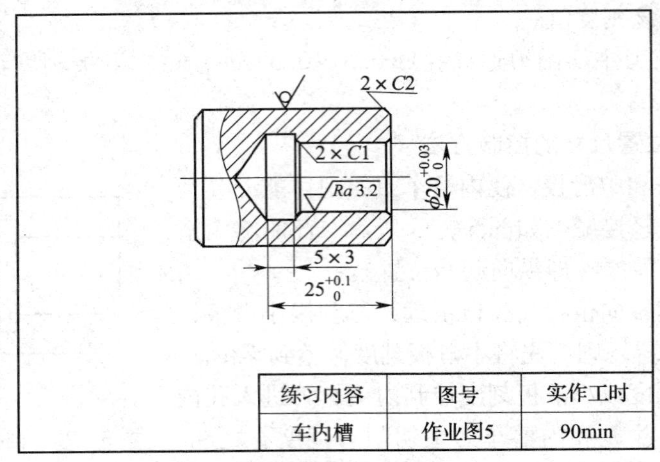

练习内容	图号	实作工时
车内槽	作业图5	90min

图 3—28　车内槽

2．操作步骤

（1）利用三爪自定心卡盘夹持工件，找正夹紧，精车端面并倒角 $C2$。

（2）利用中心钻钻中心孔，选用 $\phi16$ mm 麻花钻钻孔。

（3）用内孔车刀粗、精车内孔 $\phi20^{+0.03}_{0}$ mm、孔深 $25^{+0.1}_{0}$ mm。

（4）用内槽刀在孔内 25 mm 处粗车 5 mm×3 mm 的内槽，留精车余量。

（5）精车内槽 5 mm×3 mm，倒角 $C1$。

（6）测量合格后取下工件。

课题 5　综合技能训练

1．了解套类工件的技术要求。

2．了解套类工件几何公差的保证方法。

3．掌握典型套类工件的车削方法。

一、套类工件的技术要求

套类工件起支撑或导向作用的主要表面是孔和外圆，其主要技术要求如下：

1. 内孔

内孔是套类工件的最主要表面，孔径公差等级一般为 IT7，孔的形状精度应控制在孔径公差以内。对于长套筒，除了圆度要求外，还应注意孔的圆柱度和孔轴线的直线度要求，内孔的表面粗糙度值控制在 *Ra* 1.6 ~ 0.16 μm。

2. 外圆

外圆一般是套类工件的支撑表面，外径尺寸公差等级通常取 IT7；形状精度控制在外径公差以内，表面粗糙度值为 *Ra* 3.2 ~ 0.4 μm。

3. 位置精度

套类工件的内外圆之间的同轴度要求较高，一般为 0.01 ~ 0.05 mm；若套筒的端面在使用中承受轴向载荷或在加工中作为定位基准时，其内孔轴线与端面的垂直度一般为 0.01 ~ 0.05 mm。

二、套类工件几何公差的保证方法

1. 尽可能在一次装夹中完成车削

车削套类工件时，如单件小批量生产，可在一次装夹中尽可能把工件全部或大部分表面车削完，这种方法不存在因装夹而产生的定位误差。如果车床精度较高，可获得较高的几何公差精度。但采用这种方法车削时，需要经常转换刀架。车削图 3—29 所示的工件，可轮流使用 90°车刀、45°车刀、麻花钻、铰刀和切断刀等刀具加工。如果刀架定位精度较差，则尺寸较难掌握，切削用量也要时常改变。

2. 以外圆为基准保证位置精度

在加工外圆直径大、内孔直径较小、定位长度较短的工件时，多以外圆为基准来保证工件的位置精度。此时，一般应用软卡爪装夹工件。软卡爪用未经淬火的 45 钢制成，这种卡爪是在本车床上车削成形的，因而可确保装夹精度。其次，当装夹已加工表面或软金属时，不易夹伤工件表面。另外，还可根据工件的特殊形状相应地加工软卡爪，以装夹工件。因此，软卡爪在工厂中已得到越来越广泛的使用。软卡爪的形状及制作如图 3—30 所示，车削夹紧工件的软卡爪的内限位台阶时，定位圆柱应放在卡爪的里面，用卡爪底部夹紧。

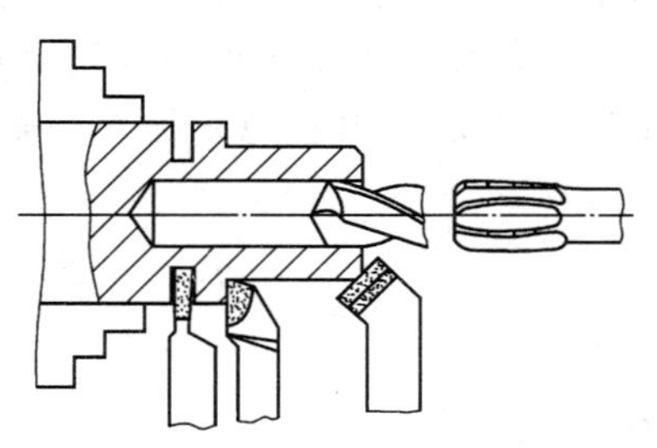

图 3—29　尽可能在一次装夹中完成车削

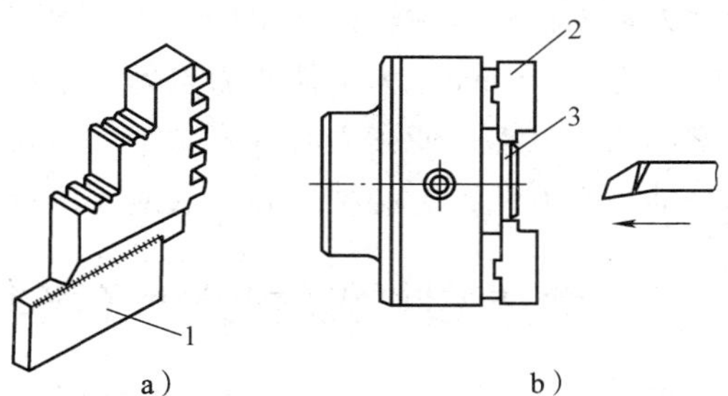

图 3—30　软卡爪的形状及制作

a）焊接式软卡爪　b）车软卡爪的内限位台阶

1、2—软卡爪　3—定位圆柱

3. 以内孔为基准保证位置精度

车削中小型的轴套、带轮和齿轮等工件时，一般可用已加工好的内孔为定位基准，并根据内孔配置一根合适的心轴，再将套装工件的心轴支顶在车床上，精加工套类工件的外圆、端面等。常用的心轴有实体心轴和胀力心轴等。

（1）实体心轴。实体心轴分不带台阶和带台阶两种。不带台阶的实体心轴又称小锥度心轴（图3—31a），其锥度 $C=1:5\ 000\sim1:1\ 000$，这种心轴的特点是制造容易、定心精度高，但轴向无法定位，承受切削力小，工件装卸时不太方便。带台阶的心轴如图3—31b所示，其配合圆柱面与工件孔保持较小的配合间隙，工件靠螺母压紧，常用来一次装夹多个工件。若装上快换垫圈，则装卸工件就更加方便，但其定心精度较低，只能保证0.02 mm左右的同轴度。

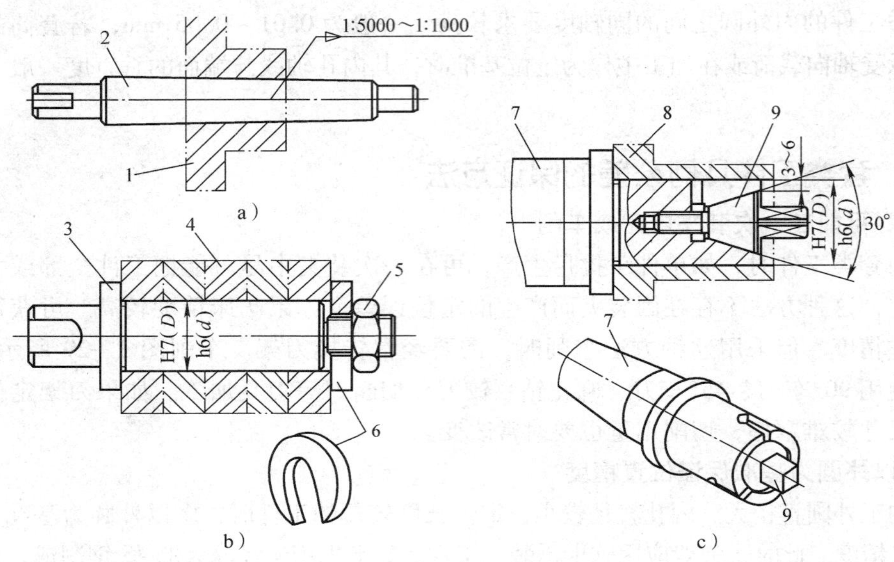

图3—31　常用心轴

a）小锥度心轴　b）台阶心轴　c）胀力心轴

1、4、8—工件　2—小锥度心轴　3—心轴台阶　5—螺母　6—开口垫圈　7—胀力心轴　9—锥堵

（2）胀力心轴。胀力心轴依靠材料弹性变形所产生的胀力来胀紧工件，如图3—31c所示为装夹在机床主轴锥孔中的胀力心轴，胀力心轴的圆锥角最好为30°左右，最薄部分的壁厚为3～6 mm。为了使胀力均匀，槽可做成三等分。使用时先把工件套在胀力心轴上，拧紧锥堵的方榫，使胀力心轴胀紧工件。长期使用的胀力心轴可用65 Mn弹簧钢制成。胀力心轴装卸方便，定心精度高，故应用广泛。

三、套类工件的质量分析（表3—6）

表3—6　　车套类工件时产生废品的原因及预防方法

废品种类	产生原因	预防方法
孔的尺寸大	1. 车孔时，没有仔细测量 2. 铰孔时，主轴转速太高，铰刀温度上升，切削液供应不足 3. 铰孔时，铰刀尺寸大于要求，尾座偏移	1. 仔细测量和进行试车削 2. 降低主轴转速，加注充足的切削液 3. 检查铰刀尺寸，校正尾座轴线，采用浮动套筒

续表

废品种类	产生原因	预防方法
孔的圆柱度超差	1. 车孔时，刀柄过细，刀刃不锋利，造成让刀现象，使孔径外大内小 2. 车孔时，主轴中心线与导轨不平行 3. 铰孔时，由于尾座偏移等原因使孔口扩大	1. 增加刀柄刚度，保证车刀锋利 2. 调整主轴轴线与导轨的平行度 3. 校正尾座，或采用浮动套筒
孔的表面粗糙度值大	1. 车孔与车轴类工件表面粗糙度达不到要求的原因相同，具体见表 2—5，其中内孔车刀磨损和刀柄产生振动尤其突出 2. 铰孔时，铰刀磨损或切削刃上有崩口、毛刺 3. 铰孔时，切削液和切削速度选择不当，产生积屑瘤 4. 铰孔余量不均匀和铰孔余量过大或过小	1. 具体见表 2—5，关键要保持内孔车刀的锋利和采用刚度较高的刀柄 2. 修磨铰刀，刃磨后妥善保管，防止碰伤 3. 铰孔时，采用 5 m/min 以下的切削速度，并正确选用和加注切削液 4. 正确选择铰孔余量
同轴度和垂直度超差	1. 用一次装夹方法车削时，工件移位或机床精度不高 2. 用软卡爪装夹时，软卡爪没有车好 3. 用心轴装夹时，心轴中心孔碰伤，或心轴本身同轴度超差	1. 工件装夹牢固，减小切削用量，调整车床精度 2. 软卡爪应在本车床上车出，直径与工件装夹尺寸基本相同 3. 心轴中心孔应保护好，如碰伤可研修中心孔，如心轴弯曲可校直或更换

四、套类工件车削工艺分析

车削各种轴承套、齿轮和带轮等套类工件，虽然工艺方案各异，但也有一些共性可供遵循，现简要说明如下。

1. 在车削短而小的套类工件时，为了保证内外圆的同轴度，最好在一次装夹中把内孔、外圆及端面都加工完毕。

2. 内槽应在半精车之后，精车之前加工，还应注意内孔精车余量对槽深的影响。

3. 车削精度要求较高的孔可考虑以下两种方案：

（1）粗车端面—钻孔—粗车孔—半精车孔—精车端面—铰孔。

（2）粗车端面—钻孔—粗车孔—半精车孔—精车端面—磨孔。

4. 如果工件以内孔定位车外圆，在内孔精车后，对端面也应进行一次精车，以保证端面与内孔的垂直度要求。

五、固定套的车削工艺分析示例

1. 固定套的车削工艺分析

现以图 3—32 所示固定套为例，具体分析其车削工艺：

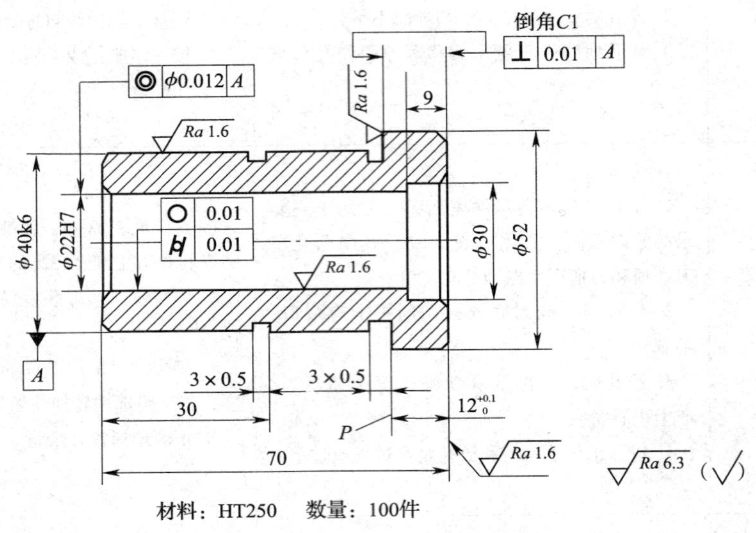

图 3—32　固定套

（1）该工件主要表面的尺寸精度、形状、位置精度及表面粗糙度等要求都比较高。端面 P 为固定套在机座上的轴向定位面，并依靠外圆 ϕ40 k6 与机座孔过渡配合；内孔 ϕ22 H7 与运动轴间隙配合。

（2）考虑该工件使用时要求耐磨，又由于其轴径相差不大，故选铸铁棒料做毛坯较合适。

（3）铸铁坯料应进行退火。

（4）由于工件精度要求较高，故加工过程应划分为粗车—半精车—精车等阶段。

（5）为满足同轴度和垂直度等位置精度要求，应以内孔为定位基准，配以小锥度心轴，用两顶尖装夹方式，精车外圆和端面。

（6）精加工内孔时，以粗车后的 ϕ42 mm 外圆作定位基准，将 ϕ52 mm 外圆端面车平。由于有一定批量，为提高生产率，内孔采用扩孔—铰削加工为好。

2. 固定套的工艺过程（表 3—7）

表 3—7　　**固定套的工艺过程**

<table>
<tr><td colspan="2">零件名称</td><td colspan="2">材料</td><td colspan="4">毛坯</td></tr>
<tr><td colspan="2">固定套</td><td colspan="2">HT250</td><td>种类</td><td>铸棒</td><td>规格</td><td>φ58 mm×320 mm（4 件）</td></tr>
<tr><td>工序</td><td>工种</td><td>工步</td><td colspan="3">加工内容</td><td colspan="2">工序简图</td></tr>
<tr><td>1</td><td>铸</td><td></td><td colspan="3">铸棒 φ58 mm×320 mm，并退火（5111）后达 196～229 HBW</td><td colspan="2"></td></tr>
</table>

续表

工序	工种	工步	加工内容	工序简图
2	车		四件同时粗车各外圆 三爪自定心卡盘夹外圆	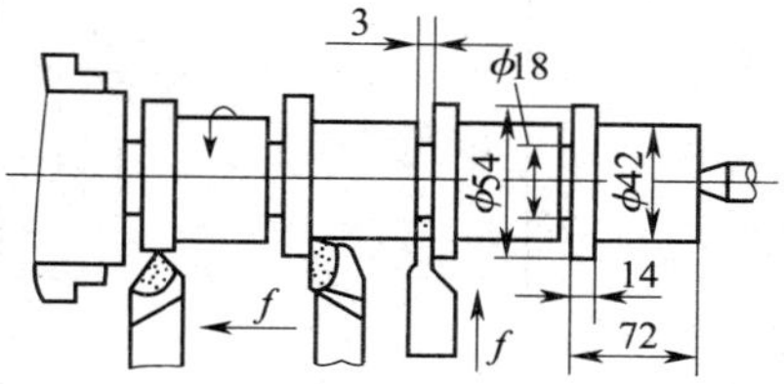
		(1)	车端面	
		(2)	钻中心孔后并以尾座顶尖支顶	
		(3)	车外圆 $\phi54$ mm，长（72+3）mm×4	
		(4)	分四段车外圆 $\phi42$ mm×（58+4）mm	
		(5)	四处车槽，深 12 mm	
3	车		三爪自定心卡盘夹持找正，钻孔 $\phi19$ mm 成单件	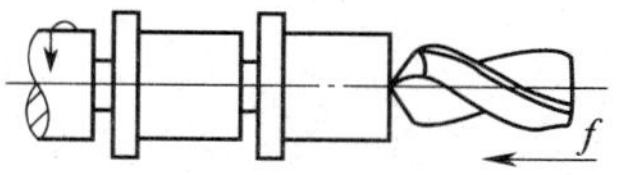
4	车		三爪自定心卡盘夹持 $\phi40$ mm 处，找正	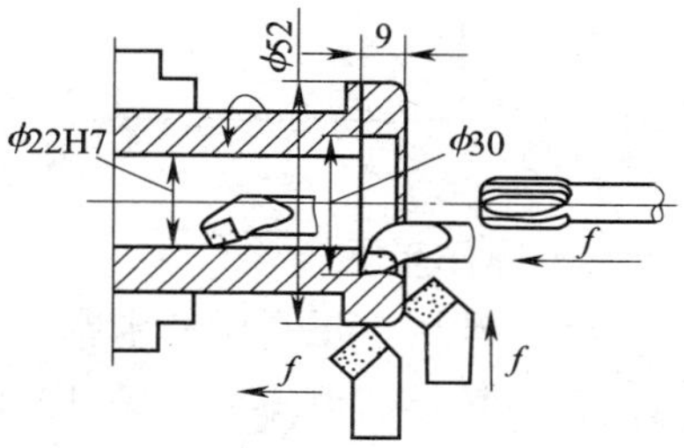
		(1)	车端面	
		(2)	半精车孔 $\phi21.8$ mm	
		(3)	车内台阶孔 $\phi30$ mm×9.5 mm	
		(4)	铰孔 $\phi22H7$ 至要求	
		(5)	车 $\phi52$ mm 外圆至要求	
		(6)	精车 $\phi52$ mm 端面保证内台阶孔深 9 mm	
		(7)	孔口倒角 $C1$	
		(8)	倒角 $C1$	
5	车		用 $\phi22H7$ mm 孔装心轴，用两顶尖装夹	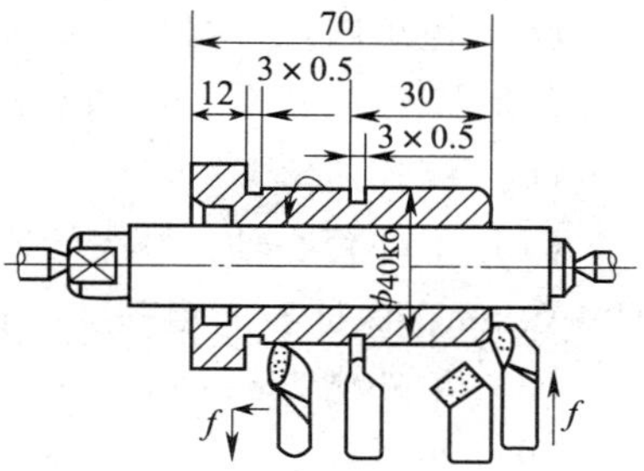
		(1)	精车 $\phi40k6$ mm 外圆至要求	
		(2)	精车台阶端面保证 $12^{+0.1}_{0}$ mm 至要求	
		(3)	精车端面，取总长 70 mm	
		(4)	车中部处槽，保证 30 mm 的距离	
		(5)	车台阶处槽至要求	
		(6)	倒角 $C1$	
6	车		用软卡爪夹持 $\phi52$ mm 处，孔口倒角 $C1$	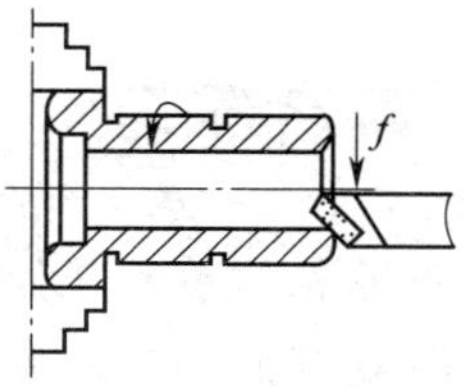

六、技能训练

1. 训练内容

根据图 3—33 套类工件综合练习，加工出符合图样要求的工件。

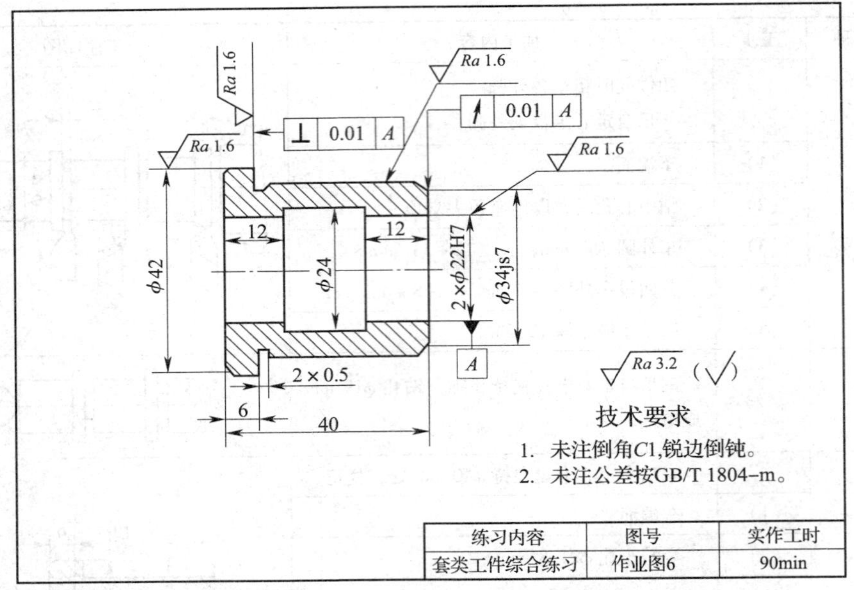

练习内容	图号	实作工时
套类工件综合练习	作业图6	90min

图 3—33　套类工件综合练习

2. 操作步骤

（1）利用三爪自定心卡盘夹持外圆，伸出长大于 35 mm。

（2）精车右侧端面，钻孔 ϕ20. 5 mm，粗车外圆 ϕ35 mm。

（3）卸下工件，掉头用软卡爪夹 ϕ35 mm 外圆，粗、精车外圆 ϕ42 mm 和左侧端面，保证总长 40 mm，倒角 $C1$。

（4）粗车内孔，留 0. 15 mm 余量。

（5）车内槽 ϕ24 mm × 16 mm 至尺寸要求，倒角 $C1$。

（6）铰孔 ϕ22 H7 mm 至尺寸要求。

（7）工件套心轴，装夹于两顶尖之间，车外圆 ϕ34js7 mm 至尺寸要求，车台阶平面保证尺寸 6 mm，保证表面粗糙度。孔口、外圆倒角 $C1$。

（8）车外槽 2 mm × 0. 5 mm。

（9）测量合格后取下工件。

课后练习

1. 麻花钻的前角是如何变化的？变化范围一般为多少度？

2. 麻花钻的顶角一般为多少度？如果不是标准顶角，麻花钻的切削刃会产生什么变化？

3. 麻花钻的横刃斜角一般为多少度？横刃斜角的大小与后角有什么关系？

4. 对麻花钻的刃磨有什么要求？

5. 钻孔时的技巧有哪些？

6. 如何确定铰削余量？

7. 车孔的关键技术问题有哪些？如何解决？
8. 根据不同的情况，车台阶孔有哪些要求？
9. 测量圆柱度误差有哪些方法？
10. 如何车削内槽？
11. 套类工件的技术要求有哪些？
12. 如何保证套类工件几何公差？
13. 心轴分为哪两类？其作用分别是什么？
14. 套类工件同轴度和垂直度超差是什么原因？
15. 孔的表面粗糙度值大的原因是什么？预防措施有哪些？
16. 套类工件车削时应遵循什么原则？

模块四

圆锥面加工、表面修饰和成形曲面加工

课题 1　圆锥的基础知识

学习目标

1. 熟悉圆锥的基本参数与计算方法。
2. 了解标准工具圆锥。

在机床和一些工具的零件配合中，使用圆锥配合的场合较多，如车床主轴锥孔与顶尖锥柄的配合，车床尾座锥孔与麻花钻锥柄的配合等，如图 4—1 所示。常见的圆锥体零件有锥齿轮、锥形主轴、带锥孔的齿轮、锥形手柄等，如图 4—2 所示。

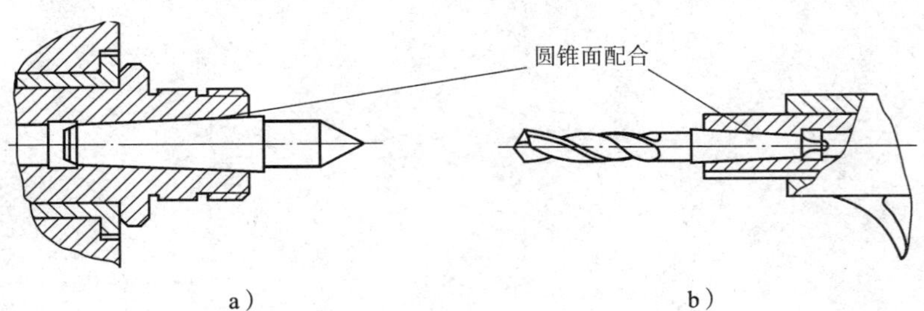

图 4—1　车床上的圆锥面配合

a）主轴锥孔与前顶尖锥柄的配合　b）尾座锥孔与麻花钻锥柄的配合

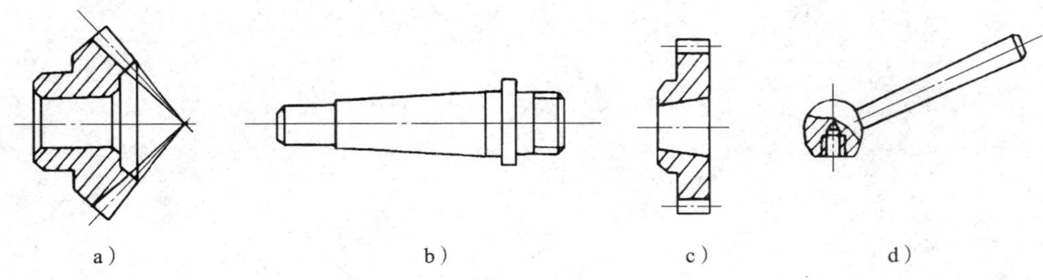

图 4—2　常见圆锥体的零件

a）锥齿轮　b）锥形主轴　c）带锥孔的齿轮　d）锥形手柄

一、圆锥的基本参数与计算

1. 圆锥表面和圆锥

圆锥表面是由与轴线成一定角度且一端相交于轴线的一条直线段（母线），绕该轴线旋转一周所形成的表面，如图 4—3 所示。

由圆锥表面和一定轴向尺寸、径向尺寸所限定的几何体，称为圆锥。圆锥又可以分为外圆锥和内圆锥两种，如图 4—4 所示。

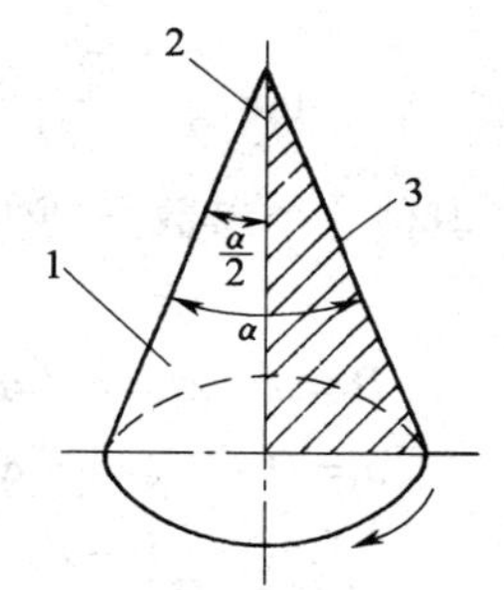

图 4—3 圆锥表面

1—圆锥表面 2—轴线 3—圆锥素线

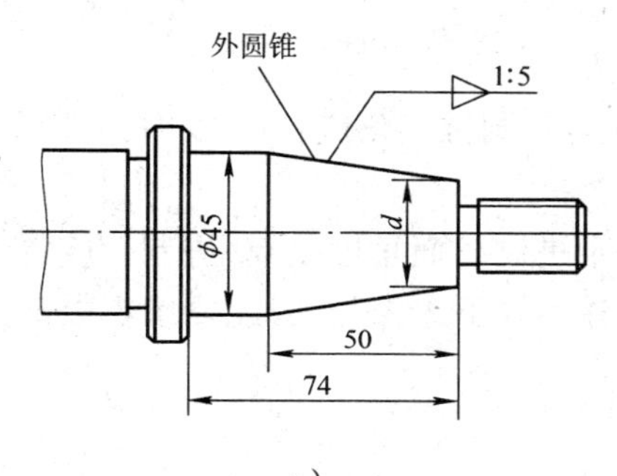

a）

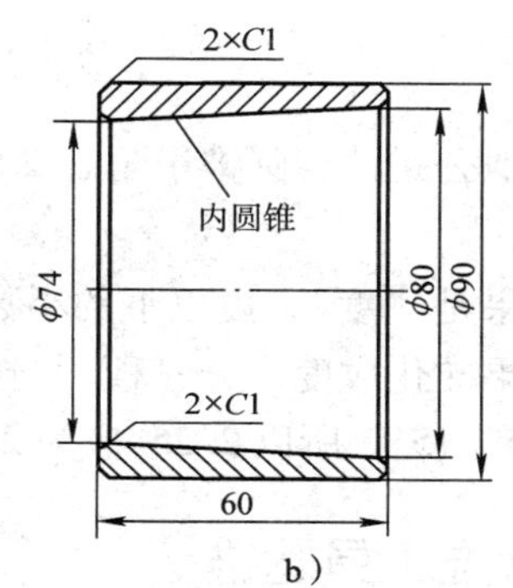

b）

图 4—4 圆锥

a）外圆锥 b）内圆锥

2. 圆锥的基本参数（图 4—5）

（1）圆锥半角 $\alpha/2$。圆锥角 α 是在通过圆锥轴线的截面内，两条素线间的夹角。在车削时经常用到的是圆锥角 α 的一半，即圆锥半角 $\alpha/2$。

（2）最大圆锥直径 D。简称大端直径。

（3）最小圆锥直径 d。简称小端直径。

（4）圆锥长度 L。最大圆锥直径处与最小圆锥直径处的轴向距离。

（5）锥度 C。圆锥大、小端直径之差与长度之比，即 $C=\dfrac{D-d}{L}$。

锥度 C 确定后，圆锥半角 $\alpha/2$ 则能计算出。因此，圆锥半角 $\alpha/2$ 与锥度 C 属于同一基本参数。

3. 圆锥的各部分尺寸计算

由上可知，圆锥具有四个基本参数，只要已知其中任意三个参数，便可以计算出另一个未知参数。

（1）圆锥半角 $\alpha/2$ 与其他三个参数的关系。在图样上，一般常标注 D、d、L，而在车圆锥时，往往需要将小滑板由 0°转动 $\alpha/2$ 角度，因此必须计算出圆锥半角 $\alpha/2$。

在图 4—5 中，

$$\tan\frac{\alpha}{2}=\frac{BC}{AC},\ BC=\frac{D-d}{2},\ AC=L$$

$$\tan\frac{\alpha}{2}=\frac{D-d}{2L}$$

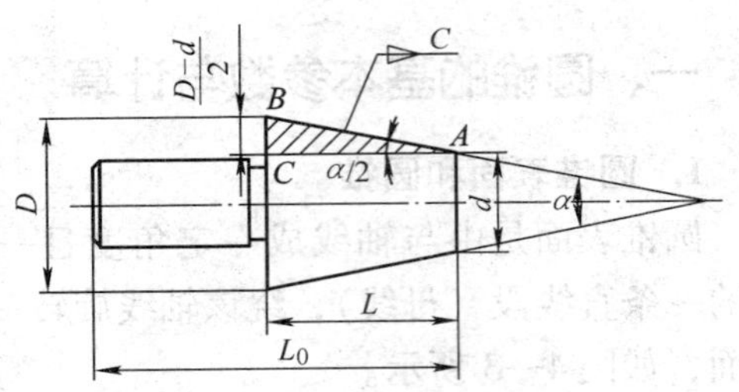

图 4—5 圆锥的基本参数

（2）其他三个参数与圆锥半角 $\alpha/2$ 的关系如下：

$$D=d+2L\tan\ (\alpha/2)$$

$$d=D-2L\tan\ (\alpha/2)$$

$$L=\frac{D-d}{2\tan\ (\alpha/2)}$$

（3）近似计算圆锥半角。应用上述公式计算 $\alpha/2$，须查三角函数表（比较麻烦）。当圆锥半角 $\alpha/2<6°$时，可以用下列近似公式计算：

$$\alpha/2\approx 28.7°\times\frac{D-d}{L}\approx 28.7°\times C$$

采用近似公式计算圆锥半角 $\alpha/2$ 时，应注意：圆锥半角应在 6°以内，否则会出现较大误差。

计算结果是“度”，度以下的小数部分是十进制，而角度是 60 进制。应将含有小数部分的计算结果转化成度、分、秒。例如 2.25°并不等于 2°25′。因此要用小数部分去乘 60′，即 60′×0.25=15′，所以 2.25°应为 2°15′。

二、标准工具圆锥

为了制造和使用方便，降低生产成本，常用的工具、刀具上的圆锥都已标准化。即圆锥的各部分尺寸，都符合几个号码的规定，使用时，只要号码相同，则能互换。标准工具的圆锥已在国际上通用，不论哪个国家生产的机床或工具，只要符合标准圆锥都能达到互换要求。

1. 莫氏圆锥

莫氏圆锥是机械制造业中应用最为广泛的一种，如车床主轴锥孔、顶尖、钻头柄、铰刀柄等都是莫氏圆锥。莫氏圆锥分为 0 号、1 号、2 号、3 号、4 号、5 号和 6 号共七种，最小的是 0 号，最大的是 6 号。莫氏圆锥号码不同，圆锥的尺寸和圆锥半角都不同。

2. 米制圆锥

米制圆锥分为 4 号、6 号、80 号、100 号、120 号、160 号和 200 号共七种。它们的号码是指最大圆锥直径，而锥度固定不变，即 $C=1:20$。米制圆锥的优点是锥度不变，记忆方便。

除了常用标准工具的圆锥外，还经常遇到各种专用的标准圆锥，其锥度大小及应用场合见表 4—1。

表 4—1　　常用标准圆锥的锥度

锥度 C	圆锥角 α	圆锥半角 $\alpha/2$	应用举例
1:4	14°15′	7°7′30″	车床主轴法兰及轴头
1:5	11°25′16″	5°42′38″	易于拆卸的连接，砂轮主轴与砂轮法兰的接合，锥形摩擦离合器等

续表

锥度 C	圆锥角 α	圆锥半角 $\alpha/2$	应用举例
1:7	8°10′16″	4°5′8″	管件的开关塞、阀等
1:12	4°46′19″	2°23′9″	部分滚动轴承内环锥孔
1:15	3°49′6″	1°54′23″	主轴与齿轮的配合部分
1:16	3°34′47″	1°47′24″	圆锥管螺纹
1:20	2°51′51″	1°25′56″	米制工具圆锥，锥形主轴颈
1:30	1°54′35″	0°57′17″	锥柄的铰刀和扩孔钻与柄的配合
1:50	1°8′45″	0°34′23″	圆锥定位销及锥铰刀
7:24	16°35′39″	8°17′50″	铣床主轴孔及刀杆的锥体
7:64	6°15′38″	3°7′49″	刨齿机工作台的心轴孔

课题 2　外圆锥加工

学习目标

1. 掌握转动小滑板法车圆锥的方法。
2. 了解偏移尾座法、仿形法、宽刃刀法车圆锥的方法。

车削圆锥时，要同时保证尺寸精度和圆锥角度。一般先保证圆锥角度，然后精车控制其尺寸精度。圆锥面的车削方法有：转动小滑板法、偏移尾座法、仿形法、宽刃刀法等。

一、转动小滑板法

转动小滑板法，是把小滑板按工件的圆锥半角 $\alpha/2$ 要求转动一个相应角度，使车刀的运动轨迹与所要加工的圆锥素线平行。转动小滑板法操作简便，调整范围广，主要适用于单件、小批量生产，特别适用于工件长度较短、圆锥角较大的圆锥面。

1. 小滑板的转动方向

车削正外圆锥（又称顺锥），即圆锥大端靠近主轴、小端靠近尾座方向，小滑板应逆时针方向转动一个圆锥半角 $\alpha/2$（图 4—6）；车削反外圆锥（又称倒锥），小滑板则应顺时针方向转动一个圆锥半角 $\alpha/2$。小滑板转动方向和角度见表 4—2。

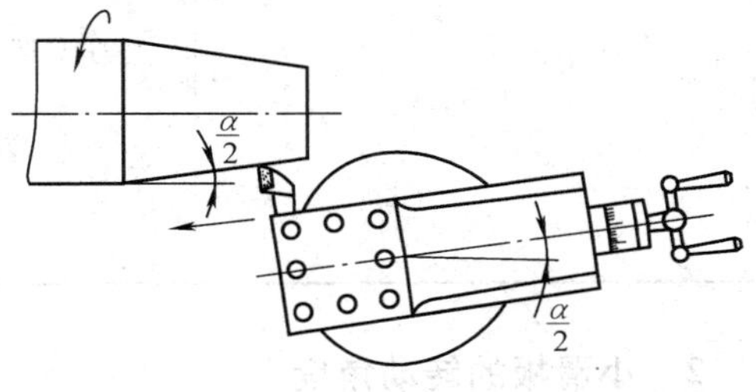

图 4—6　车削正外圆锥

表 4—2　　图样上标注的角度和小滑板应转的方向和角度

图例	小滑板应转的方向和角度	车削示意图
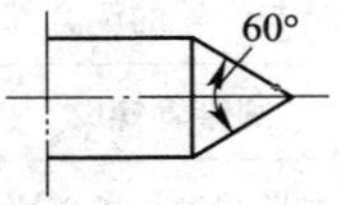	逆时针转 30°	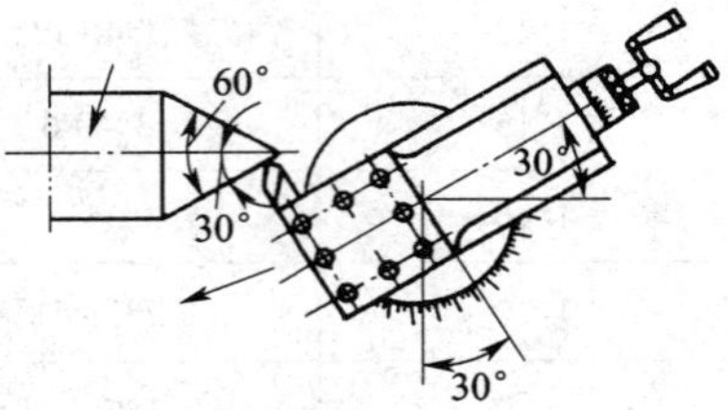
	车 *A* 面：逆时针转 43°32′	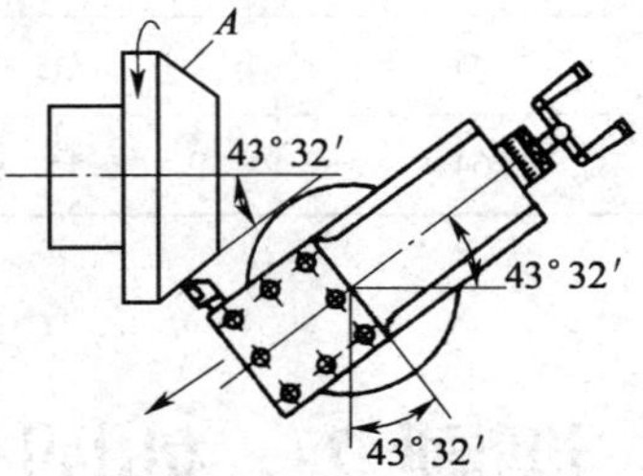
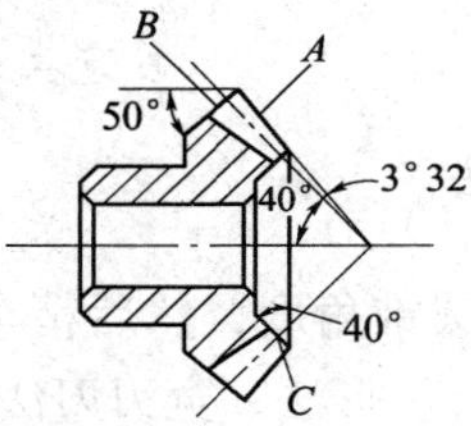	车 *B* 面：顺时针转 50°	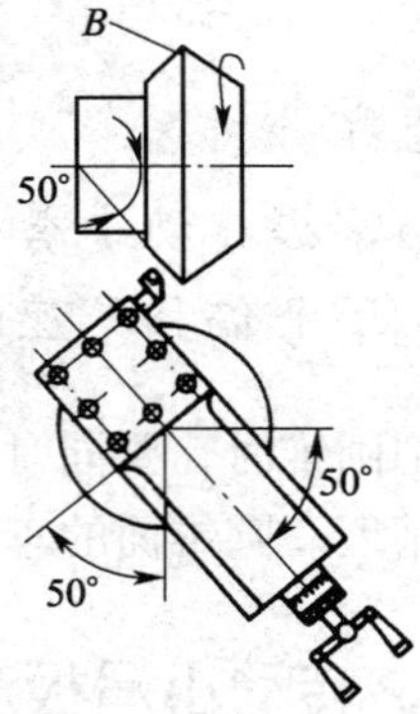
	车 *C* 面：顺时针转 50°	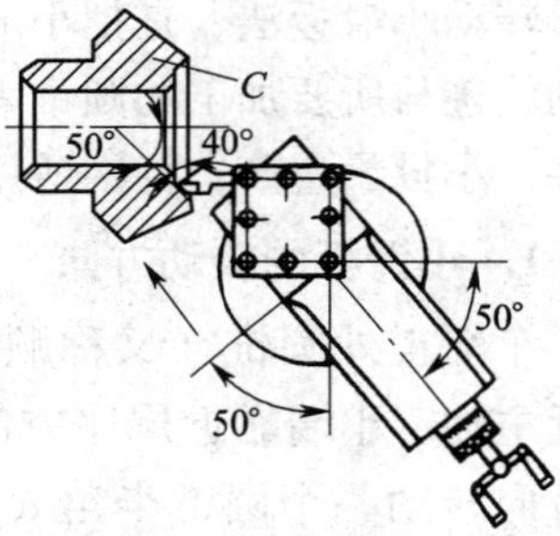

2. 小滑板的转动角度

根据确定的转动角度（$\alpha/2$）和转动方向转动小滑板至所需位置，使小滑板基准零线与圆锥半角 $\alpha/2$ 刻线对齐，然后锁紧转盘上的螺母。

当圆锥半角 $\alpha/2$ 不是整数值时，其小数部分用目测的方法估计，大致对准后再通过试车削逐步找正。

转动小滑板时，可以使小滑板转角略大于圆锥半角 $\alpha/2$，但不能小于 $\alpha/2$。转角偏小会使圆锥素线车长而难以修正圆锥长度尺寸，如图 4—7 所示。

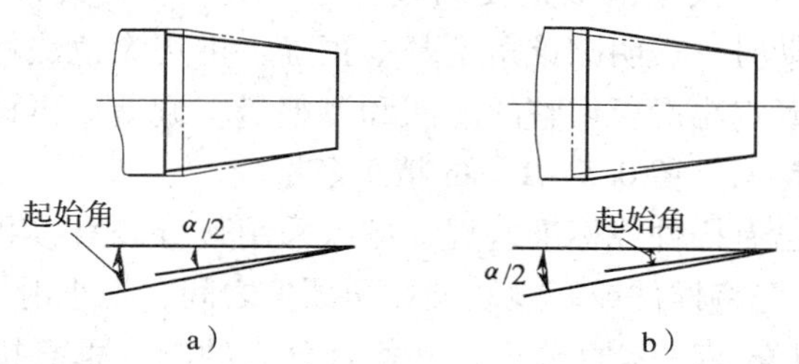

图 4—7 小滑板转动角度的影响

a）起始角大于 $\alpha/2$ b）起始角小于 $\alpha/2$

车削常用标准工具的圆锥面和专用的标准圆锥面时，小滑板转动角度可参考表 4—3。

表 4—3 车削常用锥度和标准锥度时小滑板转动角度

名称		锥度	小滑板转动角度	名称		锥度	小滑板转动角度
莫氏锥度	0	1:19.212	1°29′27″	标准锥度	0°17′11″	1:200	0°8′36″
	1	1:20.047	1°25′43″		0°34′23″	1:100	0°17′11″
	2	1:20.020	1°25′50″		1°8′45″	1:50	0°34′23″
	3	1:19.922	1°26′16″		1°54′35″	1:30	0°57′17″
	4	1:19.254	1°29′15″		2°51′51″	1:20	1°25′56″
	5	1:19.002	1°30′26″		3°49′6″	1:15	1°54′33″
	6	1:19.180	1°29′36″		4°46′19″	1:12	2°23′9″
标准锥度	30°	1:1.866	15°		5°43′29″	1:10	2°51′15″
	45°	1:1.207	22°30′		7°9′10″	1:8	3°34′35″
	60°	1:0.866	30°		8°10′16″	1:7	4°5′8″
	75°	1:0.625	37°30′		11°25′16″	1:5	5°42′38″
	90°	1:0.5	45°		18°55′29″	1:3	9°27′44″
	120°	1:0.289	60°		16°35′32″	7:24	8°17′46″

3. 转动小滑板法加工

（1）粗车外圆锥。首先按圆锥大端直径和圆锥面长度粗车成圆柱体，然后再粗车圆锥面。车削前应调整好小滑板导轨与镶条间的配合间隙。如果调得过紧，手动进给时费力，移动不均匀；调得过松，造成小滑板间隙太大，两者均会使车出的圆锥面表面粗糙度值较大和工件素线不平直。另外，车削前还应根据工件圆锥面长度确定小滑板的行程长度。

（2）找正圆锥角度。将圆锥套规轻轻地套在工件上，用手捏住套规左、右两端分别做上下摆动，如图4—8所示，如果一端有间隙，就表明锥度不正确。大端有间隙，说明圆锥角小；小端有间隙，说明圆锥角大。此时，可以松开转盘螺母（须防止扳手碰撞转盘，引起角度变化），按角度调整方向用铜棒轻轻敲动小滑板，使小滑板做微小转动，然后锁紧转盘螺母。角度调整好后，按中滑板刻度调整背吃刀量后车外圆锥。当再次用套规检测，若左、右两端均不能摆动时，表明圆锥角度基本正确，可用涂色法做精确检查。根据擦痕情况判断圆锥角大小，确定小滑板调整的方向和调整量，调整后再试车削，直到圆锥角度找正为止。然后粗车圆锥面，留0.5～1 mm精车余量。

如果待加工的工件已有样件或标准塞规，可以采用百分表直接找正小滑板转动角度后加工，如图4—9所示。先将样件或塞规装夹在两顶尖之间，把小滑板转动一个所需的圆锥半角$\alpha/2$；然后在刀架上安装一只百分表，并使百分表的测头垂直接触样件（必须对准样件中心）。若摆动为零，则锥度已经找正，否则需继续调整小滑板转动角度，直至百分表指针摆动为零为止。

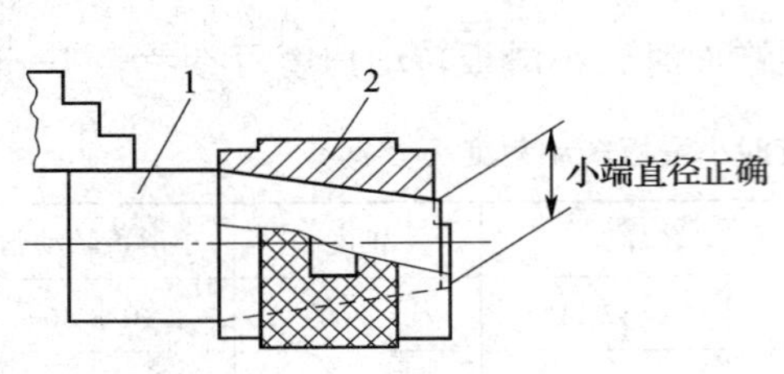

图4—8　粗车后检验圆锥角度

1—工件　2—圆锥套规

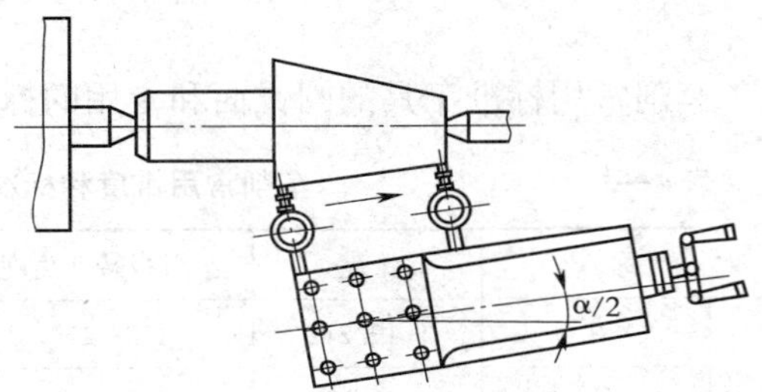

图4—9　用样件或标准塞规校正小滑板转动角度

（3）精车外圆锥。因锥度已经找正，精车外圆锥主要是提高工件的表面质量、控制圆锥尺寸精度。因此精车外圆锥时，车刀必须锋利、耐磨，按精加工要求选择好切削用量。首先用钢直尺或游标卡尺测量出工件端面至套规过端界限面的距离a（图4—10），用计算法计算出背吃刀量a_p：

$$a_p = a \times \tan\frac{\alpha}{2} \text{ 或 } a_p = a \times \frac{C}{2}$$

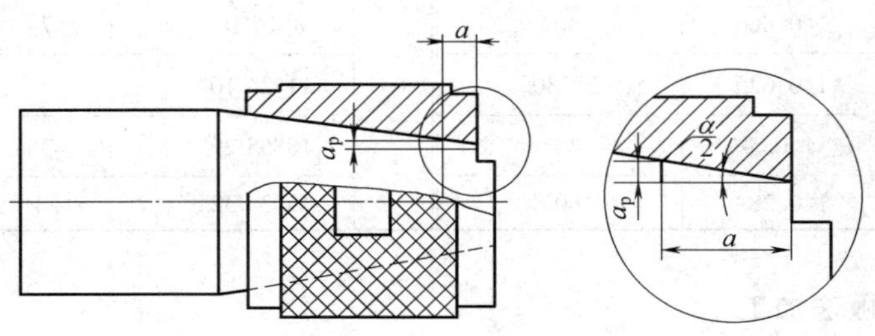

图4—10　车外圆锥控制尺寸的方法

然后，移动中、小滑板，使刀尖轻触圆锥小端外圆表面后退出，中滑板按a_p值切入，小滑板手动进给精车圆锥至尺寸，如图4—11所示。

此外，也可以利用移动床鞍法确定背吃刀量 a_p，即根据量出长度 a（图 4—12a），使车刀刀尖接触工件小端端面，移动小滑板，使车刀沿轴向离开工件端面一个 a 值距离（图 4—12b）；然后移动床鞍使车刀同工件小端端面接触（图 4—12c），此时虽然没有移动中滑板，但车刀已经切入了一个所需的深度。

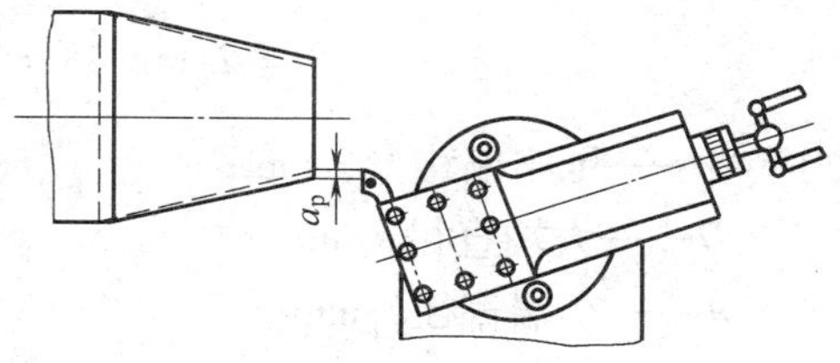

图 4—11　计算法车圆锥尺寸

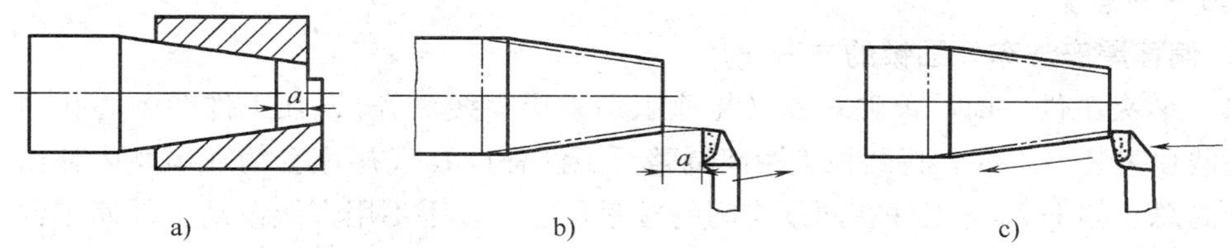

图 4—12　移动床鞍法控制锥体尺寸

4. 转动小滑板法车外圆锥的特点

（1）因受小滑板行程限制，适用于加工圆锥半角较大但锥面不长的工件。

（2）应用范围广，操作简便。

（3）同一个工件上加工不同角度的圆锥时调整较方便。

（4）只能手动进给，劳动强度大，表面粗糙度较难控制。

二、偏移尾座法

采用偏移尾座法车外圆锥，须将工件装夹在两顶尖间，把尾座向里（用于车正外圆锥）或者向外（用于车反外圆锥）横向移动一段距离 S 后，使工件回转轴线与车床主轴轴线相交一个角度，并使其大小等于圆锥半角 $\alpha/2$。由于床鞍进给是沿平行于主轴轴线移动的，当尾座横向移动一段距离 S 后，工件就车成了一个圆锥体，如图 4—13 所示。

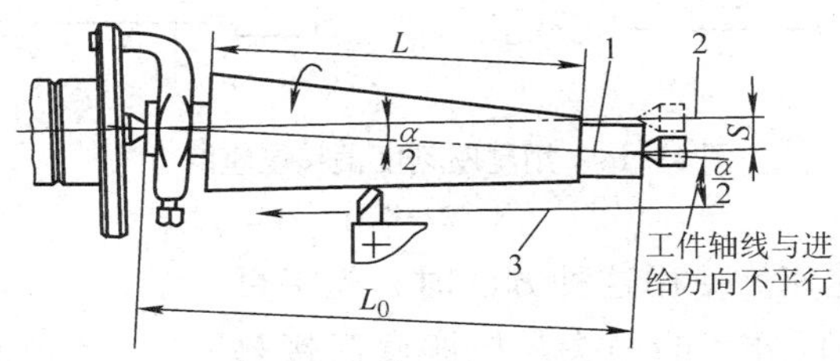

图 4—13　偏移尾座车圆锥

1—工件回转轴线　2—车床主轴轴线　3—进给方向

1. 尾座偏移量 S 的计算

用偏移尾座法车削圆锥时，尾座的偏移量不仅与圆锥长度 L 有关，而且还与两个顶尖之间的距离有关，这段距离一般可近似看作工件全长 L_0。

尾座偏移量 S 可以根据下列近似公式计算：

$$S = L_0 \tan\frac{\alpha}{2} = L_0 \times \frac{D-d}{2L} \text{或} S = \frac{C}{2}L_0$$

式中 S——尾座偏移量，mm；

D——大端直径，mm；

d——小端直径，mm；

L——圆锥长度，mm；

L_0——工件全长，mm；

C——锥度。

2. 偏移尾座法车外圆锥的方法

（1）装夹工件。前后顶尖对齐（尾座上、下层零线对齐），在工件两中心孔内加润滑脂，用两顶尖装夹工件，将两顶尖距离调整至工件总长 L_0（尾座套筒在尾座内伸出长度应小于套筒总长的1/2）。工件在两顶尖间的松紧程度，以手不用力能拨动工件而工件无轴向窜动为宜。

（2）偏移尾座。尾座偏移量 S 计算出来后，常采用以下几种方法偏移尾座：

1）用尾座的刻度偏移尾座。偏移时，先松开尾座紧固螺母，然后用六角扳手转动尾座上两侧螺钉1、2（根据正、倒锥确定向里或向外偏移），按尾座刻度把尾座上层移动一个 S 距离。最后拧紧尾座紧固螺母，如图4—14所示。这种方法比较方便，一般尾座上有刻度的车床都可以采用。

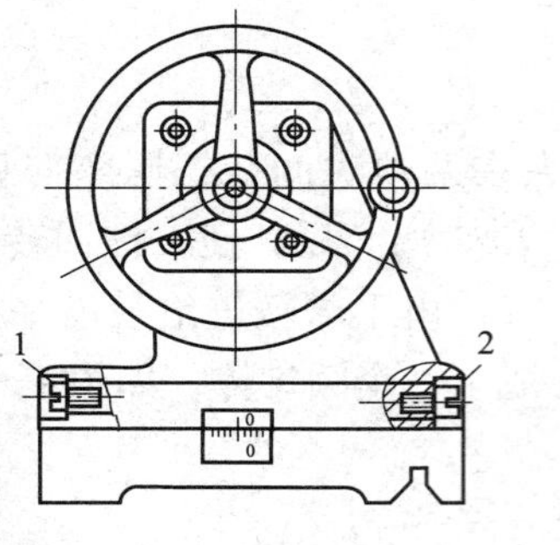

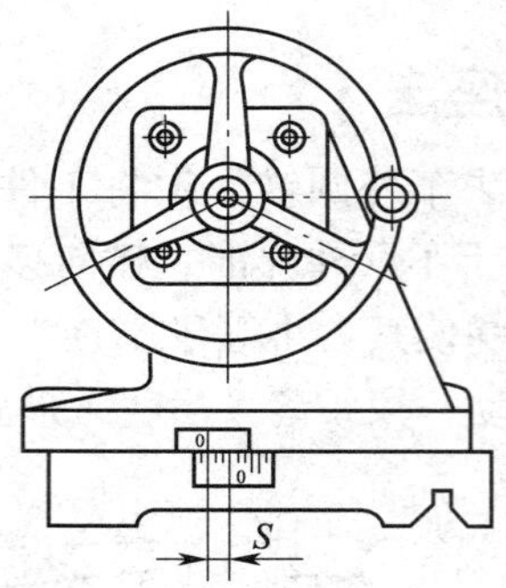

图4—14　用尾座刻度偏移尾座的方法

1、2—螺钉

2）用百分表偏移尾座。使用这种方法时，先将百分表固定在刀架上，使百分表的测头与尾座套筒接触（百分表应位于通过尾座套筒轴心线的水平面内，且百分表测量杆垂直于套筒表面），然后偏移尾座。当百分表指针转动一个 S 值时，把尾座固定，如图4—15所示。利用百分表偏移尾座比较准确。

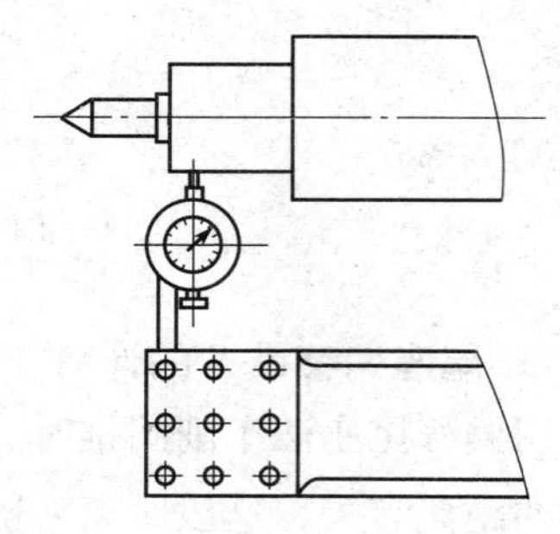

图4—15　用百分表偏移尾座的方法

3）用锥度量棒（或试件）偏移尾座。先把锥度量棒装夹在两顶尖之间，在刀架上装一个百分表，使百分表测头与量棒表面接触。百分表的测量杆要垂直量棒表面，且测头位于通过量棒轴线的水平面内。然后，偏移尾座，纵向移动床鞍，使百分表在两端的读数一致后，固定尾座即可，如图 4—16 所示。使用这种方法偏移尾座，选用的锥度量棒总长应与所加工工件的总长相等，否则加工出的锥度不正确。

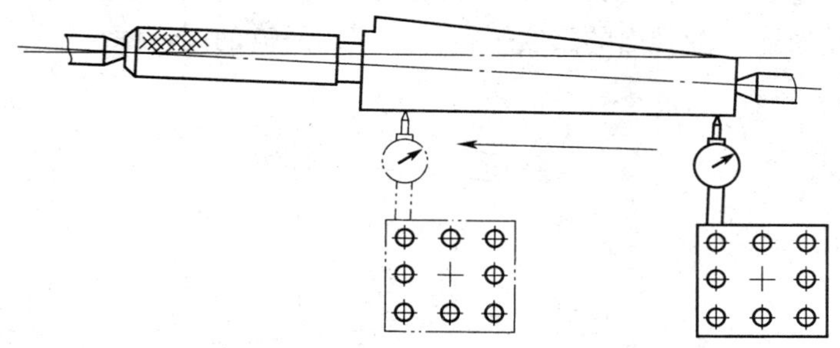

图 4—16　用锥度量棒偏移尾座

无论采用哪一种方法偏移尾座，都有一定的误差，必须通过试切削后逐步修正。

由于尾座偏移，使前后两顶尖的轴线不在同一直线上，如果工件中心孔和顶尖都是 60°，则两端都接触不吻合，可以采用图 4—17 所示方式消除由于尾座偏移而造成的工件回转阻滞和干涉。图 4—17a 中工件为 60°中心孔，两端采用球头顶尖，是一种较好的接触方式；图 4—17b 中两顶尖为 60°锥体，工件两端的中心孔采用圆柱孔形式，并将尖角倒圆（圆弧半径约为 1 mm），此接触方式对加工精度有一定影响，因而不适用于精度要求较高的锥体加工。

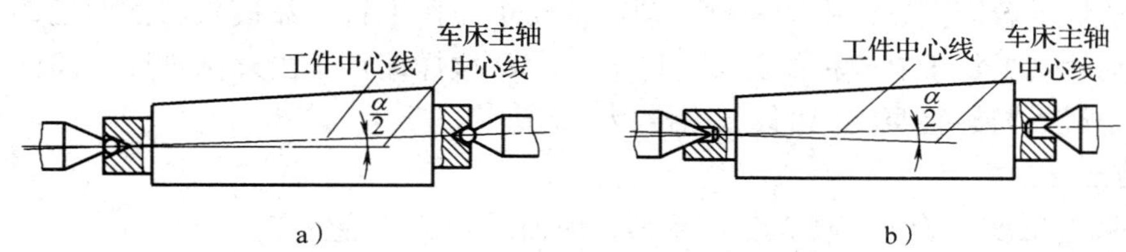

图 4—17　偏移尾座的顶尖接触方式

a）球头顶尖接触锥孔　b）60°锥体顶尖接触柱孔

（3）粗车外圆锥。确定好切削用量，粗车外圆锥。此时，可以采用自动进给。检测圆锥角度的方法与转动小滑板法车外圆锥检测方法一样。若锥度 C 偏大，则反向偏移尾座，即减小尾座偏移量 S；若锥度 C 偏小，则同向偏移尾座，即增大尾座偏移量 S。反复调整试切削，直至圆锥角度找正为止，然后粗车外圆锥，留 0.5 ~ 1 mm 精车余量。

（4）精车外圆锥。利用计算法或移动床鞍法确定背吃刀量 a_p，自动进给精车外圆锥至尺寸。

3. 偏移尾座法车外圆锥的特点

（1）适宜于加工锥度小、精度不高、锥体较长的工件，因受尾座偏移量的限制，不能加工锥度大的工件。

（2）可以采用纵向自动进给，使表面粗糙度值减小，工件表面质量较好。

（3）因顶尖在中心孔中是歪斜的，接触不良，所以顶尖和中心孔磨损不均匀。

（4）不能加工整锥体或内圆锥。

三、仿形法车圆锥

仿形法车圆锥是刀具按照仿形装置（靠模）进给对工件进行加工的方法，如图 4—18 所示。在卧式车床上安装一套仿形装置，该装置能使车刀作纵向进给的同时作横向进给，从而使车刀的运动轨迹与圆锥面的素线平行，加工出所需的圆锥面。

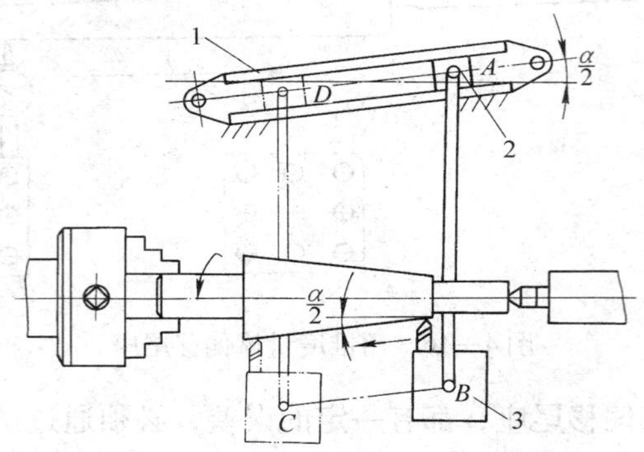

图 4—18　仿形法车圆锥的基本原理

1—靠模板　2—滑块　3—刀架

1．仿形法的基本原理

仿形法又称为靠模法，它是在车床床身后面安装一个固定靠模板，其斜角根据工件的圆锥半角 $\alpha/2$ 调整；取出中滑板丝杠，刀架通过中滑板与滑块刚性连接。这样当床鞍纵向进给时，滑块沿着固定靠模中的斜槽滑动，带动车刀作平行于靠模板斜面的运动，使车刀刀尖的运动轨迹平行于靠模板的斜面，即 $BC // AD$ 这样即可车出外圆锥面。用此法车外圆锥面时，小滑板需旋转 90°，以代替中滑板横向进给。

2．仿形法的特点

（1）调整锥度准确、方便，生产率高，因而适合于批量生产。

（2）中心接触良好，又能自动进给，因此圆锥表面质量好。

（3）靠模装置角度调整范围较小，一般适用于车削圆锥半角 $\alpha/2 < 12°$ 的工件。

四、宽刃刀法车圆锥

宽刃刀车圆锥面，实质上属于成形法车削，即用成形刀具对工件进行加工。它是在装夹车刀时，把主切削刃与主轴轴线的夹角调整到与工件的圆锥半角 $\alpha/2$ 相等后，采用横向进给的方法加工出外圆锥面，如图 4—19 所示。

宽刃刀车外圆锥面时，切削刃必须平直，应取刃倾角 $\lambda_s = 0°$，车床、刀具和工件等组成的工艺系统必须具有较高的刚度；而且背吃刀量应小于 0.1 mm，切削速度宜低些，否则容易引起振动。

宽刃刀车削法主要适用于较短圆锥面的精车工序。当工件的圆锥表面长度大于切削刃长度时，可以采用多次接刀的方法加工，但接刀处必须平直。

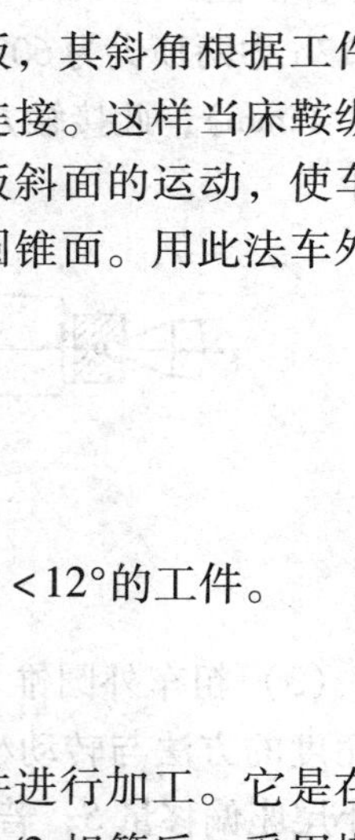

图 4—19　宽刃刀法车圆锥

五、车外圆锥的质量分析

加工外圆锥时，会产生很多缺陷。例如，锥度（角度）或尺寸不正确、双曲线误差、表面粗糙度值过大等，车外圆锥时产生废品的原因及预防措施见表4—4。

表4—4　车外圆锥时产生废品的原因及预防措施

废品种类	产生原因	预防措施
锥度（角度）不正确	1．用转动小滑板法车削时 （1）小滑板转动角度计算差错或小滑板角度调整不当 （2）车刀没有紧固 （3）小滑板移动时松紧不均 2．用偏移尾座法车削时 （1）尾座偏移位置不正确 （2）工件长度不一致	1．用转动小滑板法车削时 （1）仔细计算小滑板应转动的角度、方向，反复试车校正 （2）紧固车刀 （3）调整镶条间隙，使小滑板移动均匀 2．用偏移尾座法车削时 （1）重新计算和调整尾座偏移量 （2）若工件数量较多，其长度必须一致，或两端中心孔深度一致
大小端尺寸不正确	1．未经常测量大小端直径 2．控制刀具进给错误	1．经常测量大小端直径 2．及时测量，用计算法或移动床鞍法控制背吃刀量 a_p
双曲线误差	车刀刀尖未对准工件轴线	车刀刀尖必须严格对准工件轴线
表面粗糙度达不到要求	1．切削用量选择不当 2．手动进给忽快忽慢 3．车刀角度不正确，刀尖不锋利 4．小滑板镶条间隙不当 5．未留足精车余量	1．正确选择切削用量 2．手动进给要均匀，快慢一致 3．刃磨车刀，角度要正确，刀尖要锋利 4．调整小滑板镶条间隙 5．要留有适当的精车余量

车外圆锥时，虽经多次调整小滑板的转角，但仍不能校准，再用圆锥套规检测锥体时，发现两端将显示剂擦去，中间不接触，是因车刀刀尖没有严格对准工件轴线而形成了双曲线误差所致，如图4—20所示。

因此，车外圆锥时，一定要把车刀刀尖严格对准工件中心。当车刀在中途刃磨后再装刀时，必须重新调整垫片的厚度，使车刀刀尖严格对准工件的中心。

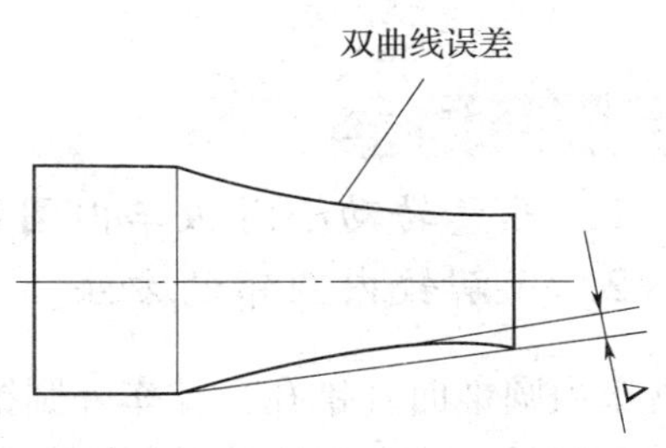

图4—20　外圆锥表面的双曲线误差

六、技能训练

1．训练内容

根据图4—21车削外圆锥，加工出符合图样要求的工件。

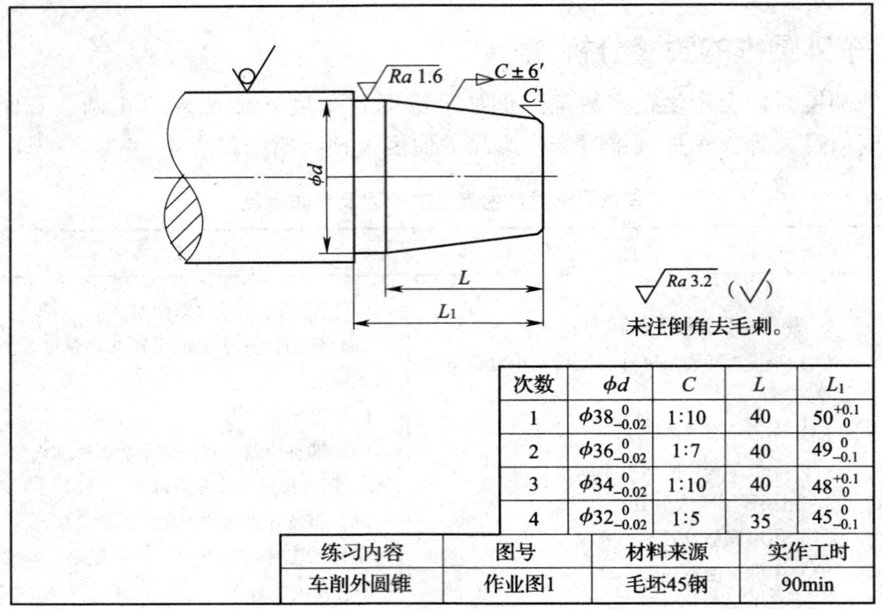

次数	ϕd	C	L	L_1
1	$\phi38_{-0.02}^{0}$	1:10	40	$50_{0}^{+0.1}$
2	$\phi36_{-0.02}^{0}$	1:7	40	$49_{-0.1}^{0}$
3	$\phi34_{-0.02}^{0}$	1:10	40	$48_{0}^{+0.1}$
4	$\phi32_{-0.02}^{0}$	1:5	35	$45_{-0.1}^{0}$

练习内容	图号	材料来源	实作工时
车削外圆锥	作业图1	毛坯45钢	90min

图 4—21　车削外圆锥

2. 操作步骤

（1）利用三爪自定心卡盘夹持工件，伸出 60 mm 长，找正夹紧，粗、精车端面。

（2）粗车外圆 ϕd 留 0.5 mm 余量，长度 L_1 留 0.1 mm 余量。

（3）小滑板逆时针转过角度 $\alpha/2$，粗车圆锥体及长度 L，留精车余量。

（4）精车外圆 $\phi d_{-0.02}^{\ 0}$ mm，长度 L_1 至尺寸要求。

（5）精车圆锥体 $C\pm6'$，长度 L 至尺寸要求，倒角 $C1$。

（6）测量合格后取下工件。

课题 3　内圆锥加工

学习目标

1. 熟悉转动小滑板车内圆锥的方法。
2. 了解铰内圆锥的方法。

车内圆锥面（锥孔）比车外圆锥面要困难，因为车锥孔时不易观察和测量。为了便于加工和测量，装夹工件时应使锥孔大端直径的位置在外端（靠近尾座方向），锥孔小端直径的位置则靠近车床主轴。

一、转动小滑板车内圆锥方法

1. 车内圆锥面前孔的加工

先车平工件端面，然后用小于锥孔小端直径 1 ~ 2 mm 的麻花钻钻孔。

2．内圆锥车刀的选择及装夹

由于圆锥孔车刀刀柄尺寸受圆锥孔小端直径的限制，为了增大刀柄刚度，宜选用圆锥形刀柄，且使刀尖与刀柄中心对称平面等高。装刀时，可以用车平面的方法调整车刀，使刀尖严格对准工件中心，刀柄伸出长度应保证其切削行程，刀柄与工件锥孔周围应留有一定空隙。车刀装夹好后还须停车在孔内摇动床鞍至终点，检查刀柄是否会产生碰撞。

3．转动小滑板

根据公式计算出圆锥半角 $\alpha/2$，小滑板逆时针方向转动一个圆锥半角 $\alpha/2$。

如果要加工配合的圆锥表面，可以先转动小滑板车好外圆锥，然后保持小滑板角度不变，将内圆锥车刀反装，使切削刃向下，主轴仍正转，便可以加工出与圆锥体相配合的圆锥孔，如图 4—22 所示。这种方法适于车削数量较少的配套圆锥，可以获得比较理想的配合精度。

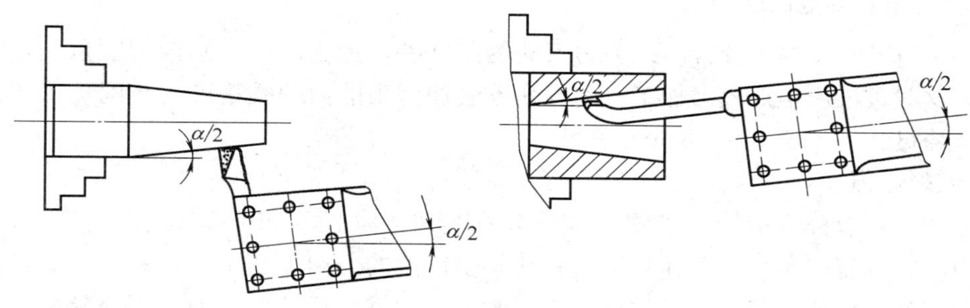

图 4—22　配套锥面的车削

4．车削内圆锥

（1）粗车内圆锥。调整好小滑板导轨与镶条的配合间隙，并确定小滑板的行程长度。加工时，车刀从外侧开始切削（主轴仍正转），当塞规能塞进工件约 1/2 时检查校准圆锥角。

（2）校准圆锥角度。用涂色法检测圆锥孔角度，根据擦痕情况调整小滑板转动的角度。经几次试切和检查后逐步将角度校准。

（3）精车内圆锥。与精车外圆锥控制尺寸的方法相同，也可以采用计算法或移动床鞍法确定 a_p 值，如图 4—23、图 4—24 所示。

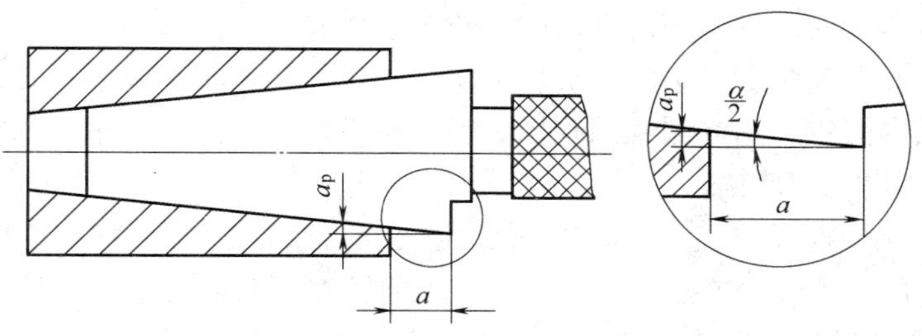

图 4—23　计算法控制圆锥孔尺寸

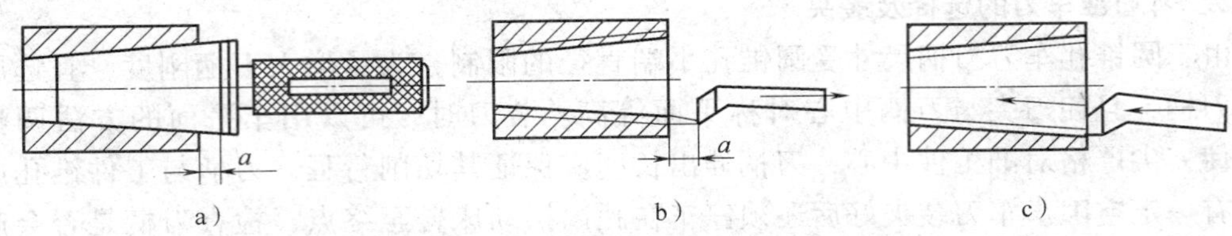

图4—24　移动床鞍法控制圆锥孔尺寸

5. 切削用量的选择

（1）切削速度比车外圆锥时低10%～20%。

（2）手动进给要始终保持均匀，不能有停顿与快慢不均匀现象。最后一刀的切削深度一般取0.1～0.2 mm为宜。

（3）精车钢件时，可以加切削液或机油，以减小表面粗糙度值，提高表面质量。

二、铰内圆锥的方法

在加工直径较小的内圆锥时，因为刀柄的刚度差，加工出的内圆锥精度差，表面粗糙度值大，这时可以用锥形铰刀加工。用铰削方法加工出的内圆锥精度比车削加工的高，表面粗糙度值可达到Ra1.6～0.8 μm。

1. 锥形铰刀

锥形铰刀一般分为精铰刀（图4—25a）和粗铰刀（图4—25b）两种。粗铰刀的槽数比精铰刀少，容屑空间大，这样对排屑有利。粗铰刀的刀刃上切了一条螺旋分屑槽，把原来很长的切削刃分割成若干短切削刃，切削时，把切屑分成几段，使切屑容易排出。精铰刀做成锥度很准确的直线刀齿，并有很小的棱边（0.1～0.2 mm），以保证锥孔的质量。

图4—25　锥铰刀
a）精铰刀　b）粗铰刀

铰圆锥孔时，将铰刀安装在尾座套筒内。铰孔前必须用百分表把尾座中心调整到与主轴轴线重合的位置，否则铰出的锥孔不正确，表面质量也不高。

2. 铰削内圆锥的方法

根据锥孔直径大小、锥度大小和精度高低不同，铰内圆锥有以下三种工艺方法：

（1）钻—车—铰内圆锥。当内圆锥的直径和锥度较大，且有较高的位置精度时，可以先钻底孔，然后粗车成锥孔，并在直径上留铰削余量0.1～0.2 mm，再用铰刀铰削。

（2）钻—铰内圆锥。当内圆锥的直径和锥度较小时，可以先钻底孔，然后用锥形粗铰刀铰锥孔，最后用精铰刀铰削。

（3）钻—扩—铰内圆锥。当内圆锥的长度较长，余量较大，有一定的位置精度要求时，可以先钻底孔，然后用扩孔钻扩孔，最后用粗铰刀、精铰刀铰孔。

3. 铰削内圆锥时切削用量的选择

铰削内圆锥时，参加切削的切削刃长，切屑面积大，排屑较困难，所以切削用量要选得小些。

切削速度一般为 5 m/min 以下，进给要均匀。进给量应根据锥度大小选取。锥度大，进给量要小些；反之可以大些。铰莫氏锥孔时，钢件进给量一般为 0.15 ~0.3 mm/r，铸铁件进给量一般为 0.3 ~0.5 mm/r。

铰削内圆锥时必须浇注充足的切削液，以减小表面粗糙度值。铰钢件可以使用乳化液或切削油，铰合金钢或低碳钢可以使用植物油，铰铸件可以使用煤油或柴油。

三、车内圆锥的质量分析

加工内圆锥时，会产生很多缺陷。例如，锥度（角度）或尺寸不正确、双曲线误差、表面粗糙度值过大等，车内圆锥时产生废品的原因及预防措施见表 4—5。

表 4—5　　车内圆锥时产生废品的原因及预防措施

废品种类	产生原因	预防措施
锥度（角度）不正确	1. 用转动小滑板法车削时 （1）小滑板转动角度计算差错或小滑板角度调整不当 （2）车刀没有紧固 （3）小滑板移动时松紧不均 2. 铰内圆锥时 （1）铰刀锥度不正确 （2）铰刀轴线与主轴轴线不重合	1. 用转动小滑板法车削时 （1）仔细计算小滑板应转动的角度、方向，反复试切削校正 （2）紧固车刀 （3）调整镶条间隙，使小滑板移动均匀 2. 铰内圆锥时 （1）修磨铰刀 （2）用百分表和试棒调整尾座套筒轴线
大小端尺寸不正确	1. 未经常测量大小端直径 2. 控制刀具进给错误	1. 经常测量大小端直径 2. 及时测量，用计算法或移动床鞍法控制背吃刀量 a_p
双曲线误差	车刀刀尖未对准工件轴线	车刀刀尖必须严格对准工件轴线
表面粗糙度值达不到要求	1. 切削用量选择不当 2. 手动进给忽快忽慢 3. 车刀角度不正确，刀尖不锋利 4. 小滑板镶条间隙不当 5. 未留足精车或铰削余量	1. 正确选择切削用量 2. 手动进给要均匀，快慢一致 3. 刃磨车刀，角度要正确，刀尖要锋利 4. 调整小滑板镶条间隙 5. 要留有适当的精车或铰削余量

车内圆锥时，虽经多次调整小滑板的转角，但仍不能校准，用圆锥塞规检测内圆锥时，发现中间显示剂擦去，两端没有擦去。出现以上情况的原因，则是因车刀刀尖没有严格对准工件轴线而形成了双曲线误差所致，如图 4—26 所示。

因此，车内圆锥时，一定要把车刀刀尖严格对准工件中心。当车刀在中途刃磨后再装刀时，必须重新调整垫片的厚度，使车刀刀尖严格对准工件的中心。

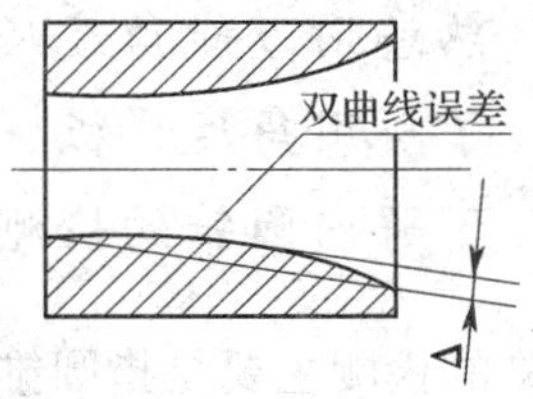

图 4—26　内圆锥表面的双曲线误差

四、技能训练

1. 训练内容

根据图 4—27 车削内圆锥，加工出符合图样要求的工件。

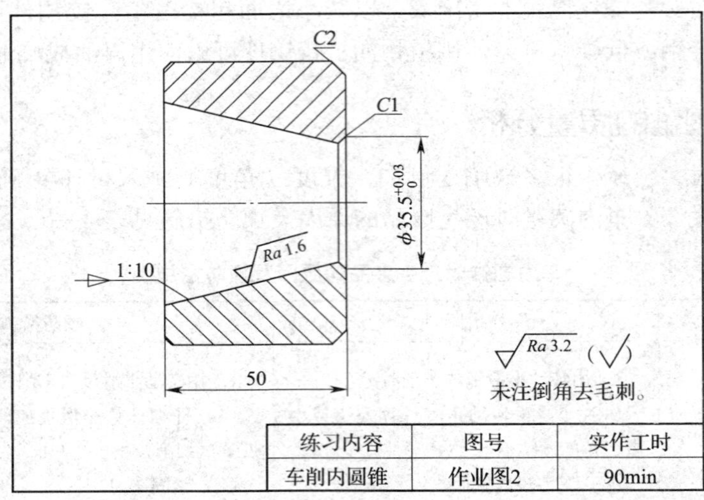

练习内容	图号	实作工时
车削内圆锥	作业图2	90min

图 4—27　车削内圆锥

2. 操作步骤

（1）利用三爪自定心卡盘夹持工件，找正夹紧，粗、精车一侧端面。

（2）卸下工件，掉头找正夹紧，粗、精车端面，保证总长 50 mm。

（3）利用 ϕ19. 8 mm 麻花钻钻通工件。

（4）利用内孔车刀粗车内孔，留 0. 5 mm 精车余量。

（5）精车内孔至 $\phi35.5^{+0.03}_{0}$ mm。

（6）粗、精车内圆锥孔 1∶10 至尺寸要求，孔口倒角 $C1$。

（7）测量合格后取下工件。

课题 4　锥度的检测

学习目标

1. 熟悉用万能角度尺检测锥度的方法。
2. 了解用角度样板、正弦规检测锥度的方法。
3. 了解内圆锥的检测方法及涂色法检测方法。

圆锥的检测主要是指圆锥角度和尺寸精度检测。常用万能角度尺、角度样板检测圆锥角度和采用正弦规或涂色法来检测圆锥精度。

一、用万能角度尺检测

它可以测量0°～320°范围内的任意角度。

万能角度尺（图4—28）由主尺1、角尺2、游标3、制动器4、基尺5、直尺6、卡块7等组成。基尺可以带着主尺沿着游标转动，当转到所需角度时，可以用制动器锁紧。卡块将角尺和直尺固定在所需的位置上。在测量时，转动背面的捏手8，通过小齿轮9转动扇形齿轮10，使基尺改变角度，如图4—28b所示。

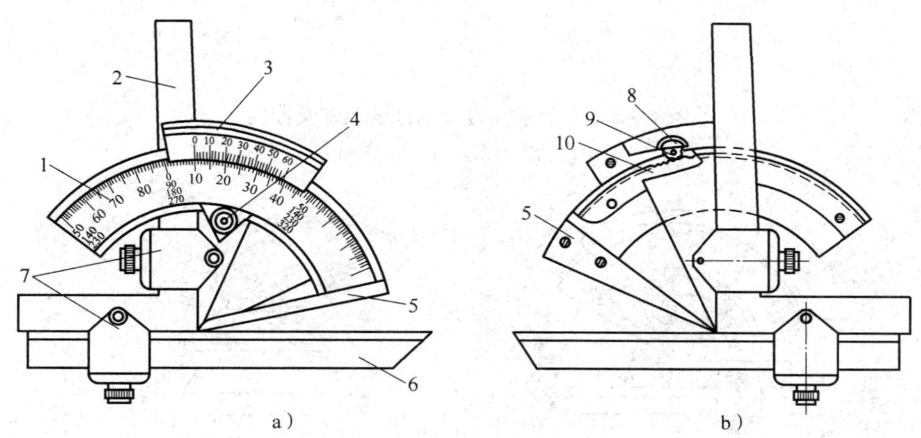

图4—28　万能角度尺

a）主视图　b）后视图

1—主尺　2—角尺　3—游标　4—制动器　5—基尺

6—直尺　7—卡块　8—捏手　9—小齿轮　10—扇形齿轮

万能角度尺的示值一般分为5′和2′两种，下面仅介绍示值为2′的读数原理。

主尺刻度每格为1°，游标上总角度为29°，并等分为30格，如图4—29a所示，每格所对的角度为：

$$\frac{29°}{30}=\frac{60'\times 29}{30}=58'$$

因此，主尺一格与游标一格相差：$1°-\frac{29°}{30}=60'-58'=2'$

即此万能角度尺的测量精度为2′。

万能角度尺的读数方法与游标卡尺的读数方法相似，即先从主尺上读出游标零线前面的整数，然后在游标上读出分的数值，两者相加就是被测件的角度数值。图4—29b所示读为10°50′。

用万能角度尺检测外圆锥角度时，应根据工件角度的大小，选择不同的测量方法，如图4—30所示。测量0°～50°的工件，可选择图4—30a所示方法；测量50°～140°的工件，可选择图4—30b所示方法；测量140°～230°的工件，可选用图4—30c、d所示方法；若将角尺和直尺都卸下，由基尺和扇形板（主尺）的测量面形成的角度，还可测量230°～320°之间的工件。

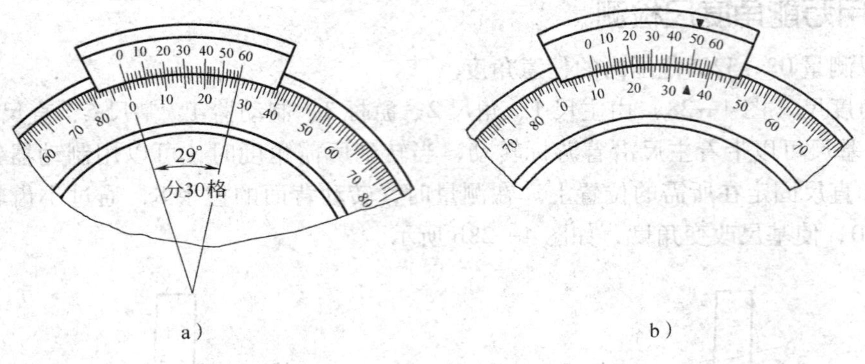

a） b）

图 4—29　2′万能角度尺的读数原理及读法

a）读数原理　b）读法

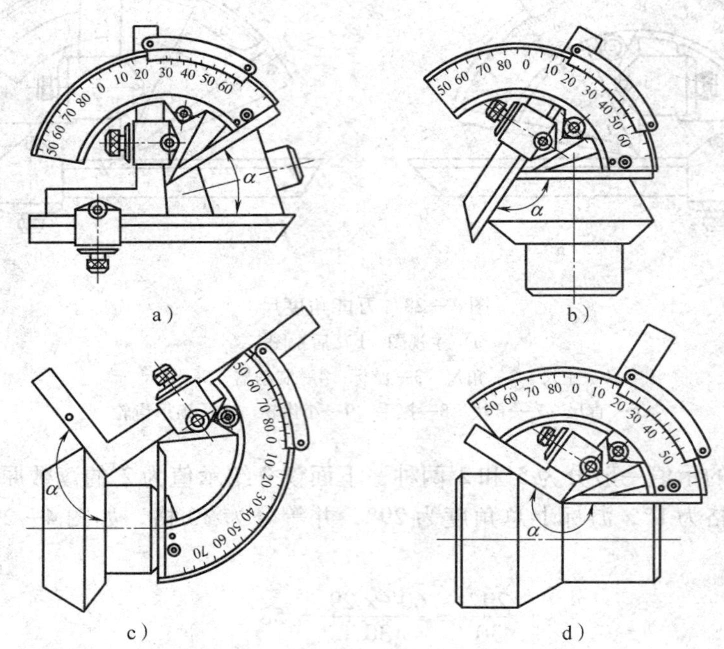

a） b） c） d）

图 4—30　用万能角度尺测量工件的方法

二、用角度样板检测

角度样板属于专用量具，常用在成批和大量生产时，以减少辅助时间。图 4—31 所示为用角度样板测量锥齿轮坯角度的情况。

三、用正弦规检测

正弦规是利用三角函数中正弦关系来间接测量角度的一种精密量具，如图 4—32 所示。

正弦规由一块准确的钢质长方体和两个相同的精密圆柱体组成，如图 4—32a 所示。两个圆柱之间的中心距要求精确，中心连线与长方体工作平面严格平行。

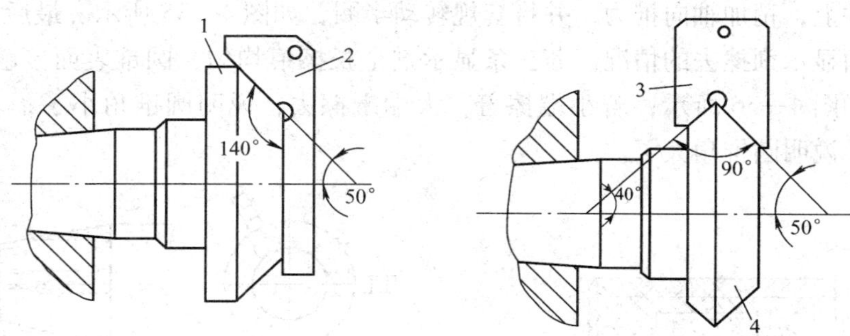

图 4—31　用角度样板测量锥齿轮坯角度

1、4—齿轮坯　2、3—角度样板

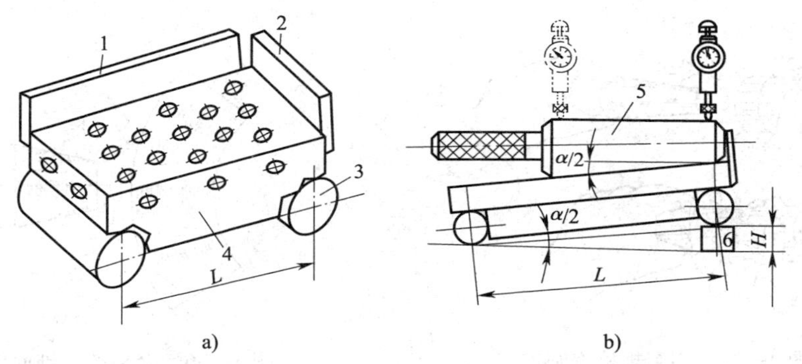

图 4—32　正弦规及使用方法

1、2—挡板　3—圆柱　4—长方体　5—工件　6—量块

测量时，将正弦规安放在平板上，圆柱的一端用量块垫高，被测工件放在正弦规的平面上，如图 4—32b 所示。量块组高度可以根据被测工件圆锥半角进行精确计算获得。然后用百分表检验工件圆锥面的两端高度，若读数值相同，就说明圆锥半角正确。用正弦规测量 3°以下的角度，可以达到很高的测量精度。

已知圆锥半角 $\alpha/2$，需垫进量块组高度为：

$$H = L\sin\ (\alpha/2)$$

已知量块组高度 H，圆锥半角 $\alpha/2$ 为：

$$\sin\frac{\alpha}{2} = H/L$$

四、涂色法检测

对于标准圆锥或配合精度要求较高的圆锥工件，一般可以使用圆锥套规和圆锥塞规检测。圆锥套规（图 4—33）用于检测外圆锥，圆锥塞规用于检测内圆锥。

用圆锥套规检测外圆锥时，要求工件和套规表面清洁且工件外圆锥表面粗糙度值小于 $Ra3.2\ \mu m$ 且无毛刺。检测时，首先，在工件表面顺着圆锥素线薄而均匀地涂上周向均等的三条显示剂（印油、红丹粉、机油的调和物等），如图 4—34 所示。然后，手握套规轻轻地套在工件上，稍加轴向推力，并将套规转动半圈，如图 4—35 所示。最后，取下套规，观察工件表面显示剂擦去的情况。若三条显示剂全长擦痕均匀，圆锥表面接触良好，说明锥度正确，如图 4—36 所示；若小端擦着，大端未擦去，说明圆锥角小了；若大端擦着，小端未擦去，说明圆锥角大了。

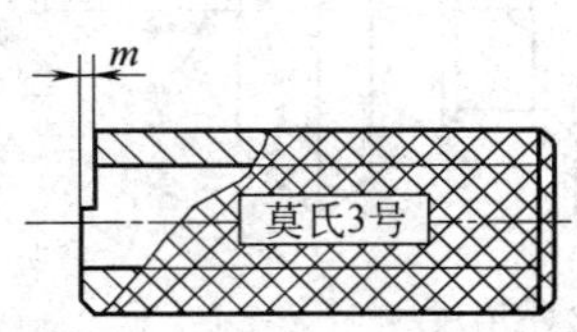

图 4—33　圆锥套规

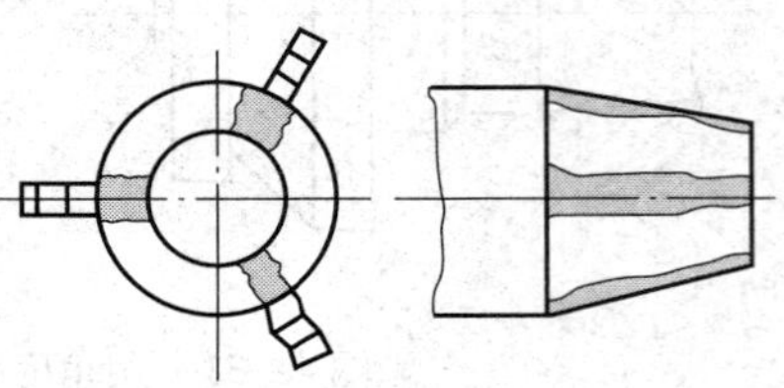

图 4—34　涂色方法

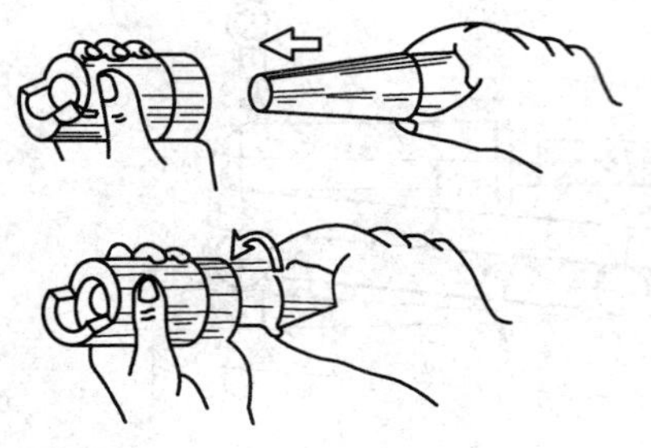

图 4—35　用套规检查圆锥

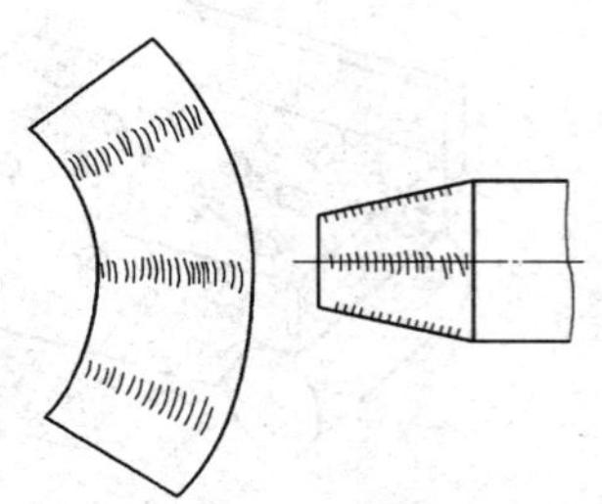

图 4—36　合格的圆锥面展开图

五、外圆锥的检测

1. 用卡钳和千分尺检测

圆锥精度要求较低及加工中粗测圆锥尺寸时，可以使用卡钳和千分尺测量。测量时必须注意卡钳脚或千分尺测量杆和工件的轴线垂直，测量位置必须在锥体的最大端处或最小端处。

2. 用圆锥套规检测

在圆锥套规上，根据工件的直径尺寸和公差，在套规小端处开有轴向距离为 m 的缺口（图 4—33），表示过端和止端。测量外圆锥时，如果锥体的小端平面在缺口之间，说明其小端直径尺寸合格；若锥体未能进入缺口，说明其小端直径大了；若锥体小端平面超过了止端缺口，说明其小端直径小了。

六、内圆锥的检测

与外圆锥的检测一样，内圆锥的检测主要是指圆锥角度与尺寸精度的检测。

1. 角度或锥度的检测

检测内圆锥的角度或锥度主要是使用圆锥塞规。如图 4—37 所示为莫氏 3 号塞规。圆锥塞规检测内圆锥时，也采用涂色法。其具体要求与用圆锥套规检测外圆锥相同，只要将显示剂涂在塞规表面，判断圆锥角大小的方法正好相反，即若小端擦着，大端未擦着，说明圆锥角大了；若大端擦着，小端未擦着，说明圆锥角小了。

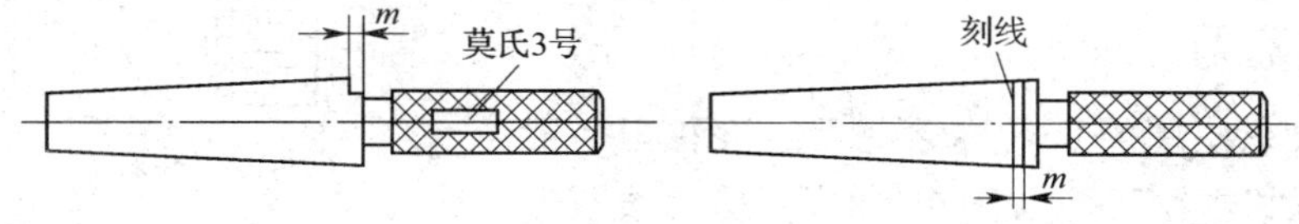

图 4—37　圆锥塞规

2. 圆锥尺寸的检测

圆锥尺寸的检测主要也是使用圆锥塞规。如图 4—38 所示，根据工件的直径尺寸及公差在圆锥塞规大端开有一个轴向距离为 m 的台阶（刻线），分别表示过端和止端。测量锥孔时，若锥孔的大端平面在台阶两端面之间，说明锥孔尺寸合格；若锥孔的大端平面超过了止端刻线，说明锥孔尺寸太大了；若两刻线都没有进入锥孔，说明锥孔尺寸太小了。

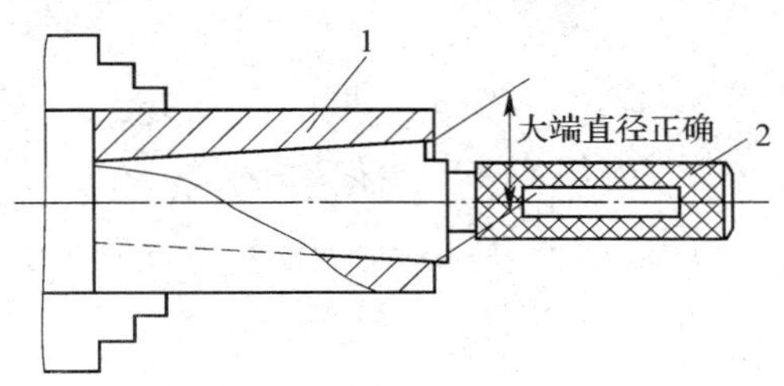

图 4—38　圆锥塞规检测内圆锥尺寸

1—工件　2—圆锥塞规

课题 5　表面修饰

1. 了解滚花的种类。
2. 了解滚花刀及滚花方法。

某些工具和机器零件的捏手部位（如千分尺的微分筒、车床中滑板刻度盘表面等），为了增强表面摩擦，便于使用或使零件表面美观，常在零件表面滚压出各种不同的花纹。用滚花工具在工件表面上滚压出花纹的加工称为滚花。

一、滚花的种类

滚花的花纹有直纹和网纹两种，花纹有粗细之分，并用模数 m 区分。模数越大，花纹越粗。花纹的形状如图 4—39 所示。

滚花的花纹粗细应根据工件滚花表面的直径大小选择，直径大选用大模数花纹；直径小则选用小模数花纹。

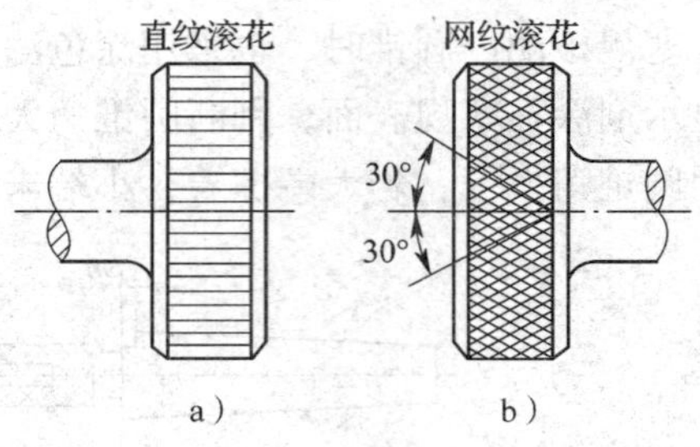

图 4—39　花纹的形状

a）直纹　b）网纹

二、滚花刀

车床上滚花使用的工具称滚花刀。滚花刀一般有单轮、双轮和六轮三种（图 4—40）。单轮滚花刀由直纹滚轮和刀柄组成，用来滚直纹；双轮滚花刀由两只旋向不同的滚轮、浮动连接头及刀柄组成，用来滚网纹；六轮滚花刀由 3 对不同模数的滚轮，通过浮动连接头与刀柄组成一体，可以根据需要滚出三种不同模数的网纹。

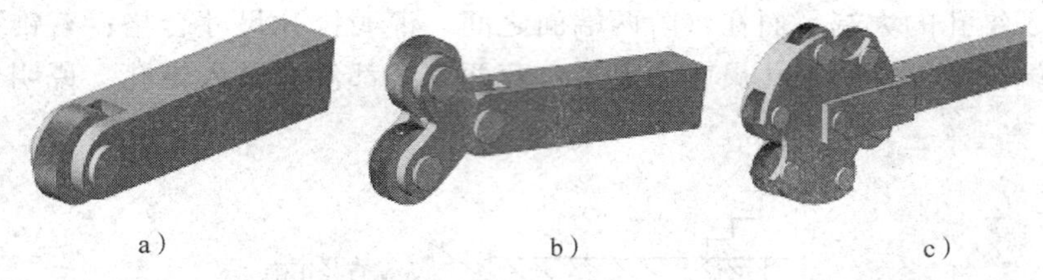

图 4—40　滚花刀的种类

a）单轮滚花刀　b）双轮滚花刀　c）六轮滚花刀

三、滚花方法

由于滚花过程是利用滚花刀的滚轮来滚压工件表面的金属层，使其产生一定的塑性变形而形成花纹，随着花纹的形成，滚花后工件直径会增大。为此，在滚花前滚花表面的直径应相应车小（0.5 ~ 1.5）m，m 为模数。

滚花刀的装刀（滚轮）中心与工件回转中心等高。滚压有色金属或对滚花表面要求较高的工件时，滚花刀滚轮轴线与工件轴线平行，如图 4—41a 所示。滚压碳素钢或对滚花表面要求一般的工件时，可使滚花刀刀柄尾部向左偏斜 3° ~ 5°装夹，以便于切入工件表面且不易产生乱纹，如图 4—41b 所示。

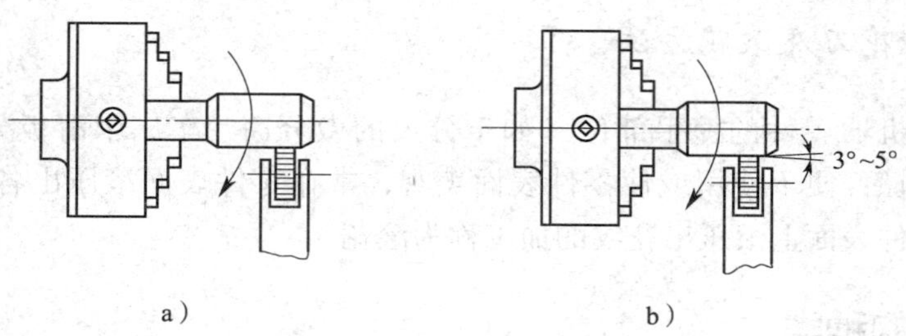

图 4—41　滚花刀的装夹

a）平行装夹　b）倾斜装夹

为了减小滚花开始时的径向压力，可以使滚轮表面宽度的1/3～1/2与工件接触，使滚花刀容易切入工件表面，如图4—42所示。在停机检查花纹符合要求后，即可纵向机动进给。

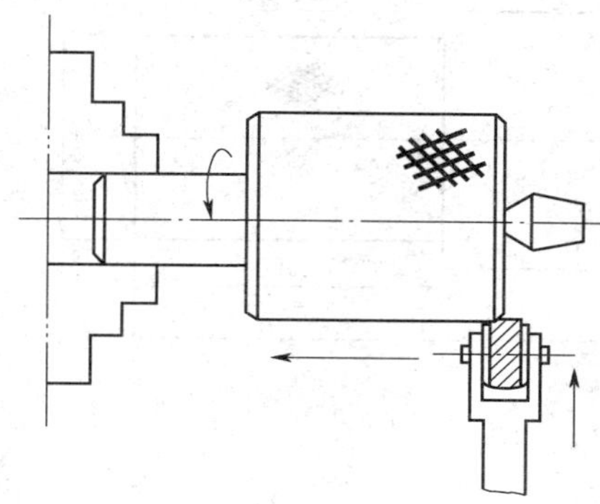

图4—42　滚花刀横向进给位置

滚花时操作方法不当，容易产生乱纹。乱纹的原因及预防措施见表4—6。

表4—6　滚花时乱纹的原因及预防措施

废品种类	产生原因	预防措施
乱纹	工件外径周长不能被滚花刀模数 m 除尽	可把外圆略微车小一些，使工件外径周长能被滚花刀模数 m 除尽
	滚花开始时，切深压力太小，或滚花刀跟工件表面接触过大	滚花开始时就要使用较大的压力或把滚花刀相对于工件表面偏一个很小的角度
	滚花刀转动不灵，或滚花刀跟刀杆小轴配合间隙过大	检查原因或调换小轴
	工件转速太高，滚花刀跟工件表面产生滑动	降低转速
	滚花前没有清除滚花刀齿中的细屑，或滚花刀齿部磨损	清除滚花刀齿中的细屑，或更换滚花刀

四、技能训练

1. 训练内容

根据图4—43滚花加工，加工出符合图样要求的工件。

2. 操作步骤

（1）利用三爪自定心卡盘夹持工件，找正夹紧，粗、精车一侧端面。

（2）卸下工件，掉头伸出70 mm长，找正夹紧，粗、精车端面，保证总长105 mm。

（3）粗车外圆 ϕ42 mm，长度60 mm。

（4）滚网纹，倒角 $C2$。

（5）测量合格后取下工件。

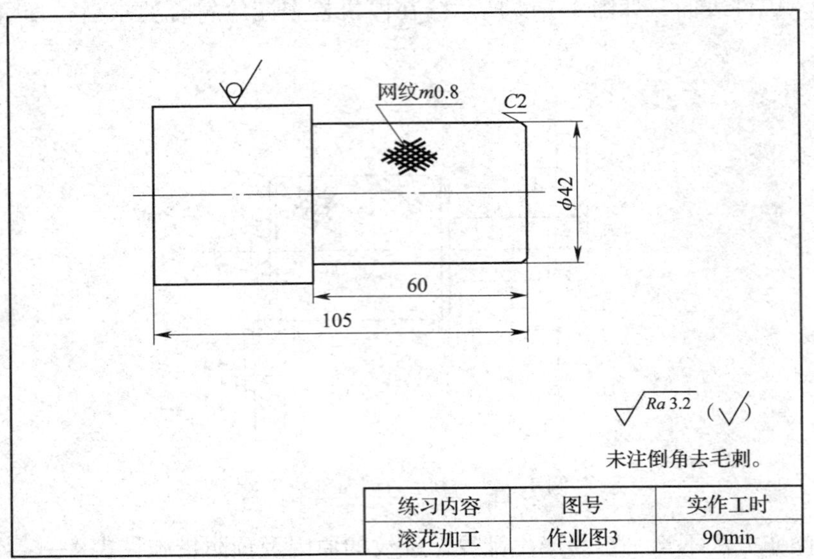

图 4—43 滚花加工

课题 6 车成形曲面

1. 熟悉双手控制法车成形曲面的方法。
2. 了解成形法、仿形法、专用工具法车成形曲面的方法。
3. 了解成形曲面的检测方法。

有些机器零件表面在零件的轴向剖面中呈曲线型，如单球手柄、三球手柄、橄榄手柄等（图 4—44），具有这些特征的表面称为成形曲面。

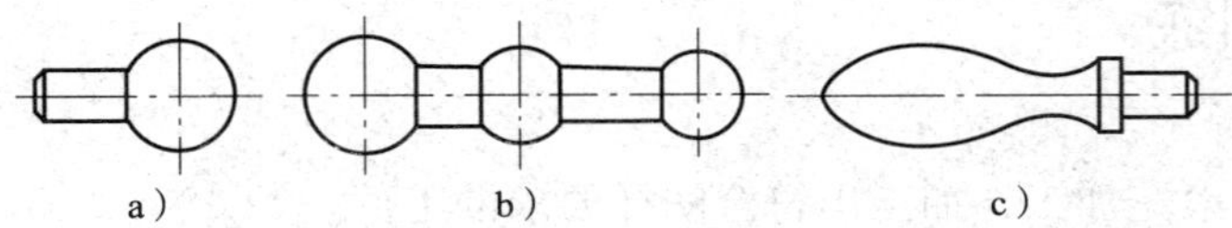

图 4—44 具有成形曲面的零件

a）单球手柄 b）三球手柄 c）橄榄手柄

在车床上加工成形曲面时，应根据工件的表面特征、精度要求和生产批量大小，采用不同的加工方法。常用的加工方法有双手控制法、成形法（即样板刀车削法）、仿型法（靠模仿型）和专用工具法等。

一、双手控制法

1. 圆弧刃车刀的几何角度

在车削时，用右手控制小滑板的进给，用左手控制中滑板的进给，通过双手的协调操纵，使圆弧刃车刀（图 4—45）的运动轨迹与工件成形曲面的素线一致，车出所要求的成形曲面。成形曲面也可以利用床鞍和中滑板的合成运动进行车削。

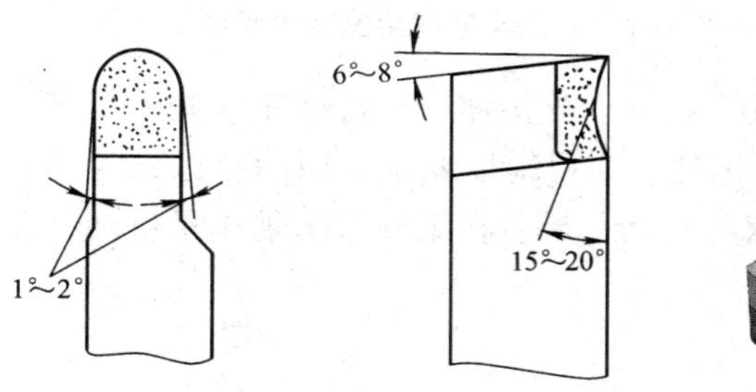

图 4—45　圆弧刃车刀

圆弧刃车刀的几何角度如图 4—45 所示，$\alpha_o = 6° \sim 8°$，$\gamma_o = 15° \sim 20°$，$\kappa_r' = 1° \sim 2°$，圆弧刀应修磨锋利、圆滑，半径 R 视圆球大小而定。

2. 圆球长度 L 计算（图 4—46）

车削前先根据圆球直径 D 和圆球柄部直径 d 计算圆球长度 L：

$$L = \frac{1}{2}\left(D + \sqrt{D^2 - d^2}\right)$$

式中　L——圆球部分的长度，mm；

D——圆球的直径，mm；

d——柄部直径，mm。

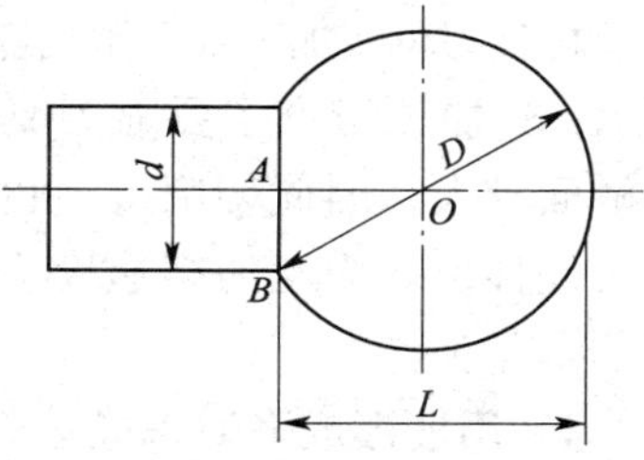

图 4—46　带柄圆球

3. 车削方法

双手控制法车成型面的特点是：灵活、方便，不需要其他辅助工具，但需较高的技术水平。双手控制主要用于单件或数量较少的成型面工件的加工。

按球部和柄部尺寸粗车出圆柱尺寸（留精车余量 0.2 ~ 0.3 mm），并车准长度 L。用右手操纵中滑板手柄，左手操纵大滑板手柄。为了避免由于中滑板丝杠间隙形成的空行程影响，一般采用由工件曲面的高处向低处进行车削的方法。

双手控制法车圆球时，车刀刀尖在圆球各个不同位置处的纵、横向进给速度是不同的，如图 4—47 所示。车刀从 a 点出发至 c 点，纵向进给速度由快→中→慢；横向进给速度则由慢→中→快。即：在车削 a 点时，中滑板的横向进给速度要比床鞍（或小滑板）的纵向进给速度慢；在车削 b 点时，横向与纵向进给速度基本相等；在车削 c 点时，横向进给速度要比纵向进给速度快。

由于依靠双手的协调工作完成圆球的加工，最初车出的圆球表面较为粗糙，所以车削时应采用圆弧车刀。这样，就不易留下深的刀痕，便于精加工。

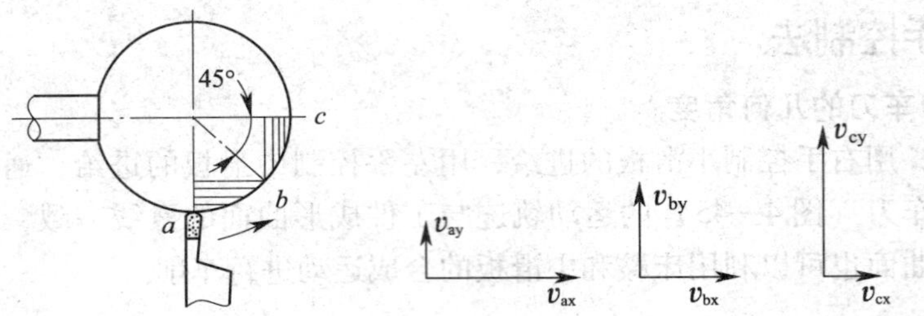

图4—47　车刀纵、横向进给速度的变化

精加工后，应进行表面修光和抛光，先用锉刀进行修光（先用粗锉刀仔细修整，再用细锉刀修光），再用砂布抛光来达到表面粗糙度要求。用砂布抛光时，工件转速应选得较高，并且使砂布在工件上慢慢来回移动，最后在细砂布上加少量机油，以降低表面粗糙度值。

二、成形法

成形法是用成形刀对工件进行加工的方法。切削刃的形状与工件成形表面轮廓形状相同的车刀称为成形刀，又称为样板刀。数量较多、轴向尺寸较小的成形曲面可用成形法车削。

1. 用样板刀车成形曲面

样板刀可按加工要求做成各种式样，如图4—48所示，其加工精度主要靠刀具保证。由于切削时接触面较大，因此切削抗力也大，容易出现振动和工件移位。为此切削速度应取小些，工件装夹必须牢靠。

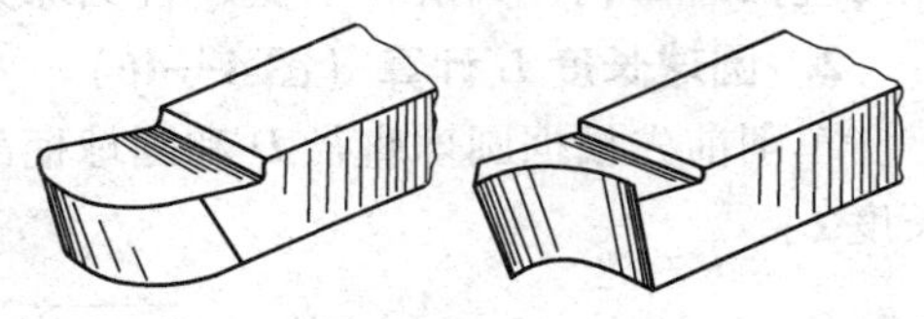

图4—48　样板刀

2. 用棱形成形刀车成形曲面

棱形成形刀由刀头和弹性刀柄两部分组成，如图4—49所示。刀头的切削刃按工件的形状在工具磨床上磨出，刀头后部的燕尾块装夹在弹性刀柄的燕尾槽中，并用紧固螺栓紧固。棱形成形刀磨损后，只需刃磨前面，并将刀头稍向上升即可继续使用。该车刀可以一直用到刀头无法夹持为止。棱形成形刀加工精度高，使用寿命长，但制造复杂，主要用于车削较大直径的成形曲面。

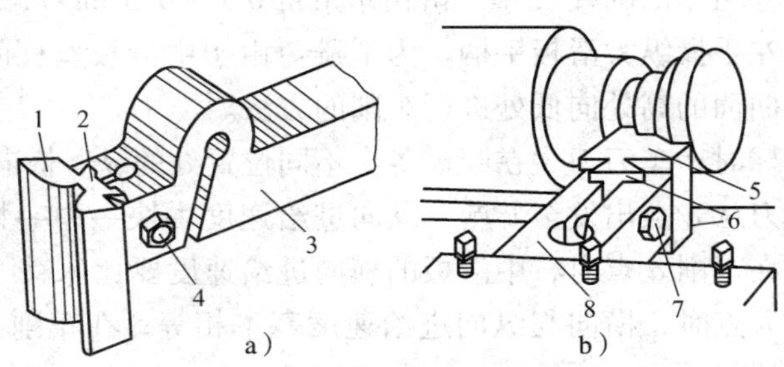

图4—49　棱形成形刀及其使用

a）棱形成形刀　b）棱形成形刀的使用

1、5—刀头　2、6—燕尾块　3、8—弹性刀柄　4、7—紧固螺栓

3. 用圆轮成形刀车成形面

这种成形刀做成圆轮形，在圆轮上开有缺口，从而形成前面和主切削刃，使用时圆轮成形刀装夹在刀柄或弹性刀柄上。为防止圆轮成形刀转动，侧面有端面齿，使之与刀柄侧面上的端面齿啮合，如图 4—50a 所示。圆轮成形刀的主切削刃与圆轮中心等高，其背后角 $\alpha_p=0°$，如图 4—50b 所示。当主切削刃低于圆轮中心后，可产生背后角 α_p，如图 4—50c 所示。主切削刃低于中心 O 的距离 H 可按下式计算：

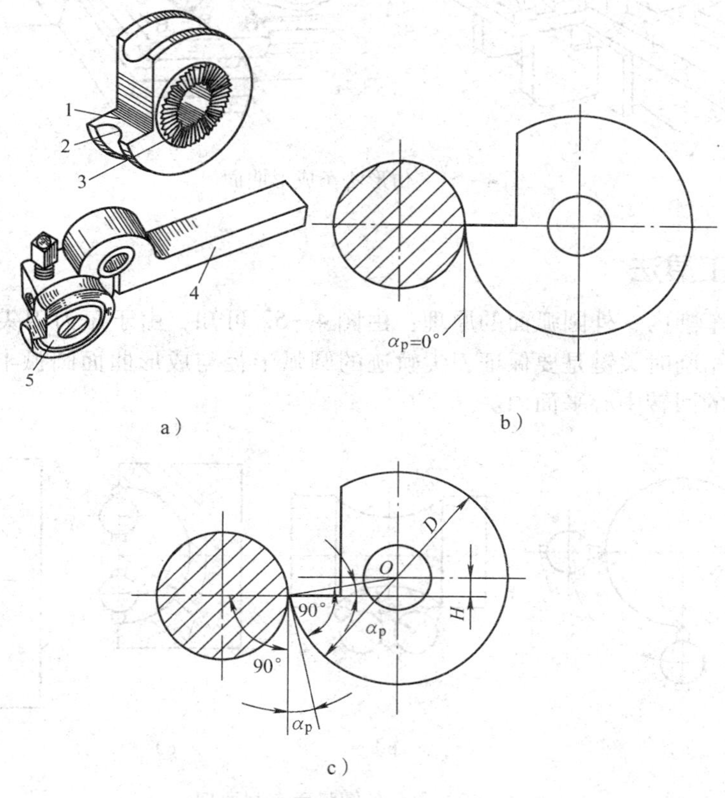

图 4—50　圆轮成形刀的使用

a）圆轮成形刀　b）$\alpha_p=0°$　c）$\alpha_p>0°$

1—前面　2—主切削刃　3—端面齿　4—弹性刀柄　5—圆轮成形刀

$$H=\frac{D}{2}\sin\alpha_p$$

式中　D——圆轮成形刀直径（mm）；

α_p——成形刀的背后角，一般取 $\alpha_p=6°\sim10°$。

圆轮成形刀允许重磨的次数较多，较易制造，常用于车削直径较小的成形曲面。

三、仿形法

在车床上用仿形法车成形曲面的方法很多，如图 4—51 所示。其车削原理基本上和仿形法车圆锥体相似，只需事先做一个与工件形状相同的曲面仿形即可。当然也可用其他专用工具，如用蜗杆副传动车圆弧工具和旋风切削法车圆球等。

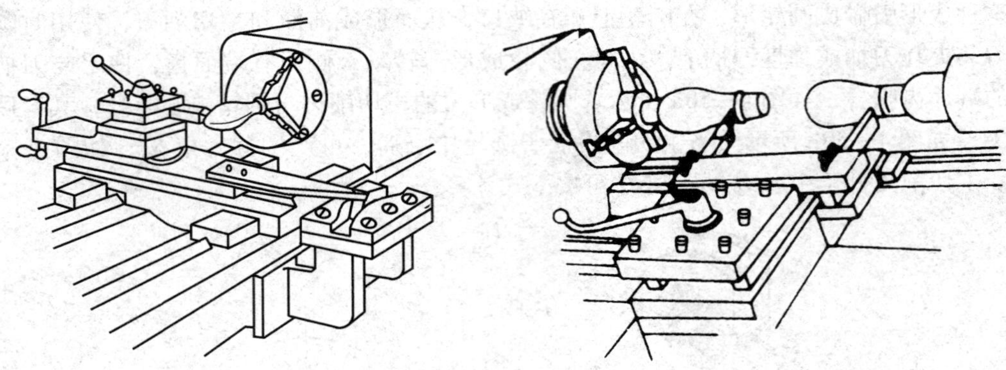

图 4—51　仿形法车成形曲面

四、专用工具法

用专用工具车削内、外圆弧面的原理：由图 4—52 可知，由于车刀刀尖的运动轨迹是一个圆弧，所以车削时关键是要保证刀尖轨迹的圆弧半径与成形曲面圆弧半径相等，同时使刀尖处于工件的回转中心平面内。

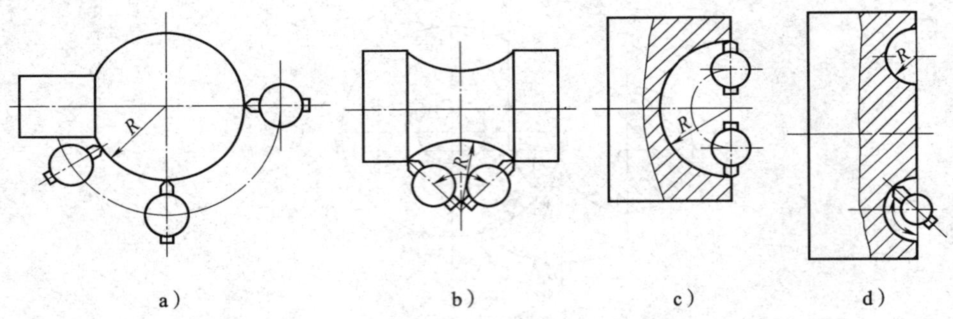

图 4—52　内、外圆弧面车削原理

a）车外圆弧面　b）、c）、d）车内圆弧面

1. 手动车内、外圆弧面工具

如图 4—53 所示，使用该工具时应先将车床小滑板卸下，装上车圆弧工具。刀架 4 可绕回转中心 1 转动，刀体 2 可随刀架沿燕尾导轨前后移动，以改变刀尖到圆弧中心的距离；还可以转动微调手柄 5 以实现精确调整圆弧半径，调整完毕后应锁紧手柄 3。

车削外圆弧时，刀尖到圆弧中心的距离应等于外圆弧半径。匀速缓慢地左右摆动手柄 6，车刀刀尖则可绕回转中心作圆弧运动并车出外圆弧面。

车削内圆弧时，应把刀尖调整到超过回转中心 1 的位置上，超过的距离应等于内圆弧的半径。其车削方法与车外圆弧面类似。

2. 蜗杆、蜗轮车圆弧面工具

这种车削内外圆弧面的专用工具是利用蜗杆、蜗轮传动来代替如图 4—53 所示手动车内、外圆弧面专用工具中的摆动手柄6的动作，可以使刀尖的回转运动更平稳、自如。

车削时，先拆下车床小滑板，装上图4—54所示车圆弧工具。刀架1装在圆盘2上，刀尖应与工件回转中心等高。圆盘内面装有蜗杆、蜗轮。当旋转手柄3时，与之相连的蜗杆就带动蜗轮转动，继而使车刀绕圆盘中心旋转，于是刀尖就可以车出圆弧面。

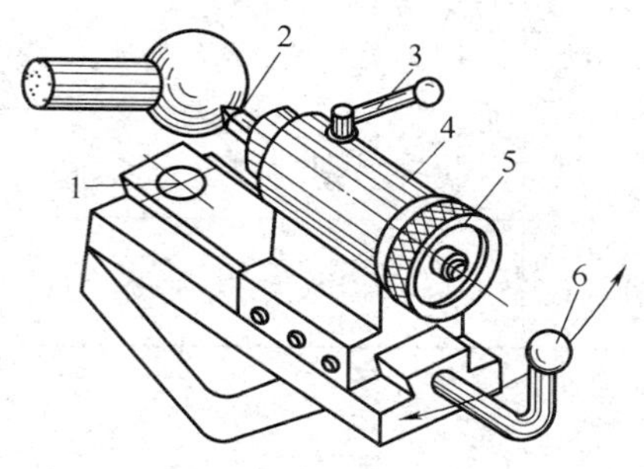

图4—53　手动车内、外圆弧面专用工具
1—回转中心　2—刀体　3—锁紧手柄　4—刀架
5—微调手柄　6—摆动手柄

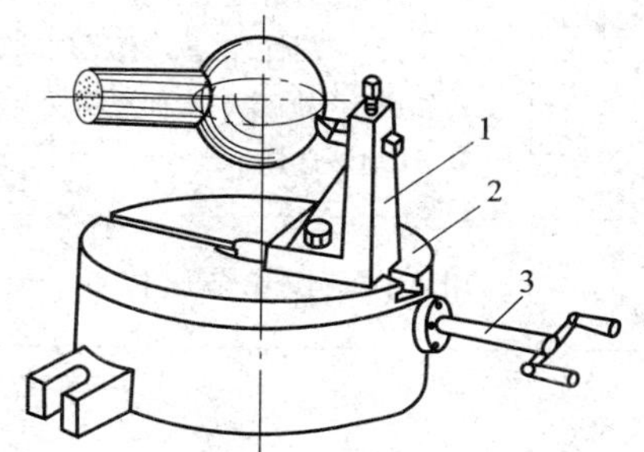

图4—54　蜗轮、蜗杆车圆弧
1—刀架　2—圆盘　3—手柄

五、成形曲面的检测

为保证球面的外形正确，在车削过程中应边车边检测。检测球面常用的方法有：

1．用样板检查（图4—55）

用样板检查时，样板应对准工件中心，观察样板与工件之间间隙的大小，并根据间隙情形进行修整。

2．用千分尺检测（图4—56）

用千分尺检测时，千分尺测微螺杆轴线应通过工件球面中心，并应多次变换测量方向，根据测量结果进行修整。合格球面各测量方向所测得的量值应在图样规定的范围内。

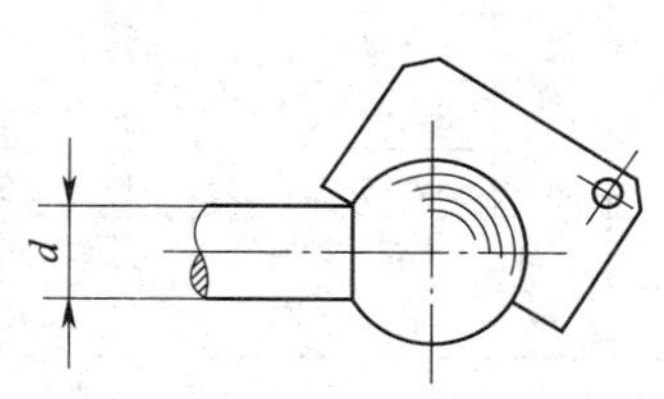

图4—55　用样板检查球面

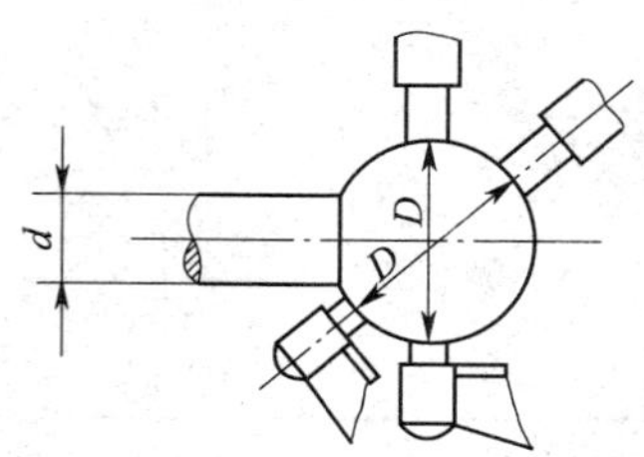

图4—56　用千分尺检测球面

六、车成形曲面的质量分析

加工成形曲面时，会产生很多缺陷。例如，工件表面粗糙度差、工件轮廓不正确等，车成形曲面时产生废品的原因及预防措施见表4—7。

表 4—7　　车成形曲面时产生废品的原因及预防措施

废品种类	产生原因	预防措施
工件表面粗糙差	1. 车削复杂零件时进给量过大 2. 工件刚度差或刀头伸出过长，切削时产生振动 3. 刀具几何角度不合理 4. 材料切削性能差，未经过预备热处理，难以加工；如产生积屑瘤，表面更粗糙 5. 切削液选择不当	1. 减小进给量 2. 加强工件装夹刚度及刀具装夹刚度 3. 合理选择刀具角度 4. 对材料进行预热处理，改善切削性能；合理选择切削用量，避免产生积屑瘤 5. 合理选择切削液
工件轮廓不正确	用双手控制进给车削时，纵、横向进给不协调	加强车削练习，使纵、横向进给协调

七、技能训练

1. 训练内容

根据图 4—57 车成形曲面，加工出符合图样要求的工件。

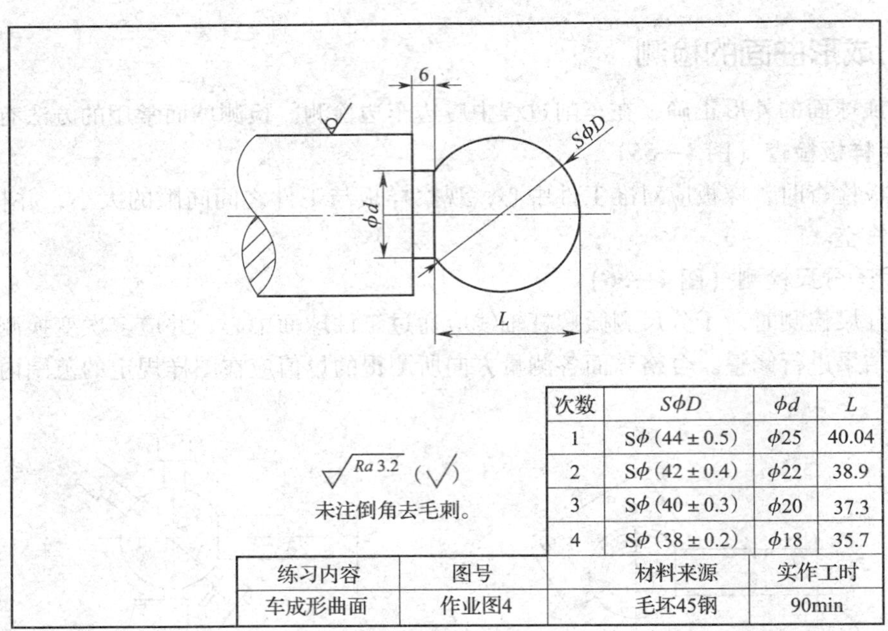

次数	SφD	φd	L
1	Sφ(44±0.5)	φ25	40.04
2	Sφ(42±0.4)	φ22	38.9
3	Sφ(40±0.3)	φ20	37.3
4	Sφ(38±0.2)	φ18	35.7

练习内容	图号	材料来源	实作工时
车成形曲面	作业图4	毛坯45钢	90min

图 4—57　车成形曲面

2. 操作步骤

（1）利用三爪自定心卡盘夹持不加工外圆，伸出 60 mm 长，找正夹紧，粗、精车端面。

（2）粗车外圆 $S\phi D$ 留 2 mm 余量，长度 L。

（3）切槽 ϕd，槽宽 6 mm 并保证长度 L。

（4）利用圆弧刀粗车 $S\phi D$，圆弧面留 0. 5 mm 余量。

（5）精车 $S\phi D \pm 0.5$ mm。

（6）测量合格后取下工件。

课后练习

1. 圆锥面的基本参数有哪些？

2. 什么叫锥度？用公式表示锥度与圆锥半角 $\alpha/2$ 之间的关系。

3. 车外圆锥一般有哪几种方法？车内圆锥有哪几种方法？

4. 转动小滑板法车圆锥有什么优缺点？怎样确定小滑板的转动角度和转动方向？

5. 外圆锥角度加工不正确的原因及预防措施有哪些？

6. 有一带圆锥的轴类工件，最大圆锥直径 $D=50$ mm，最小圆锥直径 $d=43$ mm，圆锥部分长度 $L=140$ mm，工件总长 $L_0=200$ mm，求锥度 C、圆锥半角 $\alpha/2$（近似计算）及尾座偏移量 S。

7. 铰削内圆锥一般有哪几种方法？

8. 怎样检验内圆锥最大圆锥直径的正确性？

9. 用圆锥套规检验外圆锥时，如果外圆锥小端的显示剂被擦去，而大端显示剂未被擦去，说明工件圆锥角是大了还是小了？判断原理是什么？

10. 滚花时，产生乱纹的原因是什么？如何预防？

11. 车成形曲面一般有哪几种方法？分别适用于哪些场合？

12. 已知圆形成形刀的直径 $D=60$ mm，现需要背后角 $\alpha_p=10°$，求主切削刃低于成形刀中心的距离 H。

13. 成形刀有哪几种？它们的结构各有什么特点？

模块五
普通三角形螺纹加工

课题1 螺纹的基础知识

学习目标

1. 熟悉螺纹的分类。
2. 掌握螺纹的基本要素。
3. 掌握普通螺纹标记。
4. 熟悉普通三角形螺纹车刀几何参数选择。
5. 了解螺纹升角对车刀左右两侧后角的影响。
6. 了解刀尖角的检查与修正方法。

一、螺纹的分类

在各种机械产品中，带有螺纹的零件应用广泛。螺纹按用途可分为紧固螺纹、管螺纹和传动螺纹；按牙型可分为三角形螺纹、矩形螺纹、圆形螺纹、梯形螺纹和锯齿形螺纹；按螺旋线方向可分为右旋螺纹和左旋螺纹；按螺旋线线数可分为单线螺纹和多线螺纹；按母体形状可分为圆柱螺纹和圆锥螺纹等。螺纹分类如图5—1所示。

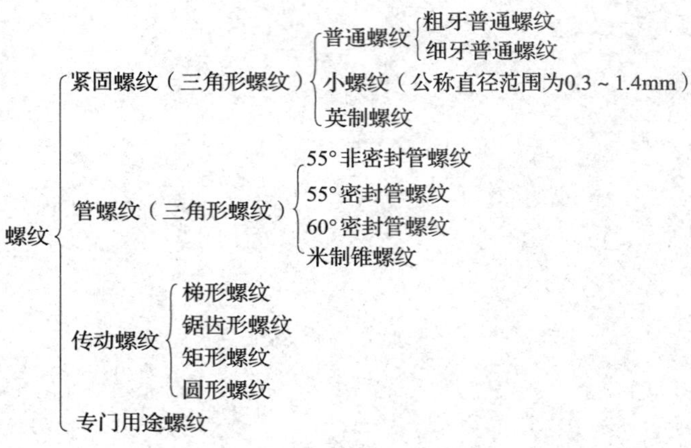

图5—1 螺纹分类

二、螺纹的基本要素

1. 螺纹牙型、牙型角和牙型高度

螺纹牙型是在通过螺纹轴线剖面上的螺纹轮廓形状（图 5—2）。

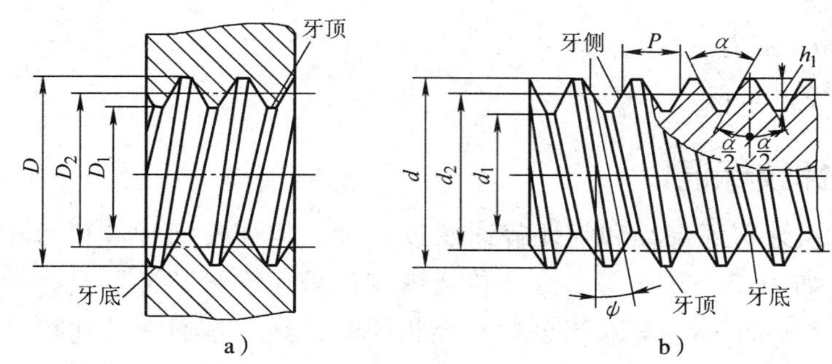

图 5—2　普通螺纹的基本参数

a）内螺纹　b）外螺纹

牙型角 α 是在螺纹牙型上相邻两牙侧间的夹角。

牙型高度 h_1 是在螺纹牙型上牙顶到牙底在垂直于螺纹轴线方向上的距离。

2. 螺纹直径

（1）螺纹公称直径。它是代表螺纹尺寸的直径，一般是指螺纹大径的基本尺寸。

（2）螺纹大径（d、D）。螺纹大径是指与外螺纹牙顶或内螺纹牙底相切的假想圆柱或圆锥的直径。外螺纹和内螺纹的大径分别用 d 和 D 表示。

（3）螺纹小径（d_1、D_1）。螺纹小径是指与外螺纹牙底或内螺纹牙顶相切的假想圆柱或圆锥的直径。外螺纹和内螺纹的小径分别用 d_1 和 D_1 表示。

（4）螺纹中径（d_2、D_2）。螺纹中径是指一个假想圆柱或圆锥的直径，该圆柱或圆锥的素线通过牙型上沟槽和凸起宽度相等的地方。同规格的外螺纹中径 d_2 和内螺纹中径 D_2 的公称尺寸相等。

3. 螺距（P）

螺距是指相邻两牙在中径线上对应两点间的轴向距离，如图 5—2b 所示。

4. 导程（P_h）

导程是指同一条螺旋线上相邻两牙在中径线上对应两点间的轴向距离。

导程的计算公式：

$$P_h = nP$$

式中　P_h——导程，mm；

n——线数；

P——螺距，mm。

5. 螺纹升角（ψ）

在中径圆柱或中径圆锥上，螺旋线的切线与垂直于螺纹轴线平面的夹角称为螺纹升角（图 5—3）。螺纹升角的计算公式：

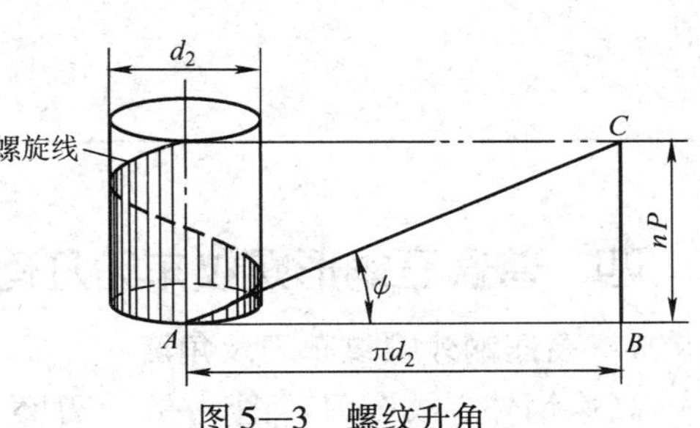

图 5—3　螺纹升角

$$\tan\psi = \frac{P_h}{\pi d_2} = \frac{nP}{\pi d_2}$$

式中 ψ——螺纹升角，(°)；

P_h——导程，mm；

n——线数；

P——螺距，mm；

d_2——中径，mm。

三、普通螺纹标记

普通螺纹分粗牙普通螺纹和细牙普通螺纹两种。粗牙普通螺纹代号用字母“M”及公称直径表示，如M12、M16等，细牙普通螺纹代号用字母“M”及公称直径×螺距表示，如M20×1.5、M10×1等。当公称直径相同时，细牙普通螺纹比粗牙普通螺纹的螺距小。

左旋螺纹在代号末尾加注“LH”字，如M6－LH、M16×1.5等，未注明的为右旋螺纹。普通螺纹标记见表5—1。

表5—1　　普通螺纹标记

螺纹种类		特征代号	牙型角	标记示例	标记方法
普通螺纹	粗牙	M	60°	M16LH－6g－L 示例说明： M—粗牙普通螺纹 16—公称直径 LH—左旋 6g—中径和顶径公差带代号 L—长旋合长度	1. 粗牙普通螺纹不标螺距 2. 右旋不标旋向代号 3. 旋合长度有长旋合长度 L、中等旋合长度 N 和短旋合长度 S，中等旋合长度不标注 4. 螺纹公差带代号中，前者为中径的公差带代号，后者为顶径的公差带代号，两者相同时则只标一个
	细牙			M16×1－6H7H 示例说明： M—细牙普通螺纹 16—公称直径 1—螺距 6H—中径公差带代号 7H—顶径公差带代号	

四、普通三角形螺纹车刀几何参数选择

1. 高速钢外螺纹车刀及角度

高速钢外螺纹车刀（图5—4）刃磨方便，切削刃锋利，韧性好，车削时刀尖不易崩

裂，车出螺纹的表面粗糙度值小。但其热稳定性差，不宜高速车削，常用在低速车削，加工塑性材料的螺纹或作为螺纹的精车刀。

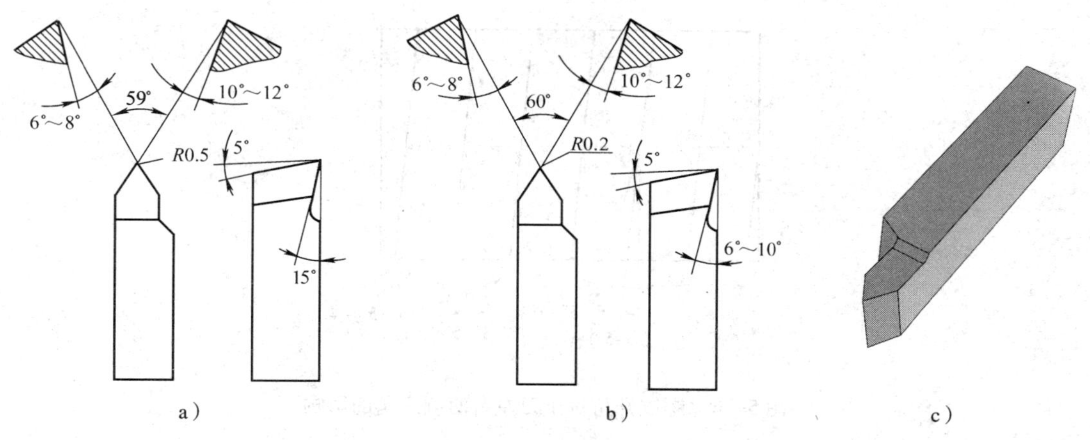

图 5—4　高速钢三角形外螺纹车刀

a）粗车刀　b）精车刀　c）立体图

2．硬质合金外螺纹车刀及角度

硬质合金外螺纹车刀（图 5—5）硬度高，耐磨性好，耐高温，热稳定性好，常用在高速切削，加工脆性材料螺纹。其缺点是抗冲击能力差。

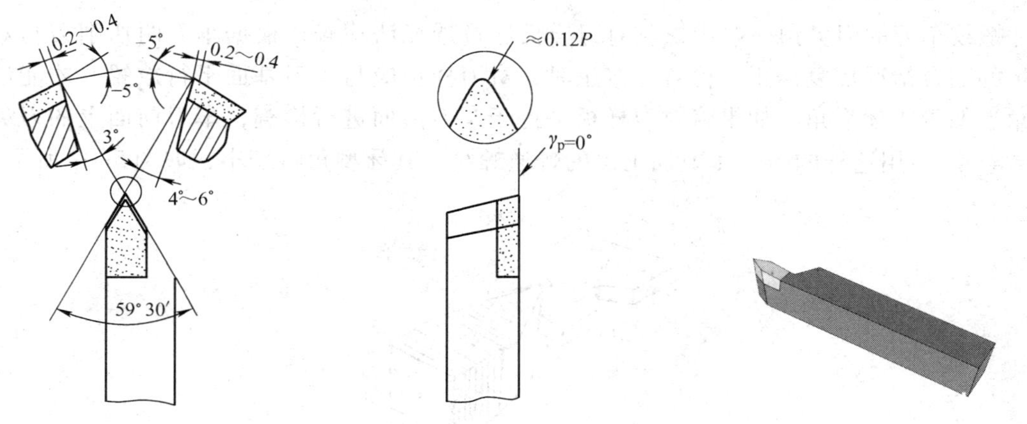

图 5—5　硬质合金三角形外螺纹车刀

五、螺纹升角对车刀左右两侧后角的影响

车螺纹时，由于螺纹升角的影响，引起切削平面位置变化，从而使车刀工作时的后角与车刀静止时的后角的数值不相同，如图 5—6 所示。螺纹升角越大，对工作时的后角的影响越明显。

由于螺纹升角会使车刀沿进给方向一侧的工作后角变小，使另一侧工作后角增大。为了避免车刀后面与螺纹牙侧发生干涉，保证切削顺利进行，应将车刀沿进给方向一侧的后角 α_{oL} 磨成工作后角加上螺纹升角，即 α_{oL} = （3°～5°） $+\psi$；为了保证车刀强度，应将车刀背着进给方向一侧的后角 α_{oR} 磨成工作后角减去螺纹升角，即 $\alpha_{oR}=(3°\sim5°)-\psi$。车削左旋螺纹时，情况正好相反。

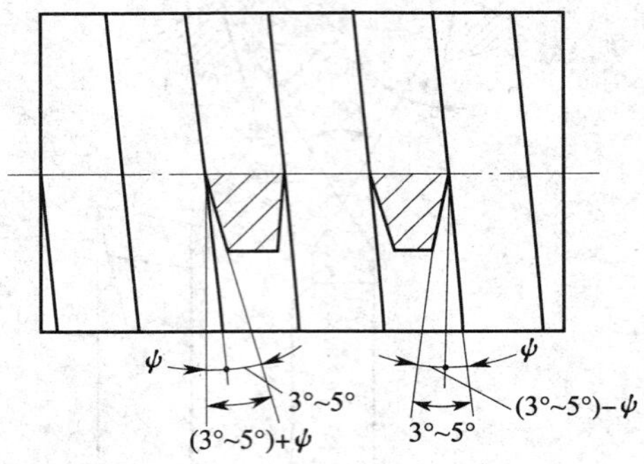

图 5—6　螺纹升角对车刀左右两侧后角的影响

例 5—1　车削螺纹升角 $\psi=4°30'$ 的右旋螺纹，车刀两侧后角应磨多少度？

解：已知 $\psi=4°30'$，根据公式：

$$\alpha_{oL}=(3°\sim5°)+\psi=3°+4°30'=7°30'$$

$$\alpha_{oR}=(3°\sim5°)-\psi=3°-4°30'=-1°30'$$

六、刀尖角的检查与修正

螺纹车刀的刀尖角一般用螺纹对刀样板通过透光法检查，根据车刀两切削刃与对刀样板的贴合情况反复修正。检查与修正时，对刀样板应与车刀基面平行放置，才能使刀尖角近似等于牙型角。如果将对刀样板平行于车刀前面进行检查，车刀前面上的刀尖角 $\varepsilon_r'\neq\varepsilon_r\neq\alpha$，用这样的螺纹车刀加工出的普通螺纹，其牙型角将变小，如图 5—7 所示。

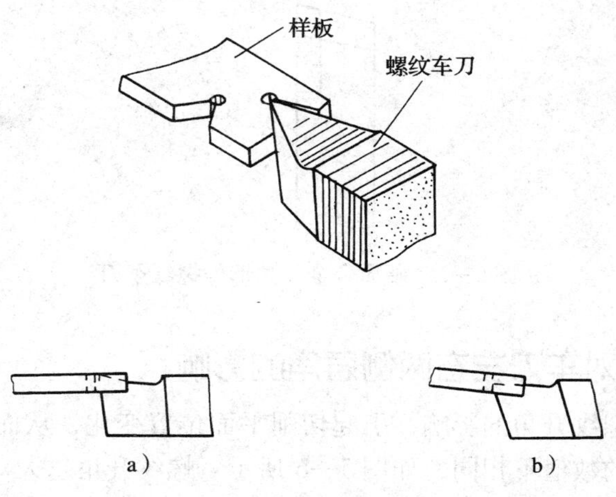

图 5—7　用样板检查和修正刀尖角
a）正确检查　b）错误检查

课题 2　车普通三角形外螺纹

学习目标

1. 了解普通螺纹的牙型和尺寸计算。
2. 熟悉切削用量的选择。
3. 掌握车螺纹前车床的调整。
4. 掌握低速车普通外螺纹的操纵方法。
5. 掌握螺纹车刀的装夹。
6. 熟悉普通三角形外螺纹的检测。

一、普通螺纹的牙型和尺寸计算

普通螺纹的牙型如图 5—8 所示，牙型角为 60°，其基本要素的计算公式见表 5—2。

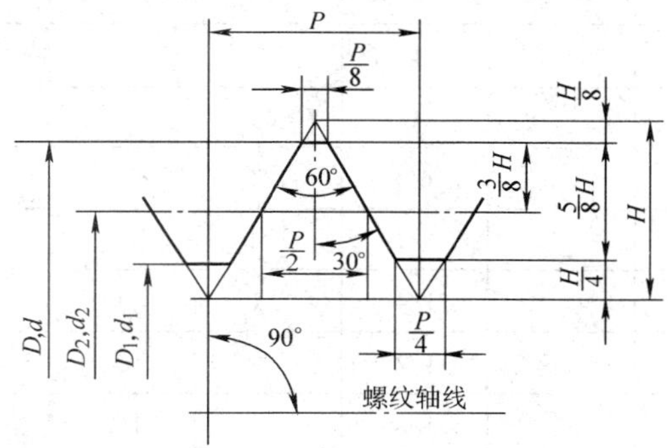

图 5—8　普通螺纹的牙型

表 5—2　**普通螺纹基本要素的计算公式**

基本参数	外螺纹	内螺纹	计算公式
牙型角	α		α = 60°
螺纹大径（公称直径）（mm）	d	D	$d = D$
螺纹中径（mm）	d_2	D_2	$d_2 = D_2 = d - 0.6495P$
牙型高度（mm）	h_1		$h_1 = 0.5413P$
螺纹小径（mm）	d_1	D_1	$d_1 = D_1 = d - 1.0825P$

二、切削用量的选择

低速车削普通外螺纹时，应根据工件的材质、螺纹的牙型角和螺距的大小及所处的加工阶段（粗车或者精车）等因素，合理选择切削用量。

1．由于螺纹车刀两切削刃夹角较小，散热条件差，所以切削速度比车削外圆时低。一般情况下，粗车时，切削转速取 $n=100$ r/min；精车时，切削转速取 $n=53$ r/min。

2．螺纹车刀刚切入工件，选择较大些的背吃刀量，以后每次的切削深度应逐步减小。精车时，背吃刀量更小，排出的切屑很薄，以获得较小的表面粗糙度值。

3．车削螺纹必须要在一定的进给走刀次数内完成。表 5—3 列出了车削 M24、M20、M16 螺纹的最少进给次数，以供参考。

表 5—3　　低速车削普通螺纹进给次数（参考）

进刀数	M24　$P=3$ mm			M20　$P=2.5$ mm			M16　$P=2$ mm		
	中滑板进刀格数	小滑板进刀（借刀）格数		中滑板进刀格数	小滑板进刀（借刀）格数		中滑板进刀格数	小滑板进刀（借刀）格数	
		左	右		左	右		左	右
1	11	0		11	0		10	9	
2	7	3		7	3		6	3	
3	5	3		5	3		4	2	
4	4	2		3	2		2	2	
5	3	2		2	1		1	1/2	
6	3	1		1	1		1	1/2	
7	2	1		1	0		1/4	1/2	
8	1	1/2		1/2	1/2		1/4		2.5
9	1/2	1		1/4	1/2		1/2		1/2
10	1/2	0		1/4		3	1/2		1/2
11	1/4	1/2		1/2		0	1/4		1/2
12	1/4	1/2		1/2		1/2	1/4		0
13	1/2		3	1/4		1/2	螺纹深度 $=1.3$ mm，$n=26$ 格		
14	1/2		0	1/4		0			
15	1/4		1/2	螺纹深度 $=1.625$ mm，$n=32.5$ 格					
16	1/4		0						
	螺纹深度 $=1.95$ mm，$n=39$ 格								

三、车螺纹前车床的调整

1．中、小滑板间隙调整

车削螺纹时，中、小滑板与镶条之间的间隙应适当。间隙过大，中、小滑板太松，车削中容易产生“扎刀”现象；间隙过小，中、小滑板操作不灵活。

2．开合螺母松紧调整

开合螺母松紧应适度，过松车削过程中容易跳起，使螺纹产生“乱牙”；过紧开合螺母手柄提起、合下操作不灵活。开合螺母的开合示意图如图 5—9 所示。

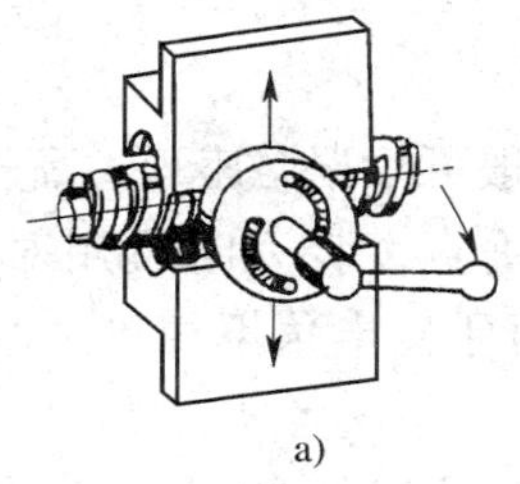

a)

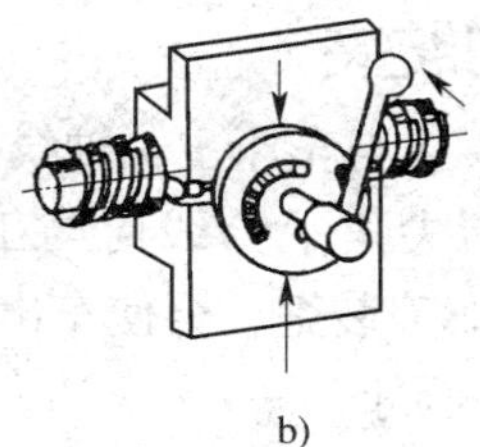

b)

图 5—9　开合螺母的开合示意图

a）开　b）合

四、低速车普通外螺纹的操纵方法

1. 采用提开合螺母法车螺纹

当车床丝杠螺距是工件导程的整数倍时，螺纹车削可采用提开合螺母法。首先，选择较低的主轴转速 100 r/ min 左右，启动车床并移动螺纹车刀，使刀尖与工件外圆轻微接触，记住中滑板刻度读数（或将中滑板刻度盘调零），将床鞍向右移动退出工件端面。使中滑板径向进给约 0.05 mm，左手握中滑板手柄，右手握开合螺母手柄。右手压下开合螺母，使车刀刀尖在工件表面车出一条螺旋线痕，当车刀刀尖移动到退刀槽位置时，右手迅速提起开合螺母，然后横向退刀，停止车床。

2. 倒顺车法车螺纹

螺纹的车削过程中，不提起开合螺母，而是当螺纹车刀车削到退刀槽内时，快速退出中滑板，同时压下操纵杆，使车床主轴反转，使溜板箱机动回到起始位置。

五、车削方法

1. 直进法

车削只用中滑板进给，螺纹车刀的左右切削刃同时参与切削的方法称直进法（图 5—10）。直进法操作简单，可以获得比较正确的螺纹牙型，常用于车削螺距 $P<2.5$ mm 和脆性材料的螺纹。直进法车螺纹是两切削刃同时切削，如图 5—11 所示。

2. 斜进法

车削螺距较大的螺纹时，由于螺纹牙槽较深，为了粗车切削顺利，除采用中滑板横向进给外，同时还使小滑板向一侧“赶刀”的车削方法称为斜进法（图 5—12）。

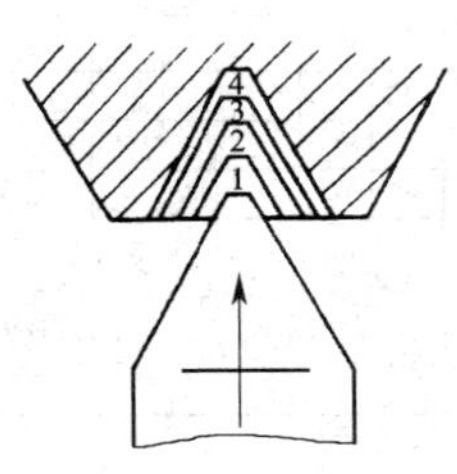

图 5—10　直进法

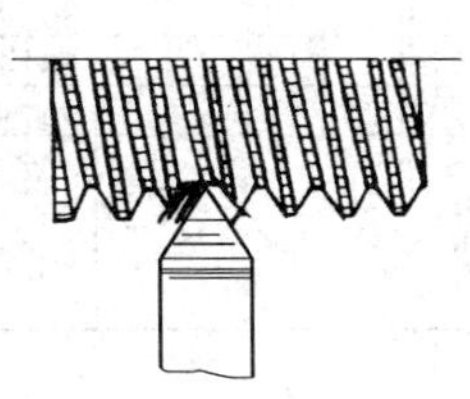

图 5—11　双刃切削

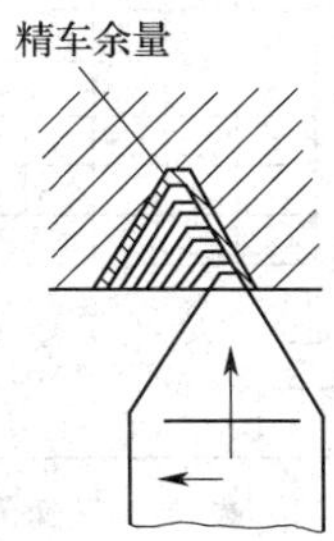

图 5—12　斜进法

六、螺纹车刀装夹

1. 螺纹车刀刀尖应与车床主轴轴线等高，一般可根据尾座顶尖高度调整和检查。

2. 螺纹车刀的刀尖角平分线应与工件轴线垂直，装刀时可用对刀样板调整，如图5—13 所示。如果把车刀装歪，会使车出的螺纹两牙型半角不相等，产生如图 5—14 所示的歪斜牙型（俗称“倒牙”）。

3. 螺纹车刀不宜伸出刀架过长。一般伸出长度为刀柄厚度的 1. 5 倍，为 25 ~ 30 mm。

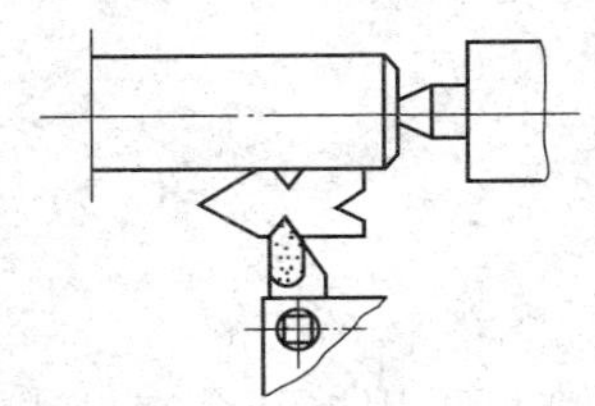

图 5—13　用螺纹对刀样板装刀

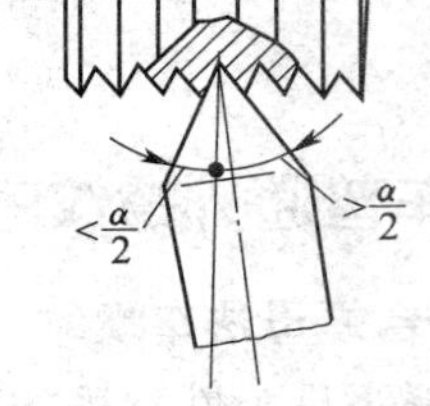

图 5—14　车刀装歪造成牙型歪斜

七、车 1. 5 mm 螺距螺纹时车床的调整

1. 挂轮搭配

根据米制螺纹要求，查看挂轮箱齿轮，按表 5—4 中 $A=63$、$B=100$、$C=75$ 搭配。

表 5—4　　CA6140 型车床进给箱铭牌（部分）

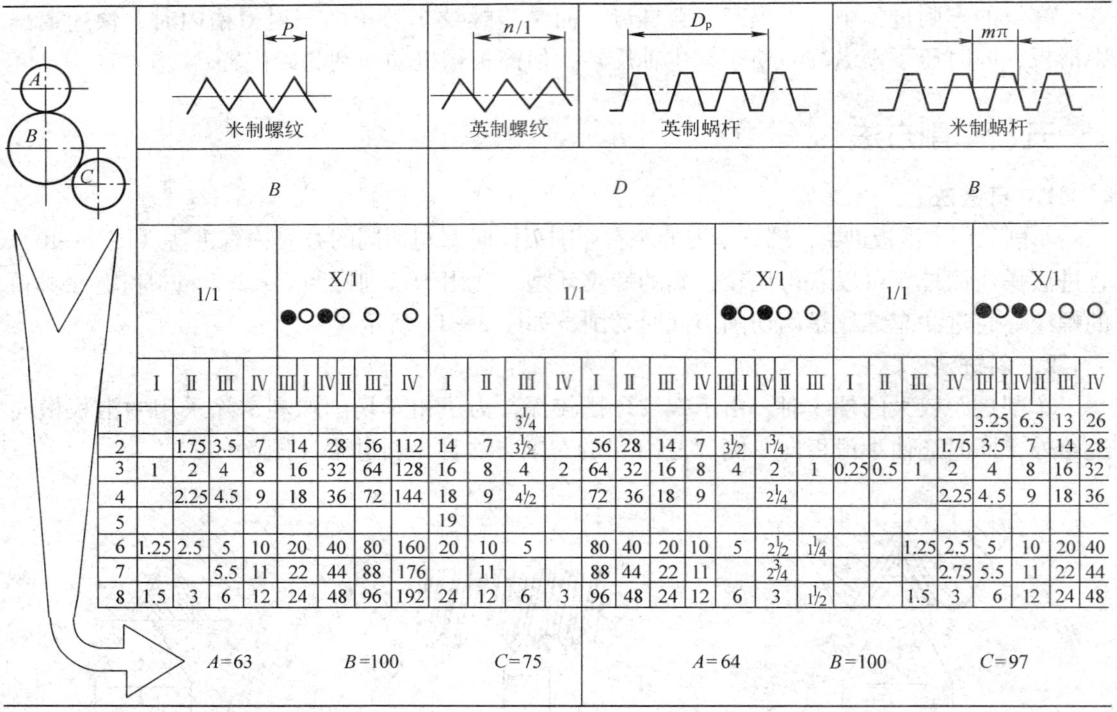

	米制螺纹 B								英制螺纹 / 英制蜗杆 D											米制蜗杆 B							
	1/1				X/1 ●○●○ ○ ○				1/1								X/1 ●○●○ ○			1/1				X/1 ●○●○ ○ ○			
	I	II	III	IV	III / I	IV / II	III	IV	I	II	III	IV	I	II	III	IV	III / I	IV / II	III	I	II	III	IV	III / I	IV / II	III	IV
1											$3\frac{1}{4}$													3.25	6.5	13	26
2		1.75	3.5	7	14	28	56	112	14	7	$3\frac{1}{2}$		56	28	14	7	$3\frac{1}{2}$	$1\frac{3}{4}$					1.75	3.5	7	14	28
3	1	2	4	8	16	32	64	128	16	8	4	2	64	32	16	8	4	2	1	0.25	0.5	1	2	4	8	16	32
4		2.25	4.5	9	18	36	72	144	18	9	$4\frac{1}{2}$		72	36	18	9		$2\frac{1}{4}$					2.25	4.5	9	18	36
5									19																		
6	1.25	2.5	5	10	20	40	80	160	20	10	5		80	40	20	10	5	$2\frac{1}{2}$	$1\frac{1}{4}$			1.25	2.5	5	10	20	40
7			5.5	11	22	44	88	176		11			88	44	22	11		$2\frac{3}{4}$					2.75	5.5	11	22	44
8	1.5	3	6	12	24	48	96	192	24	12	6	3	96	48	24	12	6	3	$1\frac{1}{2}$			1.5	3	6	12	24	48
	$A=63$				$B=100$				$C=75$				$A=64$					$B=100$					$C=97$				

注：1. ● 主轴转速为 40 ~ 125 r/min。

○ 主轴转速为 10 ~ 32 r/min。

2. 应用此表时应和主轴箱上加大螺距手柄及进给箱手柄 1、2、3 上的各标牌符号配合使用。

2. 手柄位置的调整

CA6140 型车床进给箱上手柄的位置如图 5—15 所示，进给箱上的铭牌见表 5—4。按工件被加工螺纹的螺距，在车床进给箱的铭牌上查找到相应手柄的位置参数，把手柄拨到所需的位置上。调整手柄 1 到 *B* 位置，调整手柄 2 到 Ⅰ 位置，调整手柄 3 到 8 的位置。

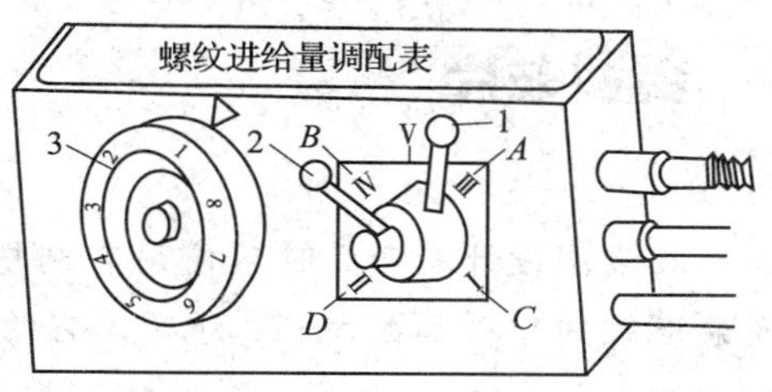

图 5—15　CA6140 型车床进给箱上手柄位置

3. 选择切削用量

根据前面所讲知识要求，粗车时，切削转速取 $n=100$ r/min；精车时，切削转速取 $n=53$ r/min。

4. 选择操纵方法

对于初次学习车螺纹者，为提高车各种螺纹的熟练程度选择倒顺车法车螺纹。

5. 选择进刀方法

车削螺距 $P<2.5$ mm 的螺纹时选择直进法。

6. 选择检测方法

采用综合检验法对螺纹各部分尺寸进行综合性检测。

八、普通三角形外螺纹的检测

1. 螺距检测

可用钢直尺检测（图 5—16a）或游标卡尺检测（图 5—16b）。为了能准确检测出螺距，一般应检测几个螺距的总长度，然后取其平均值。也可用螺纹样板检测（图 5—16c），用螺纹样板检测时，螺纹样板应沿工件轴平面方向嵌入牙槽中，如果与螺纹牙槽完全吻合，说明被检测螺距是正确的。

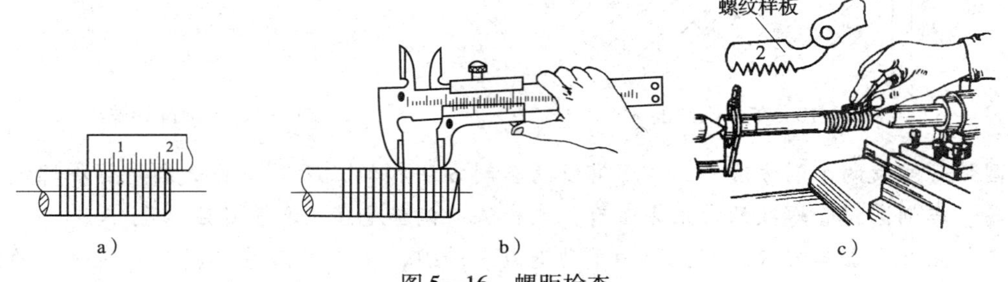

图 5—16　螺距检查

a）用钢直尺检查螺距　b）用游标卡尺检查螺距　c）用螺纹样板（螺距规）检测螺距

2. 综合测量

综合检验法是用螺纹量规对螺纹各部分尺寸（大径、中径、螺距等）同时进行综合性检测的一种检验方法。普通外螺纹使用螺纹环规（图 5—17）进行综合检测。检测前，应先检查螺纹大径、牙型、螺距和表面粗糙度，然后再用螺纹环规检测。螺纹环规有通规 T 和止规 Z，在使用中要注意区分，不能搞错。当通规全部拧入，

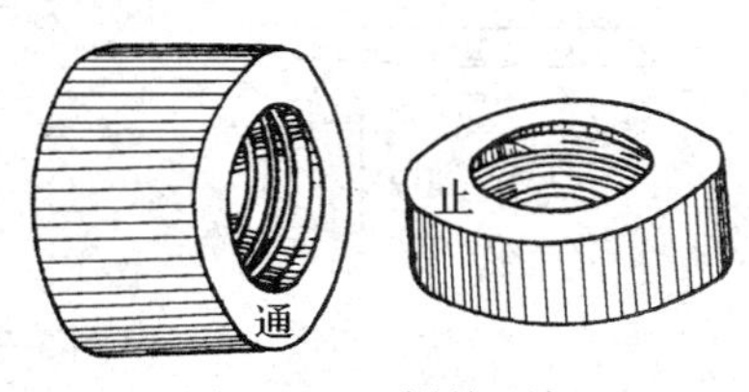

图 5—17　螺纹环规

而止规不能拧入时，说明螺纹各部分尺寸符合要求。

资料卡片

英制螺纹简介

在我国设计新产品时不使用英制螺纹，只有在某些进口设备中和维修旧设备时应用。英制螺纹的牙型如图 5—18 所示，它的牙型角为 55°（美制螺纹为 60°），公称直径是指内螺纹的大径，用 in 表示。螺距 P 以 1 in（25.4 mm）中的牙数 n 表示，如 1 in 中有 12 牙，则螺距为 1/12 in。英制螺距与米制螺距的换算如下：

$$P=\frac{1\ \text{in}}{n}=\frac{25.4}{n}\ \text{mm}$$

英制螺纹 1 in 内的牙数及各基本要素的尺寸，可从有关手册中查出。

英制螺纹车削方法与普通螺纹车削方法相同。

圆锥管螺纹简介

圆锥管螺纹是一种英制细牙螺纹，用于管路连接。圆锥管螺纹的牙型角有 55°和 60°两种，其公称直径是指管子的孔径（以 in 为单位）。圆锥管螺纹有 1∶16 的锥度（圆锥半角 $\alpha/2=1°47'24''$）。圆锥管螺纹的大径、中径和小径应在基面内测量，如图 5—19 所示。

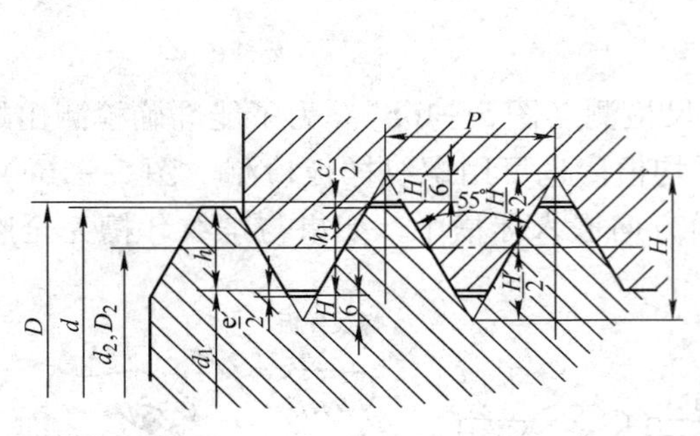

图 5—18　英制螺纹的牙型

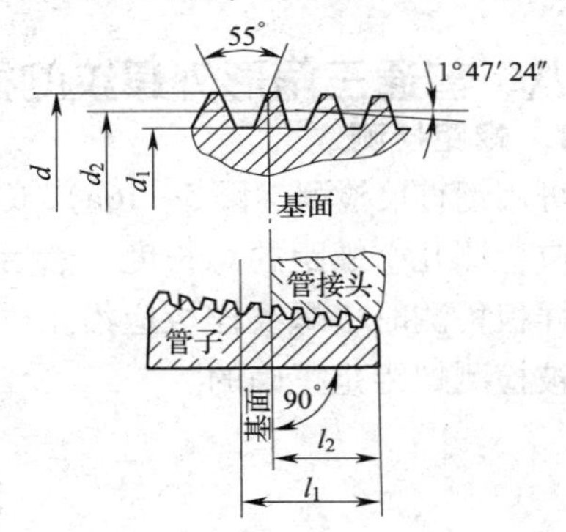

图 5—19　圆锥管螺纹

圆锥管螺纹的车削方法与三角形螺纹的车削方法相似，所不同的是需要解决螺纹的锥度问题。车削圆锥管螺纹的常用方法有：靠模法、偏移尾座法和手赶法等。

手赶法就是在车削螺纹时，径向手动退刀或进刀，使刀尖沿着与圆锥素线平行的方向运动，来保证螺纹的锥度和尺寸的方法。具体操作见图 5—20 所示。

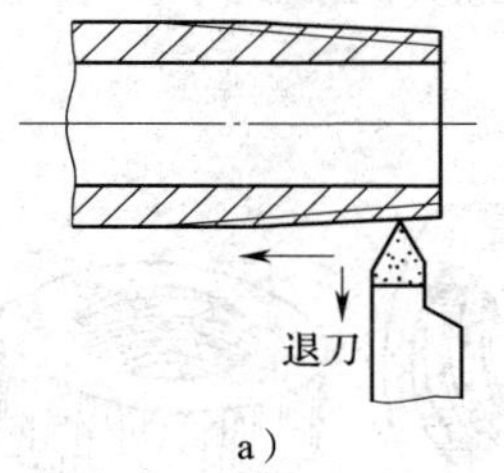

a）

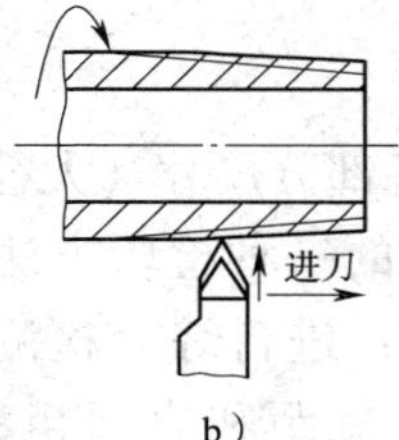

b）

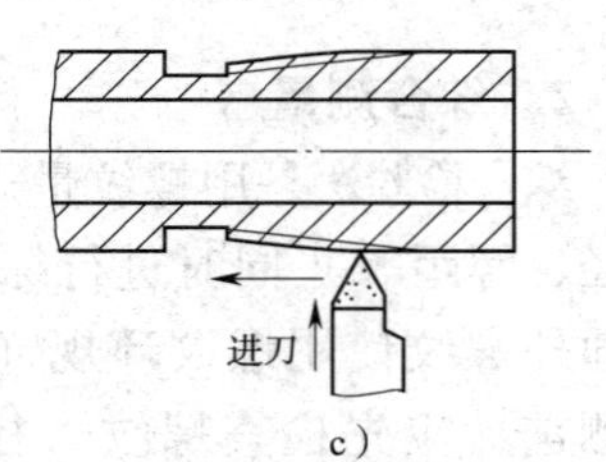

c）

图 5—20　车圆锥管螺纹时的进刀方法

a）径向退刀车圆锥管螺纹　b）车刀反装径向进刀车正圆锥管螺纹　c）车刀正装径向进刀车反圆锥管螺纹

九、技能训练

1. 训练内容

根据图 5—21 车三角形螺纹，加工出符合图样要求的工件。

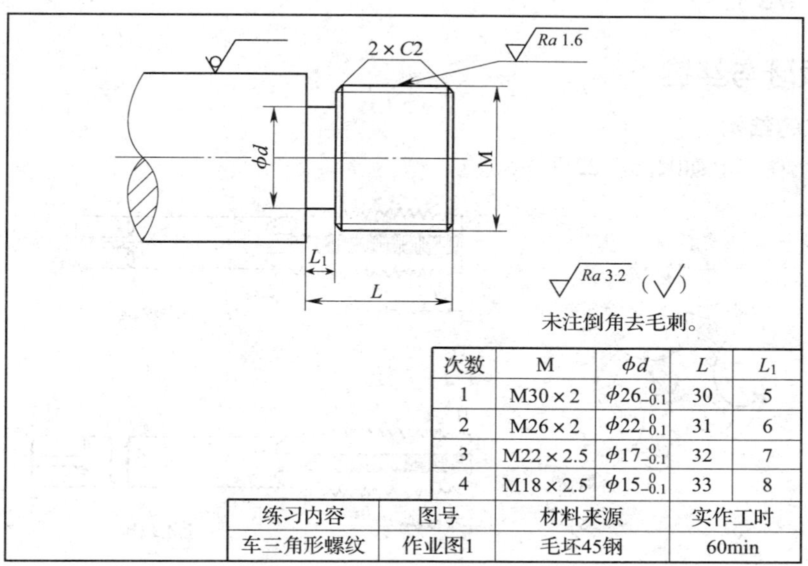

次数	M	ϕd	L	L_1
1	M30×2	$\phi 26^{0}_{-0.1}$	30	5
2	M26×2	$\phi 22^{0}_{-0.1}$	31	6
3	M22×2.5	$\phi 17^{0}_{-0.1}$	32	7
4	M18×2.5	$\phi 15^{0}_{-0.1}$	33	8

练习内容	图号	材料来源	实作工时
车三角形螺纹	作业图1	毛坯45钢	60min

图 5—21　车三角形螺纹

2. 操作步骤

（1）利用三爪自定心卡盘夹持不加工外圆，伸出 50 mm 长，找正夹紧，粗、精车端面。

（2）粗车螺纹外圆留 0.5 mm 余量，长度 L。

（3）切槽 ϕd，槽宽 L_1 并保证长度 L。

（4）精车螺纹外圆，两处倒角 $C2$。

（5）粗、精车螺纹至尺寸要求。

（6）测量合格后取下工件。

课题 3　套螺纹与攻螺纹

学习目标

1. 了解板牙与丝锥。
2. 熟悉套螺纹前的工艺要求。
3. 掌握套螺纹、攻螺纹的方法。
4. 熟悉攻螺纹前的工艺要求。

攻螺纹是用丝锥切削内螺纹的一种加工方法。该方法可以加工车刀无法车削的小直径内螺纹，而且操作方便、生产效率高、工件互换性好。

套螺纹是指用板牙切削外螺纹的一种加工方法，一般直径不大于 M16 或螺距小于 2 mm 的螺纹可用这种方法直接加工出来。该方法操作简便，生产效率高。其切削效果以加工 M8 ~ M12 效果最好。

一、板牙与丝锥

1．丝锥的结构

丝锥的结构形状如图 5—22 所示。

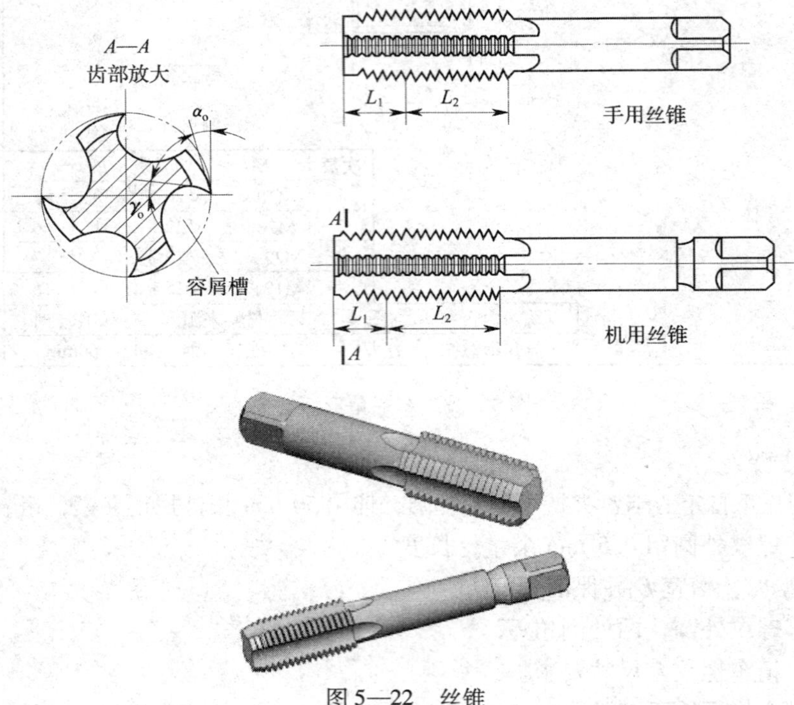

图 5—22　丝锥

丝锥分手用丝锥和机用丝锥两大类。手用丝锥主要是钳工使用，通常为两支一组（攻制 M16 ~ M24 的内螺纹）或三支一组（攻制 M16 以下或 M24 以上的内螺纹），分别称为初锥（头攻）、中锥（二攻）和底锥（三攻）。机用丝锥的形状与手用丝锥相似，只是在柄部多一个环形槽，用以防止丝锥从攻螺纹工具中脱落。

机用丝锥通常是用单支攻螺纹，一次成型效率高。

2．板牙的结构

板牙是一种标准的多刃螺纹加工工具，其结构形状如图 5—23 所示。它像一个圆螺母，其两端的锥角是切削部分，因此正、反都可使用，中间有完整齿深的一段是校正部分。

二、套螺纹前的工艺要求

1．用板牙套螺纹，通常适用于公称直径小于 16 mm 或螺距小于 2 mm 的外螺纹。

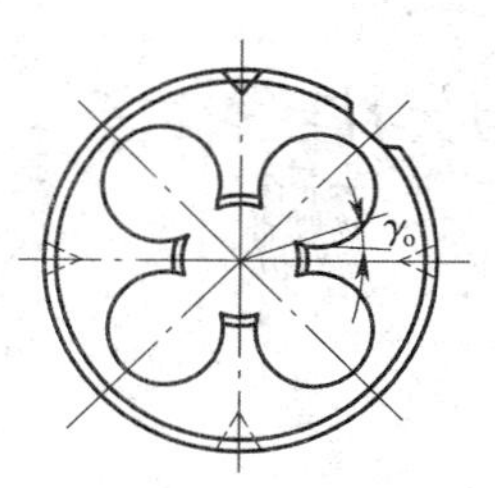

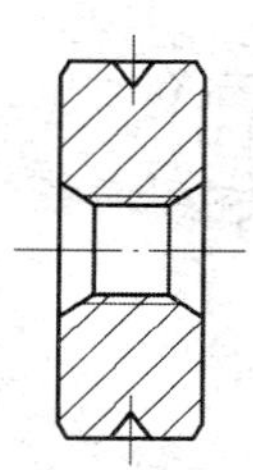
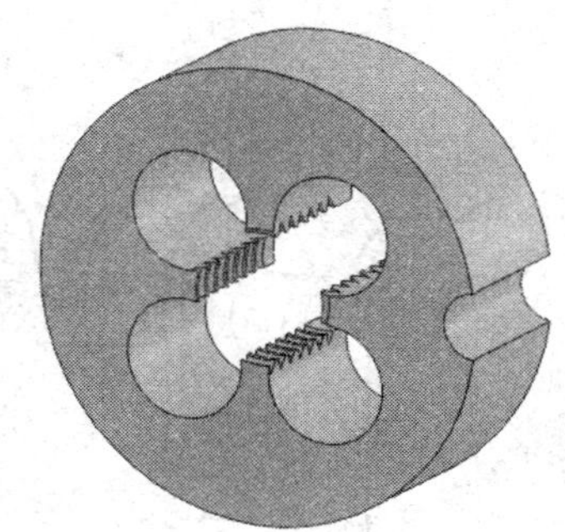

图 5—23　板牙

2. 由于套螺纹时工件材料受板牙的挤压而产生变形，牙顶将被挤高，所以套螺纹前工件外圆应车削得略小于螺纹大径，一般可按下式计算确定：

$$d_0 = d - 0.13P$$

式中　d_0——套螺纹前圆柱直径，mm；

D——螺纹大径，mm；

P——螺距，mm。

3. 套螺纹前必须找正尾座，其轴线应与车床主轴轴线重合。

4. 板牙端面应与主轴轴线垂直。

三、套螺纹的方法

1. 套螺纹时的切削速度

套螺纹时的切削速度见表 5—5。

表 5—5　　不同工件材料对应的切削速度

工作材料	钢件	铸铁	黄铜
切削速度 v_c（m/min）	3 ~ 4	2 ~ 3	6 ~ 9

2. 切削液的选择

切削钢件时，一般选用硫化切削油、机油或乳化液；切削低碳钢或韧性较大的材料时，可选用工业植物油；切削铸铁可以用煤油或不使用切削液。

3. 套螺纹

选择 M12 板牙采用图 5—24 所示套螺纹方法套螺纹。

（1）套螺纹时切削速度选择 4 m/min（取 100 r/min 的转速）。

（2）将套螺纹工具的锥柄装入尾座套筒的锥孔内。

（3）将板牙装入滑动套筒内，使螺钉对准板牙上的锥孔后拧紧。

（4）将尾座移动到工件前适当位置（约 20 mm）处并固定。

（5）转动尾座手轮，使板牙靠近工件端面，然后启动车床和冷却泵，加注切削液。

（6）继续转动尾座手轮，使板牙切入工件后停止转动尾座手轮，由滑动套筒在工具体的导向键槽中随着板牙沿工件轴线自动进给。板牙切削工件螺纹。

（7）当板牙切削到所需长度位置时，反向启动车床使主轴反转，退出板牙。

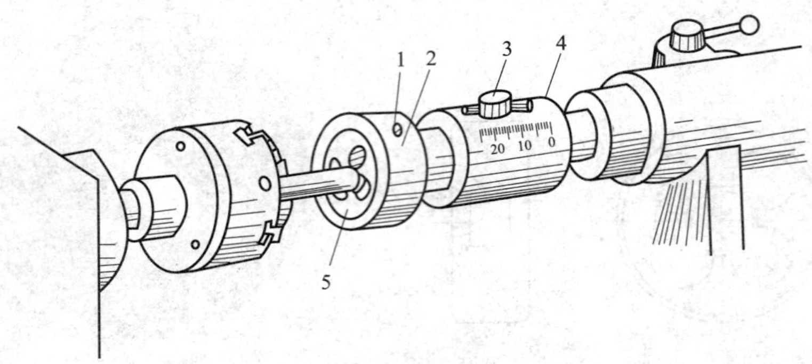

图 5—24　在车床上套螺纹

1—螺钉　2—滑动套筒　3—销钉　4—工具体　5—板牙

四、攻螺纹前的工艺要求

1. 攻螺纹前孔径

攻螺纹前孔径应比螺纹小径稍大，以减小攻螺纹时的切削抗力和防止丝锥折断。一般可按下列经验公式计算确定：

加工钢件和塑性材料时，$D_{孔} \approx D - P$

加工铸铁和脆性材料时，$D_{孔} \approx D - 1.05P$

式中　$D_{孔}$——攻螺纹前孔径，mm；

D——内螺纹大径，mm；

P——螺距，mm。

2. 底孔深度

攻制不通孔螺纹时，由于丝锥前端的切削刃不能攻制出完整的牙型，所以钻孔时孔深要大于规定的螺纹深度。通常，钻孔深度应等于螺纹有效长度加上螺纹公称直径的 0.7 倍，即：

$$H = h_{有效} + 0.7D$$

式中　H——攻螺纹前底孔深度，mm；

$h_{有效}$——螺纹有效长度，mm；

D——内螺纹大径，mm。

3. 孔口倒角

孔口倒角 30°（图 5—25），可用 60°锪钻加工，也可用车刀倒角，倒角后的直径应大于螺纹大径。

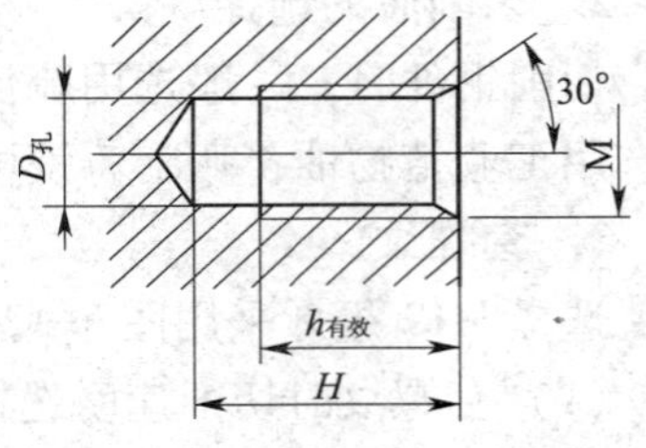

图 5—25　攻螺纹前的工艺要求

4. 攻螺纹时切削速度的选择

攻钢件和塑性较大的材料时，$v_C = 2 \sim 4$ m/min。

攻铸件和塑性较小的材料时，$v_C = 4 \sim 6$ m/min。

5. 切削液的选择

攻制优质碳素结构钢工件的内螺纹时，一般选用硫化切削油、机油和乳化液；攻制低碳钢或韧性较大的材料（如 40Cr 钢等）的内螺纹，可选用工业植物油；在铸铁材料上攻内螺纹，可选用煤油也可不使用切削液。

五、攻螺纹的方法

如图 5—26 所示为在车床上使用的攻螺纹工具。

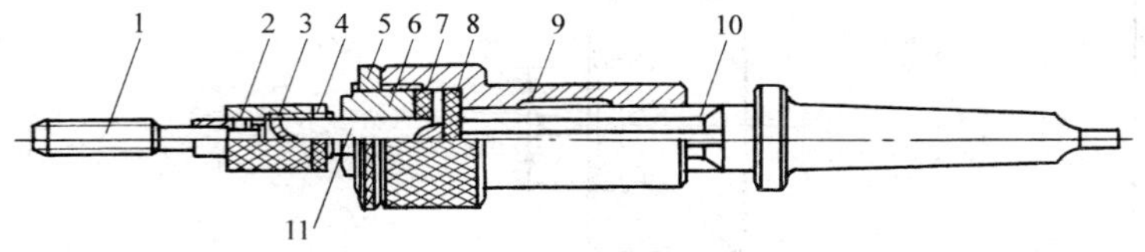

图 5—26　攻螺纹工具

1—丝锥　2—钢球　3—内锥套　4—锁紧螺母　5—并紧螺母　6—调节螺栓
7、8—尼龙垫片　9—花键套　10—花键心轴　11—摩擦杆

图 5—27 所示为一种简易的攻螺纹工具，该工具的特点是没有过载保护机构，当切削力矩过大时丝锥容易折断，适用于攻制通孔及精度较低的内螺纹。

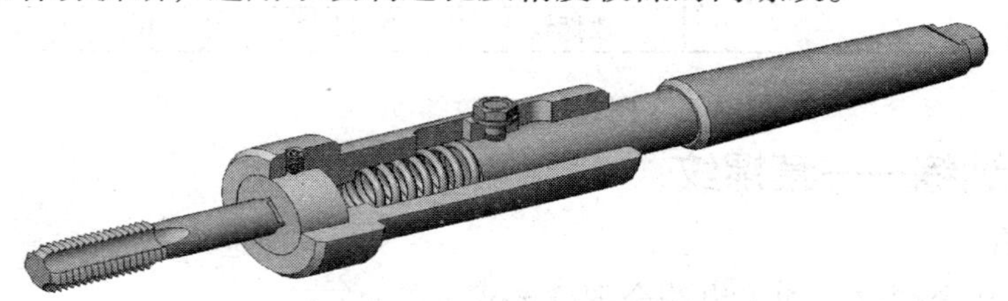

图 5—27　简易攻螺纹工具

攻螺纹方法如下：

（1）将攻螺纹工具的锥柄装入尾座锥孔中。

（2）将丝锥装入攻螺纹工具的方孔中。

（3）根据螺纹的有效长度，在丝锥或攻螺纹工具上做标记。

（4）移动尾座，使丝锥靠近工件端面处，固定尾座。

（5）选择攻螺纹时的切削速度 4 m/min（取 100 r/min 的转速）。

（6）启动车床（低速），充分浇注切削液，转动尾座手轮，使丝锥切削部分进入内孔，丝锥切入几牙，停止摇动尾座手轮，由攻螺纹工具可滑动部分随丝锥进给，攻制内螺纹。

（7）丝锥攻至需要的深度尺寸时，迅速反车退出丝锥。

这种方法，在攻螺纹过程中，当切削力矩超过所调整的摩擦力矩时，摩擦杆会打滑，丝锥则随工件一起转动，不再切削，可有效地防止丝锥的折断，适用于不通孔螺纹的攻制。

六、技能训练——攻螺纹

1. 训练内容

根据图 5—28 攻螺纹，加工出符合图样要求的工件。

2. 操作步骤

（1）利用三爪自定心卡盘夹持工件外圆，找正夹紧，粗、精车端面。

（2）利用麻花钻钻通孔。

（3）利用镗孔车刀车削内孔，保证内螺纹小径尺寸，孔口倒角。

（4）正确选择丝锥，用专用工具夹持丝锥，低速转动卡盘攻螺纹。

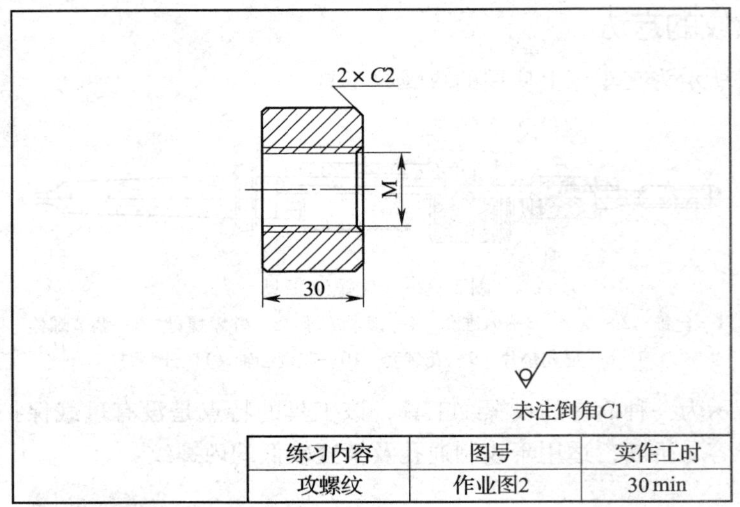

练习内容	图号	实作工时
攻螺纹	作业图2	30 min

图 5—28　攻螺纹

七、技能训练——套螺纹

1．训练内容

根据图 5—29 套螺纹，加工出符合图样要求的工件。

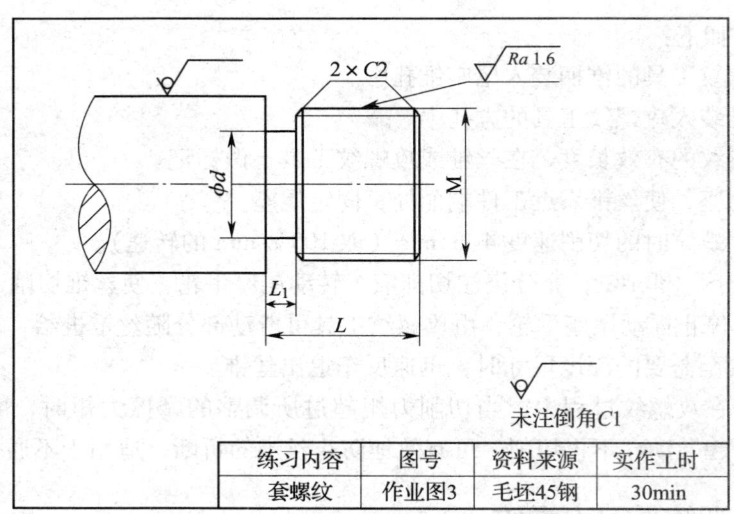

练习内容	图号	资料来源	实作工时
套螺纹	作业图3	毛坯45钢	30min

图 5—29　套螺纹

2．操作步骤

（1）利用三爪自定心卡盘夹持工件毛坯，找正夹紧，粗、精车端面。

（2）粗、精车外圆（外圆尺寸根据要套的螺纹大径尺寸加工）。

（3）切槽并保证槽底直径和槽宽，倒角。

（4）正确选择板牙，用专用工具夹持板牙，低速转动卡盘套螺纹。

课题 4　综合技能训练

学习目标

1. 了解基准及其分类。
2. 了解定位基准的选择原则。
3. 掌握典型螺纹工件的车削方法。

一、基准及其分类

基准是用来确定生产对象上几何要素间的几何关系所依据的那些点、线、面。基准可分为设计基准、工艺基准两大类。工艺基准又分为定位基准、测量基准和装配基准等几种。

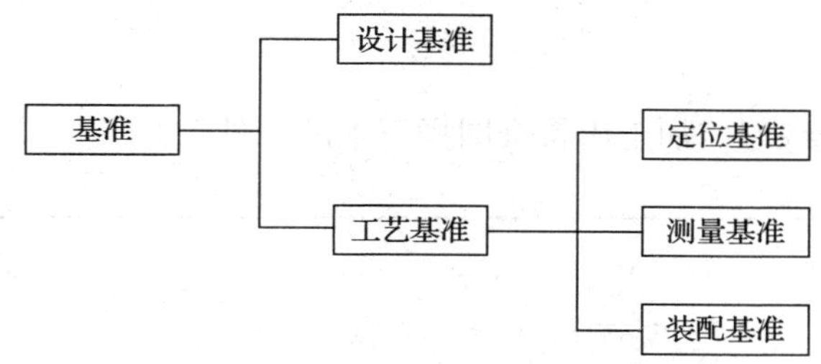

1. 设计基准

设计图样上所采用的基准，称为设计基准。

2. 工艺基准

（1）定位基准。在加工中用作定位的基准，称为定位基准。

（2）测量基准。测量时所采用的基准，称为测量基准。

（3）装配基准。装配时用来确定零件或部件在产品中的相对位置所采用的基准，称为装配基准。

二、定位基准的选择原则

在零件的机械加工工艺过程中，合理选择定位基准对保证零件的尺寸精度和相互位置精度起决定性作用。

定位基准有粗基准和精基准两种，毛坯在开始加工时，它的表面都是未经过加工的毛坯表面，所以最初的工序中只能以毛坯表面定位（或根据某毛坯表面找正），这种基准面称为粗基准。在以后的工序中，用已加工过的表面作为定位基准，这种基准面称为精基准。

1. 粗基准的选择

选择粗基准时，必须达到以下两个基本要求：首先应该保证所有加工表面都有足够的加工余量；其次应该保证零件上加工表面和不加工表面之间具有一定的定位精度。粗基准的选择原则如下：

（1）应选择不加工表面作为粗基准。

（2）对所有表面都要加工的零件，应根据加工余量最小的表面找正。

（3）应该选用比较牢固可靠的表面作为基准，否则会使工件夹坏或松动。

（4）粗基准应选择平整光滑的表面。

（5）粗基准不能重复使用。

2. 精基准的选择

精基准的选择原则如下：

（1）尽可能采用实际基准或装配基准作为定位基准。

（2）尽可能使定位基准和测量基准重合。

（3）尽可能使基准统一。

（4）选择精度较高、装夹稳定可靠的表面作为精基准，并尽可能选用形状简单和尺寸较大的表面作为精基准，这样可以减少定位误差和使定位稳固。

三、技能训练

1. 训练内容

根据图 5—30 综合练习，加工出符合图样要求的工件。

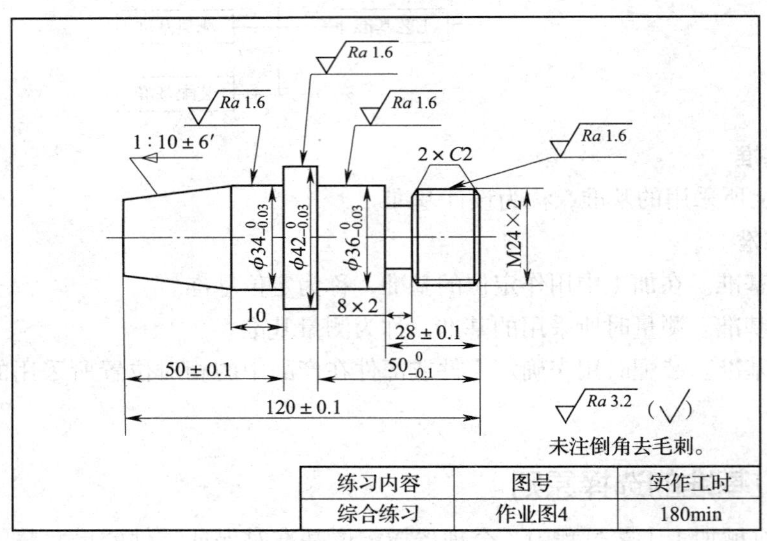

练习内容	图号	实作工时
综合练习	作业图4	180min

图 5—30　综合练习

2. 操作步骤

（1）利用三爪自定心卡盘夹持毛坯，伸出 75 mm 长，找正夹紧，粗、精车端面。

（2）粗车外圆 $\phi24$ mm、$\phi36$ mm、$\phi42$ mm，均留 0.5 mm 余量，长度 28 mm、50 mm、71 mm，均留 0.1 mm 余量。

（3）精车外圆 $\phi24^{-0.1}_{-0.2}$ mm、$\phi36^{0}_{-0.03}$ mm、$\phi42^{0}_{-0.03}$ mm，长度 28 ±0.1 mm、$50^{0}_{-0.1}$ mm、71 mm。

(4) 粗、精车槽 8 mm×2 mm，两处倒角 C2。

(5) 粗、精车螺纹至尺寸要求，去毛刺。

(6) 卸下工件，掉头夹 $\phi36_{-0.03}^{0}$ mm 外圆，找正夹紧，粗、精车端面，保证总长 120±0.1 mm。

(7) 粗车外圆 $\phi34$ mm 留 0.5 mm 余量，长度 50 mm 留 0.1 mm 余量。

(8) 粗车圆锥留精车余量。

(9) 精车外圆 $\phi34_{-0.03}^{0}$ mm，长度 50±0.1 mm。

(10) 精车圆锥 1∶10±6′，保证长度 10 mm，去毛刺。

(11) 测量合格后取下工件。

课后练习

1. 常用的螺纹牙型有哪几种?

2. 绘出普通螺纹的牙型，并注出牙型角、螺距、大径、中径、小径和螺纹升角。

3. 细牙普通螺纹的螺纹代号与粗牙普通螺纹有什么不同?

4. 画出高速钢三角形外螺纹车刀几何角度图。

5. 车螺纹时产生乱牙的原因是什么? 如何解决?

6. 低速车削三角形螺纹有哪几种进刀方法? 各有哪些优缺点? 各适用于什么场合?

7. 普通三角形外螺纹的检测方法有哪些?

8. 利用专用工具加工螺纹有哪些方法? 其加工原理是什么?

9. 攻螺纹前的工艺要求有哪些?

10. 英制螺纹与普通螺纹有哪些不同? 米制锥螺纹（管螺纹）与普通螺纹有哪些异同点?

11. 什么叫基准? 基准分为哪几类? 其定义是什么?

12. 粗、精基准的选择原则是什么?

模块六

车床的调整和维护保养

课题1　车床常用机构的调整

学习目标

1. 了解制动器的调整方法。
2. 熟悉离合器摩擦片间隙的调整方法。
3. 了解齿轮啮合间隙调整方法。
4. 了解车床调整中出现的故障及排除方法。
5. 了解卧式车床的几何精度。
6. 了解卧式车床的工作精度。
7. 了解卧式车床精度对加工质量的影响。

一、制动器调整

CA6140型车床采用图6—1所示的闸带式制动器，用于在车床停车过程中克服主轴箱内各运动件的回转惯性，使主轴迅速停止转动，以缩短辅助时间。制动器主要由制动轮8、制动带7和杠杆4等组成。制动盘是一钢质圆盘与主轴箱内传动轴9用花键连接。制动带为一钢带，内侧固定着一层铜丝石棉，以增加摩擦面的摩擦系数，制动带一端通过调节螺钉5与主轴箱1的箱体连接，另一端固定在杠杆4的上端。

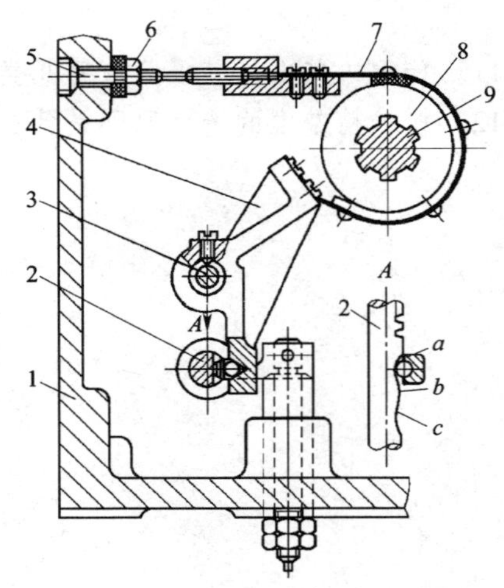

图6—1　制动器

1—主轴箱　2—齿条轴　3—杠杆支撑轴　4—杠杆　5—调节螺钉　6—螺母　7—制动带　8—制动轮　9—传动轴

制动器太松时，停车时主轴（工件）不能迅速停止回转，不能起到制动作用，影响生产效率；制动器太紧时，则因摩擦严重会烧坏制动钢带。

调整时，先松开螺母6，然后在主轴箱1的背后调节螺钉5，使制动带7的松紧程度合适，调整好后，再将螺母6拧紧。调整合适的制动器，停车时主轴能在 2 ~3 r 内迅速停止，而在开车时制动带能完全松开。

二、离合器摩擦片间隙调整

CA6140 型车床主轴箱的开停和换向装置，采用机械双向多片摩擦式离合器，如图 6—2a 所示。离合器由结构相同的左、右两部分组成。左离合器传动主轴正转（顺车），右离合器传动主轴反转（倒车）。

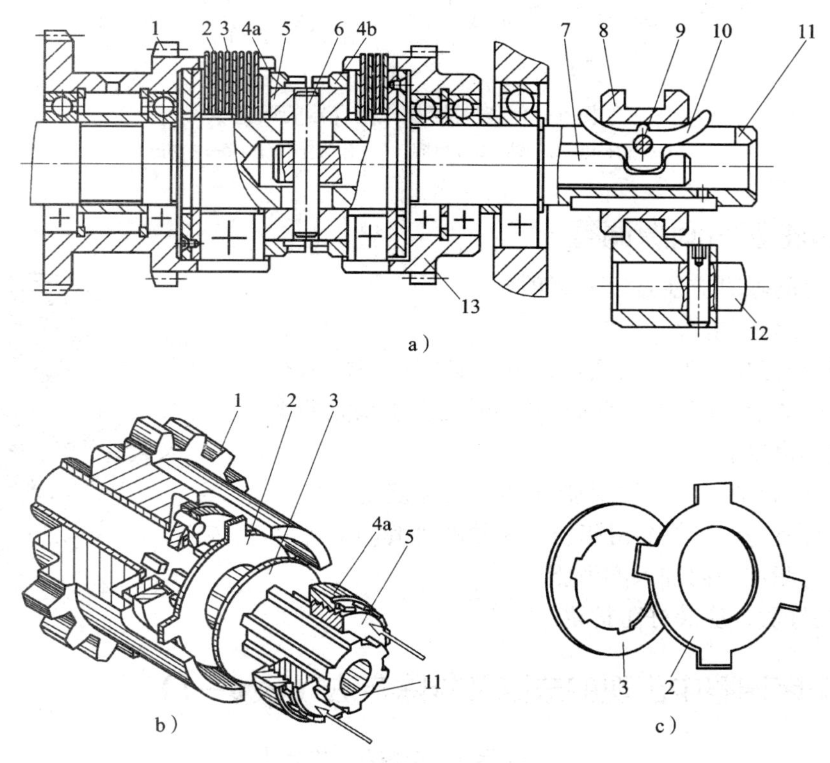

图 6—2　多片摩擦式离合器

a）原理图　b）结构图　c）内外摩擦片

1—双联齿轮　2—外摩擦片　3—内摩擦片　4a、4b—螺圈　5—加压套　6—圆柱销　7—拉杆　8—滑环　9—轴销　10—摆块　11—轴　12—操纵机构　13—齿轮

摩擦式离合器的内、外摩擦片在松开时的间隙应适当。间隙太大时压不紧，摩擦片之间会出现打滑的现象，不能传递足够的转矩，影响车床功率的正常传输，切削过程中易产生“闷车”现象，摩擦片容易磨损；间隙太小时，启动时费力，容易损坏操纵机构中的零件，松开时摩擦片不易脱开，使用过程中会因过热而导致摩擦片被烧坏。

调整时，先切断车床电源，打开主轴箱盖。若车床正转时摩擦片太松，则调整左离合器；若反转时摩擦片过松，则调整右离合器。操作方法如图 6—3 所示。先将弹簧定位销 14 从加压套 5 的缺口中压下，转动加压套使其相对螺圈 4 作小量的轴向移动，即可改变内、外摩擦片间的间隙，间隙调整合适后，应使弹簧定位销从加压套的任一缺口中弹出，以防加压套在工作过程中松脱。最后盖上主轴箱盖。

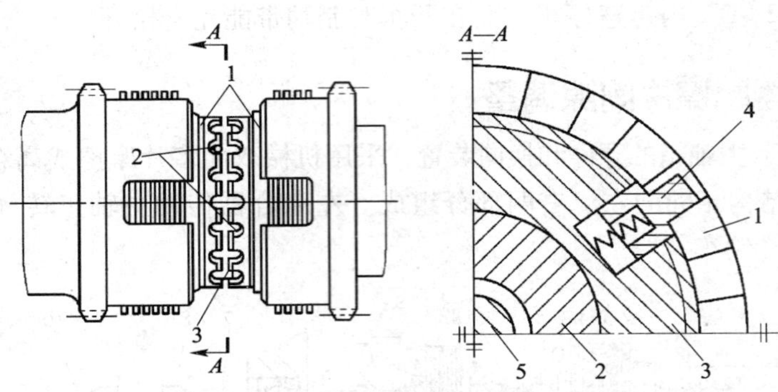

图 6—3　多片摩擦式离合器的调整

1—加压套　2—轴　3—螺圈　4—弹簧定位销　5—拉杆

三、齿轮啮合间隙调整

调整啮合间隙时应注意以下事项：

1. 必须先切断电源。

2. 齿轮相互啮合不能太紧或太松，必须保证齿侧有0.1～0.2 mm 的啮合间隙，否则在转动时会产生很大的噪声，并易损坏齿轮。

3. 齿轮的心轴上装有润滑脂油杯，应定期把油杯盖旋紧一些（图 6—4），将润滑脂压入齿轮的轴套间，并注意经常向润滑脂油杯内加入润滑脂。

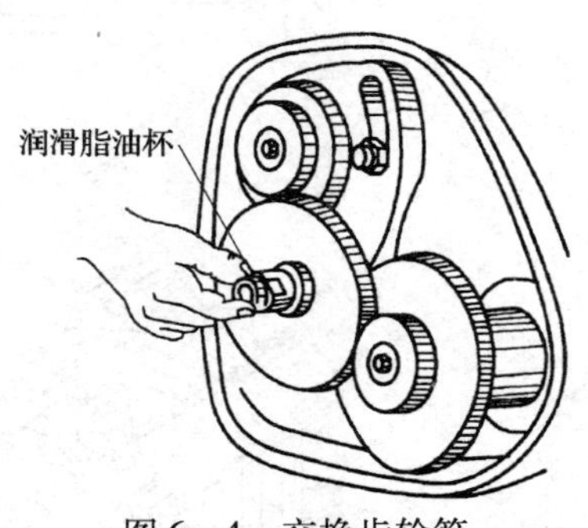

图 6—4　交换齿轮箱

4. 调整好后，应装好防护罩。

四、车床调整中出现的故障及排除方法（表 6—1）

表 6—1　　**车床常见故障及排除方法**

车床常见故障	主要产生原因	排除方法
停车后主轴仍自转	1. 摩擦离合器调整过紧，停车后摩擦片未完全脱开	1. 调松摩擦离合器
	2. 制动器过松，制动带包不紧制动盘，刹不住车	2. 调紧制动器的制动带
机床噪声大	1. 主轴轴承间隙过小或过大，装配不精确	1. 提高装配质量，主轴轴承间隙重新调整到适中
	2. 润滑件缺油	2. 按规定加油，如轴承已磨损或精度偏低，应更换轴承
	3. 交换齿轮箱内，交换齿轮间隙过小或过大	3. 调整交换齿轮齿侧啮合间隙在 0.1～0.2 mm

续表

车床常见故障	主要产生原因	排除方法
溜板箱手摇动时过于沉重	1. 齿轮与齿条啮合太紧	1. 调整齿轮与齿条的啮合间隙（在0.08 mm左右）
	2. 床鞍调节螺钉压得太紧，间隙过小	2. 调整溜板间隙（用0.04 mm塞尺检查，插入深度应小于20 mm）
	3. 床身导轨磨损或变形	3. 修刮导轨
横向移动手柄转动不灵活，轻重不一致	1. 中滑板丝杠弯曲	1. 校直中滑板丝杠
	2. 中滑板镶条接触不良	2. 修刮镶条，调整好镶条与导轨面的间隙
	3. 小滑板与中滑板的贴合面接触不良，紧固后导致中滑板变形	3. 刮、研小滑板和中滑板的贴合面，提高其接触精度
主轴箱油标不注油	1. 滤油器、油管堵塞	1. 清洗滤油器，疏通油路
	2. 油泵活塞磨损，油压过小	2. 修复或配换油泵活塞
	3. 进油管泄漏，油量减少	3. 拧紧管接头

五、卧式车床的几何精度

卧式车床的几何精度是指卧式车床某些基础零部件本身的几何形状精度、相互位置的几何精度和相对运动的几何精度。车床的几何精度是保证加工质量最基本的条件。根据GB/T 4020—1997，卧式车床几何精度要求的项目如下：

1. 床身导轨调平

（1）导轨在垂直平面内的直线度（纵向）。

（2）导轨应在同一平面内（横向）。

2. 床鞍移动在水平面内的直线度

3. 尾座移动对床鞍移动的平行度

4. 主轴的轴向窜动和主轴轴肩支撑面的跳动

5. 主轴定心轴颈的径向跳动

6. 主轴轴线的径向跳动

7. 主轴轴线对床鞍纵向移动的平行度

8. 主轴顶尖的径向跳动

9. 尾座套筒轴线对床鞍移动的平行度

10. 尾座套筒锥孔轴线对床鞍移动的平行度

11. 主轴和尾座两顶尖的等高度

12. 小滑板纵向移动对主轴轴线的平行度

13. 中滑板横向移动对主轴轴线的垂直度

14. 丝杠的轴向窜动

15. 由丝杠所产生的螺距累计误差

六、卧式车床的工作精度

卧式车床的工作精度是指车床在运动状态和切削力作用下的精度。在车床处于热平衡状态下，可以用车床加工出工件的精度来评定，它综合反映了切削力、夹紧力等各种因素对加工精度的影响。根据 GB/T 4020—1997，卧式车床工作精度要求的项目如下：

1．精车外圆

（1）圆度。

（2）在纵截面内直径的一致性。

2．精车端面的平面度

3．精车 300 mm 长度螺纹的螺距累计误差

七、卧式车床精度对加工质量的影响

在车床上加工工件时，影响加工质量的因素很多，如车床本身的精度、工件的装夹方法、车刀的几何参数、切削用量等。其中，车床的精度是影响工件加工质量的关键因素。卧式车床精度对加工质量的影响见表 6—2。

表 6—2　　卧式车床几何精度和工作精度对加工质量的影响

序号	工件产生的缺陷	与机床有关的因素
1	车削工件时圆度超差	（1）主轴前后轴承间隙过大 （2）主轴轴颈的圆度超差
2	车圆柱形工件时产生锥度	（1）主轴轴线对床鞍移动的平行度超差 （2）床身导轨面严重磨损 （3）两顶尖装夹工件时，尾座轴线与主轴轴线不重合 （4）地脚螺栓松动、车床水平移动
3	精车后工件端面平面度超差	（1）中滑板移动对主轴轴线的垂直度超差 （2）主轴轴向窜动量超差
4	精车后工件轴向圆跳动超差	主轴轴向窜动量超差
5	车削外圆时，工件素线的直线度超差	（1）两顶尖装夹工件时，床头和尾座两顶尖的等高度超差 （2）床鞍移动的直线度超差 （3）利用小滑板车削时，小滑板移动对主轴轴线的平行度超差
6	钻、扩、铰孔时，工件孔径扩大或孔变为喇叭形	（1）尾座套筒锥孔轴线对床鞍移动的平行度超差 （2）尾座套筒轴线对床鞍移动的平行度超差 （3）前后顶尖的等高度超差
7	车削螺纹时螺距精度超差	（1）丝杠的轴向窜动量超差 （2）主轴至丝杠间的传动链传动误差过大 （3）开合螺母磨损造成啮合不良或间隙过大

续表

序号	工件产生的缺陷	与机床有关的因素
8	车外圆时表面上有混乱的波纹（振动）	（1）主轴滚动轴承滚道磨损，间隙过大 （2）主轴的轴向窜动量超差 （3）床鞍及中、小滑板滑动表面间隙过大
9	精车外圆时表面上轴向出现有规律的波纹	（1）溜板箱纵向进给小齿轮与齿条啮合不良 （2）光杠弯曲，或光杠、丝杠的三孔轴线不同轴，并与车床导轨不平行 （3）溜板箱内某一传动齿轮（或蜗轮）损坏 （4）主轴箱、进给箱中的轴弯曲或齿轮损坏
10	精车外圆时圆周表面上出现有规律的波纹	（1）主轴上的传动齿轮齿形不良，齿部损坏或啮合不良 （2）电动机旋转不平衡而引起振动 （3）带轮等旋转零件振幅过大而引起振动 （4）主轴轴承间隙过大或过小

课题 2　车床的润滑

1. 熟悉车床的润滑形式。
2. 了解 CA6140 型车床的润滑系统。
3. 了解 CA6140 型车床的润滑方法。

一、车床的润滑形式

车床的润滑采取了多种形式，常用的有以下几种：

1. 浇油润滑

浇油润滑常用于外露的滑动表面，例如，床身导轨面和滑板导轨面等。

2. 溅油润滑

溅油润滑常用于密闭的箱体中。如车床主轴箱中的转动齿轮将箱底的润滑油溅射到箱体上部的油槽中，然后经槽内油孔流到各润滑点进行润滑。

3. 油绳导油润滑

油绳导油润滑（图 6—5a）利用毛线既易吸油又易渗油的特性，通过毛线把油引入润滑点，间断地滴油润滑，常用于进给箱和溜板箱的油池中。

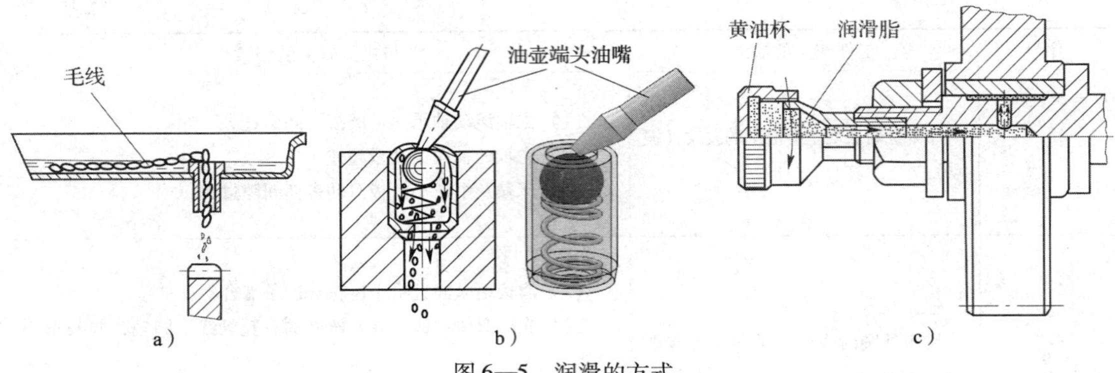

图 6—5　润滑的方式

a）油绳导油润滑　b）弹子油杯注油润滑　c）黄油杯润滑

4. 弹子油杯注油润滑

弹子油杯注油润滑是指定期地用油枪端头油压嘴压下油杯上的弹子，将油注入。油嘴撤去，弹子又恢复原位，封住注油口，以防尘屑入内（图 6—5b）。常用于尾座、中滑板上的摇动手柄及三杠（丝杠、光杠、操纵杠）支架的轴承处。

5. 黄油杯润滑

黄油杯润滑是指事先在黄油杯中加满钙基润滑脂，需要润滑时，拧进油杯盖，则杯中的油脂就被挤压到润滑点中去（图 6—5c）。常用于交换齿轮箱挂轮架的中间轴或不便经常润滑处。

6. 油泵输油润滑

油泵输油润滑常用于转速高、需要大量润滑油连续强制润滑的场合。例如主轴箱内许多润滑点就是采用这种方式，如图 6—6 所示。

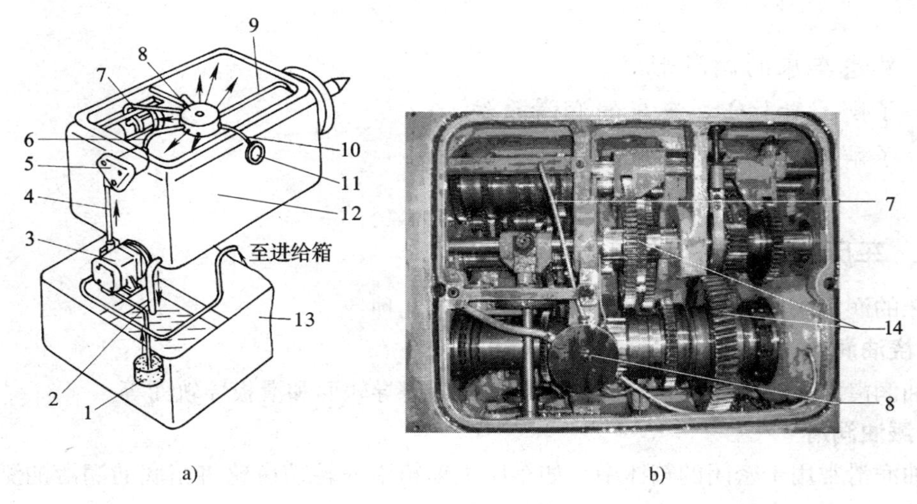

图 6—6　油泵润滑系统

a）油泵循环润滑系统　b）主轴箱油泵循环润滑

1—网式滤油器　2—回油管　3—油泵　4、6、7、9、10—油管　5—过滤器

8—分油器　11—油窗　12—主轴箱　13—床脚　14—齿轮

二、CA6140 型车床的润滑系统

机床零件的所有摩擦面，应当全面、按期进行润滑，以保证机床工作的可靠性，并减少零件的磨损及功率的损失。图 6—7 所示为 CA6140 型车床润滑系统润滑点的位置示意图。润滑部位用数字标出，图中㊻表示 46 号机油，$\frac{46}{50}$、$\frac{46}{7}$的分子式中，分子数字表示润滑油系列，其分母数字表示两班制工作时换（添）油间隔的天数。例如，$\frac{46}{7}$表示油类号为 46 号机油，两班制换（添）油间隔天数为 7 天。图 6—7 中除所注②处的润滑部位是用 2 号钙基润滑脂进行润滑外，其余各部位都用 46 号机油润滑。可按工作环境的温度在上述范围内调节。

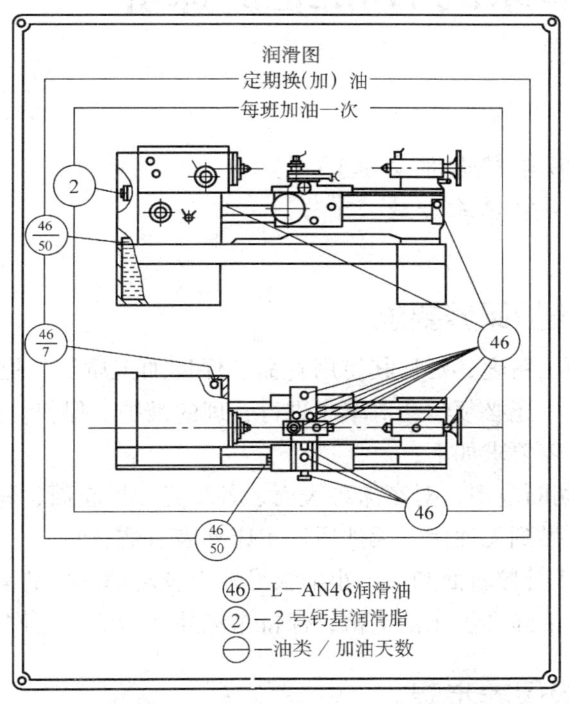

图 6—7　CA6140 型车床润滑系统

三、CA6140 型车床的润滑方法

1．主轴箱及进给箱采用箱外循环强制润滑。油箱和溜板箱的润滑油在两班制的车间 50～60 天更换一次。换油时，应先将废油放尽，然后用煤油把箱内冲洗干净后，再注入新机油。注油时应用网过滤，且油面不得低于油标中心线。

2．主轴箱内的零件用油泵循环润滑或飞溅润滑。箱内润滑油一般 3 个月换一次。主轴箱体上有一个油标，若发现油标内无油输出，说明油泵输油系统有故障，应立即停机检查断油的原因，待修复后才能开动车床。

3．进给箱内的齿轮和轴承的润滑方式除了用齿轮飞溅润滑外，还用进给箱上部的储油

槽通过油绳导油润滑的方式。每班应给该储油槽加一次油。

4. 刀架和横向丝杠用油枪加油。

5. 交换齿轮轴头有一个塞子需要每班拧动一次，使轴内的2号钙基润滑脂供应轴与套之间的润滑，7天加一次钙基脂。

6. 尾座套筒和丝杠、螺母的润滑可用油枪每班加油一次。

7. 丝杠、光杠及变向杠的轴颈润滑是通过后托架的储油池内的羊毛线引油进行润滑，每班注油一次。

8. 床身导轨、滑板导轨在每班工作前后都要擦净并用油枪加油。

课题3　车床的日常维护保养

学习目标

1. 熟悉车床日常维护保养要求。
2. 了解车床的一级保养步骤。

一、车床日常维护保养要求

为了保证车床的加工精度、延长其使用寿命、保证加工质量、提高生产效率，车工除了能熟练地操作机床外，还必须学会对车床进行合理的维护、保养。

车床的日常维护保养要求如下：

1. 每天工作后，切断电源，对车床各表面、各罩壳、导轨面、丝杠、光杠、各操纵手柄和操纵杆进行擦拭，做到无油污、无铁屑、车床外表清洁。

2. 每周要求保养床身导轨面和中、小滑板导轨面及转动部位的清洁、润滑。要求油眼畅通、油标清晰，清洗油绳和护床油毛毡，保持车床外表清洁和工作场地整洁。

二、车床的一级保养步骤

车床运行500 h后，需进行一级保养。一级保养工作以操作工人为主，在维修工人配合下进行。保养时，必须先切断电源，以确保安全，然后按以下内容和顺序进行。

1. 主轴箱部分

（1）拆下滤油器并进行清洗，使其无杂物，然后复装。

（2）检查主轴，其锁紧螺母应无松动现象，紧定螺钉应拧紧。

（3）调整制动器及离合器摩擦片的间隙。

2. 交换齿轮箱部分

（1）拆下齿轮、轴套、扇形板等进行清洗，然后复装，在黄油杯中注入新油脂。

（2）调整齿轮啮合间隙。

（3）检查轴套应无晃动现象。

3. 刀架和滑板部分

（1）拆下方刀架清洗。

（2）拆下中、小滑板的丝杠、螺母、镶条，进行清洗。

（3）拆下床鞍防尘油毛毡，进行清洗、加油和复装。

（4）中滑板的丝杠、螺母、镶条、导轨加油后复装，调整镶条间隙和丝杠螺母间隙。

（5）小滑板丝杠、螺母、镶条、导轨加油后复装，调整镶条间隙和丝杠螺母间隙。

（6）擦净方刀架底面，涂油、复装、压紧。

4. 尾座部分

（1）拆下尾座套筒和压紧块，进行清洗、涂油。

（2）拆下尾座丝杠、螺母，进行清洗、加油。

（3）清洗尾座并加油。

（4）复装尾座部分并调整。

5. 润滑系统

（1）清洗冷却泵、滤油器和盛液盘。

（2）检查并保证油路畅通，油孔、油绳、油毡应清洁无铁屑。

（3）检查润滑油，油质应保持良好，油杯应齐全，油标应清晰。

6. 电气部分

（1）清扫电动机、电气箱上的尘屑。

（2）电气装置固定整齐。

7. 车床外表

（1）清洗车床外表面及各罩盖，保持其清洁，无锈蚀、无油污。

（2）清洗丝杠、光杠和操纵杆。

（3）检查并补齐各螺钉、手柄、手柄球。

8. 清理机床附件

中心架、跟刀架、配换齿轮、卡盘等应齐全、洁净，摆放整齐。

保养工作完成时，应对各部件进行必要的润滑。

课后练习

1. 主轴箱内制动器的作用是什么？其调整方法有哪些？
2. 摩擦式离合器有哪些调整要求？
3. 如何进行齿轮啮合间隙调整？
4. 卧式车床有哪些几何精度要求？
5. 车圆柱形工件时产生锥度的原因有哪些？
6. CA6140 型车床有哪些润滑形式？
7. 普通车床日常维护保养有哪些要求？
8. 普通车床一级保养有哪些要求？

模块七

职业技能鉴定车工初级考核模拟试卷

理论知识考核模拟试卷一

一、单项选择题

1. 在机械加工时，机床、夹具、刀具和工件构成了一个完整的系统称为（　　）。

A. 工艺系统　　B. 复合系统　　C. 加工系统　　D. 运算系统

2. 基准不重合误差由前后（　　）不同而引起。

A. 设计基准　　B. 环境温度　　C. 工序基准　　D. 形位误差

3. 减少毛坯误差的办法是（　　）。

A. 增加毛坯的余量并增大毛坯的形状误差　　B. 增加毛坯的余量

C. 粗化毛坯　　D. 减小毛坯的形状误差

4. 通常，采用组合夹具时其加工尺寸精度只能达到（　　）级。

A. IT7 ~ IT8　　B. IT8 ~ IT9　　C. IT9 ~ IT10　　D. IT11 ~ IT12

5. 当零件回转体上均匀分布的肋、轮辐、孔等机构不处于剖切平面上时，则这些结构（　　）。

A. 按不剖绘制　　B. 可按剖切位置剖到多少画多少

C. 可旋转到剖切平面上画出　　D. 可省略不画

6.（　　）最适宜采用退火。

A. 高碳钢　　B. 低碳钢

C. 为了降低成本　　D. 力学性能要求较低的零件

7. 影响刀具磨损扩散速度的最主要原因是（　　）。

A. 切削温度　　B. 切削速度　　C. 切削用量　　D. 切削时间

8. 车床丝杠使用（　　）润滑。

A. 浇油　　B. 溅油　　C. 油绳　　D. 油脂杯

9. 同一被测平面的平面度和平行度公差值之间的关系，一定是平面度公差值（　　）平行度公差值。

A. 等于　　B. 大于　　C. 小于　　D. 大于或小于

10. 金属材料在受外力作用时产生显著的变化而不断裂的性能称为（　　）。

A. 弹性　　B. 塑性　　C. 硬度　　D. 韧性

11. 提高机床动刚度的有效措施是（　　）。

A. 增大摩擦或增加切削液　　B. 减少切削液或增大偏斜度
C. 减少偏斜度　　D. 增大阻尼

12. 刀具的选择主要取决于工件的结构、工件的材料、工序的加工方法和（　　）。
A. 设备　　B. 加工余量
C. 加工精度　　D. 工件被加工表面的粗糙度

13. 结构薄弱的工件，在夹紧力的作用下产生大的弹性变形，从而产生的误差称为（　　）。
A. 系统误差　　B. 原理误差　　C. 装夹误差　　D. 机床误差

14. 一般情况下，（　　）的螺纹孔可在加工中心上完成攻螺纹。
A. M6 以上、M20 以下　　B. M6 以下、M3 以上
C. M30 以上　　D. M40 以上

15. 在尺寸链中，能间接获得、间接保证的尺寸，称为（　　）。
A. 增环　　B. 组成环　　C. 封闭环　　D. 减环

16. 封闭环的确定取决于（　　）。
A. 加工方法　　B. 测量方法
C. 加工方法和测量方法　　D. 零件图样上尺寸的标注

17. 组合夹具最适用于（　　）的生产。
A. 产品变化较大　　B. 大批量　　C. 超大批量　　D. 产品变化较小

18. 通常，切削温度随着切削速度的提高而增高。当切削速度增高到一定程度后，切削温度将随着切削速度的进一步升高而（　　）。
A. 开始降低　　B. 继续增高
C. 保持恒定不变　　D. 开始降低，然后趋于平缓

19. 夹具的制造误差通常应是工件在该工序中允许误差的（　　）。
A. 1～3 倍　　B. 等同值　　C. 1/10～1/100　　D. 1/3～1/5

20. 变换（　　）外的手柄，可以使光杠得到各种不同的转速。
A. 主轴箱　　B. 溜板箱　　C. 交换齿轮箱　　D. 进给箱

21. （　　）不属于定位件。
A. 长方支承　　B. 定位盘　　C. 定位销　　D. 平键

22. 低合金工具钢多用于制造丝锥、板牙和（　　）。
A. 钻头　　B. 高速切削刀具　　C. 车刀　　D. 铰刀

23. 一般情况下，制作金属切削刀具时，硬质合金刀具的前角（　　）高速钢刀具的前角。
A. 大于　　B. 等于　　C. 小于　　D. 都有可能

24. 工件在机床上或在夹具中定位时，用以确定加工表面对刀具切削位置之间相互关系的基准称为（　　）。
A. 工艺基准　　B. 定位基准　　C. 测量基准　　D. 装配基准

25. 在零件毛坯加工余量不匀的情况下进行加工，会引起（　　）大小的变化，因而产生误差。

A. 切削力　B. 内应力　C. 夹紧力　D. 重力

26. 45 钢退火后的硬度通常采用（　　）硬度试验法来测定。

A. 洛氏　B. 布氏　C. 维氏　D. 肖氏

27. 物体三视图的投影规律是主左视图（　　）。

A. 长对正　B. 高平齐　C. 宽相等　D. 前后对齐

28. （　　）要求画出剖切平面以后的所有部分的投影。

A. 剖面图　B. 剖视图　C. 视图　D. 移出剖面图

29. 普通螺纹的牙顶应为（　　）形。

A. 圆弧　B. 尖　C. 削平　D. 凹面

30. 左右切削法车削螺纹（　　）。

A. 适于螺距较大的螺纹　B. 易扎刀

C. 螺纹牙形准确　D. 牙底平整

31. 测量外螺纹中径精确的方法是（　　）。

A. 三针测量　B. 螺纹千分尺　C. 螺纹量规　D. 游标卡尺

32. 在同一条螺旋槽上，螺纹外径上的螺纹升角（　　）中径上的螺纹升角。

A. 大于　B. 等于

C. 小于　D. 大于、小于或等于

33. 沿两条或两条以上在（　　）等距分布的螺旋线所形成的螺纹称为多线螺纹。

A. 径向　B. 法向　C. 轴向　D. 圆周

34. 车刀装歪，对（　　）有影响。

A. 前后角　B. 主副偏角　C. 刃倾角　D. 刀尖角

35. 成形车刀的前角取（　　）。

A. 较大　B. 较小　C. 0°　D. 20°

36. 当刀尖位于切削刃最高点时，刃倾角为（　　）值。

A. 正　B. 负　C. 零　D. 90°

37. 切屑的内表面光滑，外表面呈毛茸状，是（　　）。

A. 带状切屑　B. 挤裂切屑　C. 单元切屑　D. 粒状切屑

38. 对切削抗力影响最大的是（　　）。

A. 工件材料　B. 切削深度　C. 刀具角度　D. 刀具材料

39. 如不用切削液，切削热的（　　）传入工件。

A. 50% ~86%　B. 10% ~40%　C. 3% ~9%　D. 1%

40. 在切削金属材料时，属于正常磨损中最常见的情况是（　　）磨损。

A. 前面　B. 后面　C. 前、后面　D. 切削平面

41. 切削强度和硬度高的材料，切削温度（　　）。

A. 较低　B. 较高　C. 中等　D. 不变

42. 当（　　）时，可提高刀具寿命。

A. 主偏角大　B. 材料强度高　C. 高速切削　D. 使用冷却液

43. 刃磨时对刀面的要求是（　　）。

A. 刃口锋利、平直　　B. 刃口平直、表面粗糙度值小
C. 刃口平直、光洁　　D. 刀面平整、表面粗糙度值小

44. （　　）砂轮适用于硬质合金车刀的刃磨。
A. 绿色碳化硅　B. 黑色碳化硅　C. 碳化硼　D. 氧化铝

45. 节省磨刀、换刀时间是（　　）的特点。
A. 外圆车刀　B. 可转位车刀　C. 镗刀　D. 锋钢

46. 普通麻花钻靠外缘处前角为（　　）。
A. 负前角（-54°）　B. 0°　C. 正前角（+30°）　D. 45°

47. 修磨麻花钻横刃的目的是（　　）。
A. 增大横刃处前角　　B. 减小横刃处前角
C. 增大或减小横刃处前角　　D. 增加横刃强度

48. 有时工件的数量并不多，但还是需要使用专用夹具，这是因为夹具能（　　）。
A. 保证加工质量　　B. 扩大机床的工艺范围
C. 提高劳动生产率　　D. 解决加工中的特殊困难

49. 使工件在加工过程中保持定位位置不变的是（　　）。
A. 定位装置　B. 夹紧装置　C. 夹具体　D. 组合夹具

50. 加工中用作定位的基准，称为（　　）基准。
A. 设计　B. 工艺　C. 定位　D. 装配

51. 决定某种定位方法属几点定位，主要根据（　　）。
A. 有几个支承点与工件接触　　B. 工件被消除了几个自由度
C. 工件需要消除几个自由度　　D. 夹具采用了几个定位元件

52. 工件以两孔一面定位，限制了（　　）个自由度。
A. 六　B. 五　C. 四　D. 三

53. 孔在小锥度心轴上定位限制了（　　）个自由度。
A. 六　B. 五　C. 四　D. 三

54. 工件以底面为定位基面，放在散开的四个支承钉上定位，它属于（　　）定位。
A. 部分　B. 完全　C. 重复　D. 欠

55. 工件以圆柱孔为定位基面时，常用的定位元件为定位销和（　　）。
A. 心轴　B. 支承板　C. 可调支承　D. 支承钉

56. CA6140 型车床大滑板手轮与刻度盘是（　　）运动。
A. 相反　B. 不同步　C. 同步　D. 不一定同步

57. 传动比准确的离合器是（　　）离合器。
A. 摩擦片式　B. 超越　C. 安全　D. 牙嵌式

58. 变速机构可在主动轴转速（　　）时，使从动轴获得不同的转速。
A. 由小变大　B. 由大变小　C. 改变　D. 不改变

59. （　　）机构用来改变机床运动部件的运动方向。
A. 变速　B. 变向　C. 进给　D. 操纵

60. 下面（　　）属于操纵机构。

A．尾座　B．大滑板
C．中滑板　D．纵、横进给手柄
61．车床的开合螺母机构主要是用来（　　）。
A．防止过载　B．自动断开走刀运动
C．接通或断开车螺纹运动　D．自锁
62．互锁机构的作用是防止（　　）而损坏机床。
A．主轴正转、反转同时接通　B．纵、横进给同时接通
C．光杠、丝杠同时转动　D．丝杠传动和机动进给同时接通
63．安全离合器的作用是（　　）。
A．互锁　B．避免纵、横进给同时接通
C．过载保护　D．防止“闷车”
64．调整中滑板丝杆与螺母之间的间隙实际上是通过增大两螺母之间的（　　）距离而实现的。
A．径向　B．上下　C．轴向　D．切向
65．车床主轴（　　）使车出的工件出现圆度误差。
A．径向跳动　B．轴向窜动　C．摆动　D．窜动
66．劳动生产率是指用于生产（　　）所需的劳动时间。
A．合格品　B．所有产品　C．单位合格品　D．合格品－废品
67．属于辅助时间范围的是（　　）时间。
A．开车、停车　B．进给切削所需
C．领取和熟悉产品图样　D．工人喝水，上厕所
68．减少加工余量，可缩短（　　）时间。
A．基本　B．辅助　C．准备　D．结束
69．手提式泡沫灭火器适于扑救（　　）。
A．油脂类石油产品　B．木、棉、毛等物质
C．电路设备　D．可燃气体
70．文明生产应该（　　）。
A．磨刀时应站在砂轮侧面　B．短切屑可用手清除
C．量具放在顺手的位置　D．千分尺可当卡规使用
71．设备对产品质量的保证程度是设备的（　　）。
A．生产性　B．耐用性　C．可靠性　D．稳定性
72．生产准备是指生产的（　　）准备工作。
A．技术　B．物质　C．物质、技术　D．人员
73．选择定位基准时，（　　）只可使用一次。
A．测量基准　B．精基准　C．粗基准　D．基准平面
74．工序集中有利于保证各表面的（　　）精度。
A．形状　B．尺寸　C．位置　D．定位
75．退火、正火一般安排在（　　）之后。

A. 毛坯制造　　B. 粗加工　　C. 半精加工　　D. 精加工

76. 螺纹底径是指（　　）。

A. 外螺纹大径　　B. 外螺纹小径　　C. 外螺纹中径　　D. 内螺纹小径

77. 粗车螺纹时，硬质合金螺纹车刀的刀尖角应（　　）螺纹的牙型角。

A. 大于　　B. 等于　　C. 小于　　D. 小于或等于

78. Tr40×12（P6）螺纹的线数为（　　）。

A. 12　　B. 6　　C. 2　　D. 3

79. （　　）硬质合金车刀适于加工钢料或其他韧性较大的塑性材料。

A. M类　　B. K类　　C. P类　　D. H类

80. 下列（　　）情况应选用较大前角。

A. 硬质合金车刀　　B. 车脆性材料　　C. 车刀材料强度差　　D. 车塑性材料

二、判断题

81. 刀具磨钝标准，通常都是以刀具前面磨损量作磨钝标准的。（　　）

82. 调质既可以作为预热处理工序，也可以作为最终热处理工序。（　　）

83. 一般在没有加工尺寸要求及位置精度要求的方向上，允许工件存在自由度，所以在此方向上可以不进行定位。（　　）

84. 金属材料依次经过切离、挤裂、滑移（塑性变形）、挤压（弹性变形）四个阶段而形成了切屑。（　　）

85. 精度较高的零件，粗磨后安排低温时效以消除应力。（　　）

86. 在确定工件在夹具中的定位方案时，出现欠定位是错误的。（　　）

87. 标准麻花钻主切削刃上的任意点的半径值虽然不同，但螺旋角是相同的。（　　）

88. 高合金工具钢不能用于制造较高速的切削工具。（　　）

89. 刀具刃磨后重新使用时，由于是新刃磨过较锋利，故磨损较慢。（　　）

90. 在金属切削过程中，积屑瘤硬度很高，它会影响加工尺寸精度和表面粗糙度值。（　　）

91. 采用一夹一顶加工轴类零件，限制六个自由度，这种定位属于完全定位。（　　）

92. 对工厂同类型零件的资料进行分析比较，根据经验确定加工余量的方法，称为经验估算法。（　　）

93. 封闭环在加工或装配未完成前，它是不存在的。（　　）

94. 劳动生产率是指在单位时间内的所生产出来的产品数量。（　　）

95. 铰削过程是切削和挤压摩擦过程。（　　）

96. 减少毛坯误差的办法是增加毛坯的余量。（　　）

97. 组合夹具比拼装夹具具有更好的精度和刚度、更小的体积和更高的效率。（　　）

98. 剧烈磨损阶段是刀具磨损过程的开始阶段。（　　）

99. 统计分析法不是用来分析加工误差的方法。（　　）

100. 工件被夹紧后，其位置不能再动了，即所有的自由度都被限制了。（　　）

理论知识考核模拟试卷二

一、单项选择题

1. 待加工表面的工序基准和设计基准（　　）。

A. 肯定相同　　B. 一定不同　　C. 可能重合　　D. 不可能重合

2. 在（　　）个平面内，且在一个平面上不超过三点的六个支承点可限制全部六个自由度。

A. 一　　B. 两　　C. 三　　D. 四

3. 某一个加工表面的工序基准数量（　　）。

A. 仅有一个　　B. 仅有两个

C. 最多两个　　D. A、B 和 C 都不对

4. 一般主轴的加工工艺路线为：下料→锻造→退火（正火）→粗加工→调质→半精加工→（　　）→粗磨→低温时效→精磨。

A. 时效　　B. 淬火　　C. 调质　　D. 正火

5. 测量已加工表面尺寸及位置，对于选择的测量基准下面哪种答案正确（　　）。

A. 测量基准是唯一的　　B. 可能有几种情况来确定

C. 虚拟的　　D. A、B 和 C 都不对

6. 可以作为装配基准的（　　）。

A. 只有底面　　B. 只有内圆面

C. 只有外圆面　　D. 可以是各类表面

7. 现有这样一种定位方式，前端用三爪卡盘夹持部分较长，后端用顶尖顶入中心孔这种定位方式（　　）。

A. 不存在过定位　　B. 是完全定位

C. 存在过定位　　D. 不能肯定是什么定位方式

8. 绘制零件工作图一般分四步，最后一步是（　　）。

A. 描深标题栏　　B. 描深图形

C. 标注尺寸和技术要求　　D. 填写标题栏

9. 在加工工序中用来确定本工序加工表面的位置的基准称为（　　）。

A. 工序基准　　B. 定位基准　　C. 设计基准　　D. 辅助基准

10. （　　）是实现位置控制以及自动往返控制所必需的电气元件。

A. 转换开关　　B. 倒顺开关　　C. 位置开关　　D. 组合开关

11. 为了去除由于塑性变形、焊接等原因造成的以及铸件内存的残余应力而进行的热处理称为（　　）。

A. 完全退火　　B. 球化退火　　C. 去应力退火　　D. 正火

12. 使用内径百分表测量孔径时，必须摆动百分表，所得的（　　）是孔的实际尺寸。

A. 最小读数值　　B. 最大读数值

C. 多个读数的平均值　　D. 最大值与最小值之差

13. 对零件图进行工艺分析时，除了对零件的结构和关键技术问题进行分析外，还应对零件的（　　）进行分析。

A. 基准　　B. 精度

C. 技术要求　　D. 精度和技术要求

14. 成形刀样板工作面各尺寸公差通常取成形车刀截形尺寸公差的（　　），并且呈对称分布。

A. 1/3 ~ 1/2　　B. 1/4 ~ 1/3　　C. 1/5 ~ 1/4　　D. 1/6 ~ 1/5

15.（　　）硬度值是用球面压痕单位表面积上所承受的平均压力来表示的。

A. 布氏　　B. 洛氏　　C. 莫氏　　D. 肖氏

16. 关于夹紧力大小的确定，下列叙述正确的是（　　）。

A. 夹紧力尽可能大　　B. 夹紧力尽可能小

C. 有少许夹紧力即可　　D. 夹紧力大小应通过计算并按完全系数校核得到

17. 粗加工后工件残余应力大，为消除残余应力，可安排（　　）处理。

A. 时效　　B. 正火　　C. 退火　　D. 回火

18. 最终热处理的工序位置一般均安排在（　　）之后。

A. 粗加工　　B. 半精加工　　C. 精加工　　D. 超精加工

19. 为了保证主轴外圆的磨削精度，热处理后，必须安排（　　）工序。

A. 重钻中心孔　　B. 研磨中心孔　　C. 热校直　　D. 冷校直

20. 缩短机动时间（基本时间）的方法正确的是（　　）。

A. 缩短工件装夹时间　　B. 加大切削用量

C. 缩短工件测量时间　　D. 减少回转刀架及装夹车刀的时间

21. 硬质合金可转位车刀的特点是（　　）。

A. 刀片耐用　　B. 不易打刀　　C. 夹紧力大　　D. 节约刀杆

22. 用来确定生产对象上几何要素间的几何关系所依据的那些（　　）称为基准。

A. 点　　B. 线　　C. 面　　D. 点、线、面

23. 千分尺是属于（　　）。

A. 游标量具　　B. 螺旋测微量具　　C. 机械量仪　　D. 光学量仪

24. 金属材料抵抗冲击载荷作用而不破坏的能力称为（　　）。

A. 强度　　B. 硬度　　C. 塑性　　D. 韧性

25. 按照通用性程度来划分夹具种类，（　　）不属于这一概念范畴。

A. 通用夹具　　B. 专用夹具　　C. 组合夹具　　D. 气动夹具

26. 定位时用来确定工件在（　　）中位置的表面、点或线称为定位基准。

A. 机床　　B. 夹具　　C. 运输机械　　D. 机床工作台

27. 使用硬质合金可转位刀具，必须选择（　　）。

A. 合适的刀杆　　B. 合适的刀片

C. 合理的刀具角度　　D. 合适的切削用量

28. 被加工材料是钢料，形面简单且变化范围小，成形刀刀具材料可选用（　　）硬

质合金。

A. YT5　B. YT15　C. YT30　D. YG8

29. 中心孔的精度是保证主轴质量的一个关键。光整加时要求中心孔与顶尖的接触面积达到（　　）以上。

A. 50%　B. 60%　C. 70%　D. 80%

30. 车床的精度主要是指车床的（　　）和工作精度。

A. 尺寸精度　B. 形状精度　C. 几何精度　D. 位置精度

31. 遵循自为基准原则可以使（　　）。

A. 生产率提高　B. 费用减少

C. 夹具数量减少　D. 加工余量小而均匀

32. 工件材料软，可选择（　　）的前角。

A. 较大　B. 较小　C. 零度　D. 负值

33. 铸造铜合金塑性较小，切屑呈崩碎状，车削时，刀具前角可选择（　　）。

A. 5°～15°　B. 15°～25°　C. 25°～30°　D. 20°～25°

34. 轴上有多个退刀槽或越程槽时，最好选取相同的尺寸，（　　）。

A. 为了便于加工　B. 为了装配方便

C. 为了减少压力集中　D. 为了轴上零件的定位

35. 在主轴加工过程中，为保证位置精度，精磨外圆和精磨（　　）采用互为基准。

A. 锥面　B. 锥孔　C. 端面　D. 轴肩

36. 因渗碳主轴工艺比较复杂，渗碳前，最好绘制（　　）。

A. 工艺草图　B. 局部剖视图　C. 局部放大图　D. 零件图

37. 工件的定位是使工件的（　　）基准获得确定位置。

A. 工序　B. 测量　C. 定位　D. 辅助

38. 对于加工面较多的零件，其粗加工、半精加工工序可用（　　）表示。

A. 草图　B. 零件图　C. 工艺简图　D. 装配图

39. （　　）一般用于高压大流量的液压系统中。

A. 单作用式叶片泵　B. 双作用式叶片泵

C. 齿轮泵　D. 柱塞泵

40. （　　）可以作为工件的测量基准。

A. 只有外表面　B. 只有内表面

C. 只有毛坯面　D. 外表面、内表面和毛坯面

41. 液压传动是以（　　）为工作介质。

A. 油液　B. 水　C. 盐水　D. 气体

42. 在电动机直接启动控制方式中，会因（　　）过大而影响同一线路其他负载的正常工作。

A. 启动电压　B. 启动电流　C. 启动转矩　D. 转速

43. 对所有表面都要加工的零件，在定位时，应当根据（　　）的表面找正。

A. 加工余量小　B. 光滑平整　C. 粗糙不平　D. 加工余量大

44. 电气控制原理图中各电器元件的平常位置是指（　　）情况下的位置。

A. 未通电　　B. 通电　　C. 正常工作　　D. 任意

45. 为了减少两销一面定位时的转角误差，应选用（　　）的双孔定位。

A. 孔距远　　B. 孔距近　　C. 孔距为 2 D　　D. 孔距为 3 D

46. 家用缝纫机的踏板机构是采用（　　）。

A. 双摇杆机构　　B. 曲柄摇杆机构　　C. 双曲柄机构　　D. 曲柄滑块机构

47. 如果零件上有多个不加工表面，则应以其中与加工面相互位置要求（　　）表面作粗基准。

A. 最高的　　B. 最低的

C. 不高不低的　　D. A、B 和 C 都可以

48. 柱塞泵的特点有（　　）。

A. 结构简单　　B. 效率低　　C. 压力高　　D. 流量调节不方便

49. 一个尺寸链封闭环的数目（　　）。

A. 一定有两个　　B. 一定有三个　　C. 只有一个　　D. 可能有三个

50. 生产实践证明，切削用量中对断屑影响最大的是（　　）。

A. 切削速度　　B. 切削深度　　C. 切削宽度　　D. 进给量

51. 对配圆锥加工原理与（　　）车圆锥加工原理相同。

A. 靠模法　　B. 转动小滑板法　　C. 偏移尾座法　　D. 宽刃口车削法

52. 一个工件，在某个方向上的位置对加工要求没有影响，那么该方向的自由度（　　）。

A. 一定要限制　　B. 可以不限制　　C. 一定不能限制　　D. 一定要重复限制

53. （　　）成形刀常用于加工小尺寸的内外成形表面。

A. 普通　　B. 棱形　　C. 圆形　　D. 复杂

54. 斜楔夹紧机构产生的作用力和原始作用力的关系为（　　）。

A. 夹紧力比原始作用力小一些　　B. 夹紧力比原始作用力小很多

C. 夹紧力比原始作用力大一些　　D. 夹紧力比原始作用力大千倍以上

55. 尽可能选用（　　）作为定位的精基准。

A. 设计基准或测量基准　　B. 设计基准或装配基准

C. 测量基准或装配基准　　D. 测量基准或工艺基准

56. 车床夹具以短锥孔和端面在主轴上定位时（　　）。

A. 定位精度低刚度低　　B. 定位精度低刚度高

C. 定位精度高刚度高　　D. 定位精度高刚度低

57. 油箱的作用是（　　）。

A. 储油、散热、分离杂质　　B. 储存能量

C. 补充泄漏　　D. 作辅助动力源

58. 为了适应大批量生产的要求，你所设计的夹具在满足加工要求的前提下（　　）是最重要的。

A. 使夹具的设计制造成本低　　B. 夹具结构要简单

C. 能有效地提高机加工生产率　　D. 夹具结构力求复杂

59. 产品质量是否满足质量指标和使用要求，首先取决于产品的（　　）。

A. 设计研究　B. 生产制造　C. 质量检验　D. 售后服务

60. 关于夹紧力作用点的安排，下列叙述错误的是（　　）。

A. 应有助于工件的定位　　B. 应使工件的变形尽量大

C. 应使工件变形尽量小　　D. 应尽可能靠近被加工表面

61. 对于划线找正法下面叙述错误的是（　　）。

A. 多用于大批量生产　　B. 加工精度受划线精度限制

C. 多用于小批量生产　　D. 多用于不便使用夹具的大型零件加工中

62. 装夹大型及某些形状特殊的畸形工件，为增加装夹的稳定性，可采用（　　），但不允许破坏原来的定位状况。

A. 支承钉　B. 支承板　C. 辅助支承　D. 可调支承

63. 关于过定位和完全定位的关系，下面叙述正确的是（　　）。

A. 过定位就是完全定位

B. 过定位限制的自由度数目一定比完全定位多

C. 过定位限制的自由度数目一定比完全定位少

D. 过定位和完全定位是两个不同的概念

64. 钟式百分表的工作原理是将测杆的直线移动，经过（　　）传动放大，转变为指针的转动。

A. 齿条齿轮　B. 杠杆齿轮　C. 齿轮　D. 杠杆

65. 杠杆千分尺是由千分尺的微分筒部分和杠杆式卡规中的（　　）组成。

A. 齿轮机构　B. 齿轮齿条机构　C. 杠杆机构　D. 指示机构

66. 对零件图进行工艺分析时，除了对零件的结构和关键技术问题进行分析外，还应对零件的（　　）进行分析。

A. 基准　B. 精度　C. 技术要求　D. 精度和技术要求

67. 车削精度要求高、表面粗糙度值小的蜗杆，车刀的刀尖角须精确，两侧刀刃应平直锋利，表面粗糙度值要比蜗杆齿面小（　　）级。

A. 1 ~ 2　B. 2 ~ 3　C. 3 ~ 4　D. 4 ~ 5

68. 不在同一直线上的三个支承点可以限制（　　）个自由度。

A. 一　B. 两　C. 三　D. 四

69. 螺旋传动机构（　　）。

A. 结构复杂　B. 传动效率高　C. 承载能力低　D. 传动精度高

70. 能保持瞬时传动比恒定的传动是（　　）。

A. 链传动　B. 带传动　C. 摩擦传动　D. 齿轮传动

71. 一个工件上有多个圆锥面时，最好采用（　　）法车削。

A. 转动小滑板　B. 偏移尾座　C. 靠模　D. 宽刃刀

72. 物体三视图的投影规律是俯左视图（　　）。

A. 长对正　B. 高平齐　C. 宽相等　D. 左右对齐

73. 把零件按误差大小分为几组，使每组的误差范围缩小的方法是（　　）。

A. 直接减小误差法　　B. 误差转移法

C. 误差分组法　　D. 误差平均法

74. 正火工序用于改善（　　）的切削性能。

A. 低碳与中碳钢　　B. 高速钢　　C. 铸锻件　　D. 高碳钢

75. 螺纹的顶径是指（　　）。

A. 外螺纹大径　　B. 外螺纹小径　　C. 内螺纹大径　　D. 内螺纹中径

76. 刀具材料的硬度越高，耐磨性（　　）。

A. 越差　　B. 越好　　C. 不变　　D. 消失

77. 车刀装歪，对（　　）影响较大。

A. 车螺纹　　B. 车外圆　　C. 前角　　D. 后角

78. （　　）时应选用较小后角。

A. 工件材料软　　B. 粗加工　　C. 高速钢车刀　　D. 半精加工

79. 切断刀的主偏角等于（　　）。

A. 0°　　B. 45°　　C. 180°　　D. 90°

80. 当刀尖位于切削刃最高点时，刃倾角为（　　）。

A. 正值　　B. 负值　　C. 零值　　D. 90°

二、判断题

81. 减小进给量 f 有利于降低表面粗糙度值，但当 f 小到一定值时，由于塑性变形程度增加，表面粗糙度值反而会有所上升。（　　）

82. 切削铸铁等脆性材料时，为了减少粉末状切屑，需用切削液。（　　）

83. 工件以其经过加工的平面，在夹具的四个支承块上定位，属于四点定位。（　　）

84. 加工精度是指零件加工后实际几何参数与待加工零件的几何参数的符合程度。（　　）

85. 将后面磨损带中间部分平均磨损量允许达到的最大值称为磨钝标准。（　　）

86. 读零件图不应先从标题栏开始。（　　）

87. 在一定切削速度范围内，切削速度与切削寿命之间在双对数坐标系下是非线性关系。（　　）

88. 形状误差是由于采用了近似的加工运动或者近似的刀具轮廓而产生的。（　　）

89. 铸造内应力是灰铸铁在120℃从塑性向弹性状态转变时，由于壁厚不均、冷却收缩不匀而造成的。（　　）

90. 零件加工精度，包括尺寸精度、几何形状精度及相互位置精度。（　　）

91. 尺寸链封闭环的尺寸是它的各个组成环尺寸的代数和。（　　）

92. 工件的机械加工常划分为粗加工阶段、半精加工阶段和精加工阶段。（　　）

93. 减小主偏角比减小副偏角使表面粗糙度值变小的效果更好。（　　）

94. 减小刃口圆弧半径，可避免或减轻硬化现象。（　　）

95. 切削力的三个分力中，切深抗力是占主要的切削力。（　　）

96. 吊运重物不得从任何人头顶通过，吊臂下严禁站人。（　　）

97. 遵守工艺纪律，执行技术标准，坚持按图样、按工艺、按技术标准组织生产。 （ ）

98. 工件的机械加工常划分为粗加工阶段、半精加工阶段和精加工阶段。 （ ）

99. 普通麻花钻横刃长，定心好，轴向力大。 （ ）

100. 欠定位绝对不允许在生产中使用。 （ ）

理论知识考核模拟试卷三

一、单项选择题

1. 车螺纹时，在每次往复行程后，除中滑板横向进给外，小滑板只向一个方向作微量进给，这种车削方法是（ ）法。

A. 直进　B. 左右切削　C. 斜进　D. 车直槽

2. 在同一条螺旋槽上，螺纹外径上的螺纹升角（ ）中径上的螺纹升角。

A. 大于　B. 等于

C. 小于　D. 大于、小于或等于

3. 高速车螺纹时，硬质合金螺纹车刀的刀尖角应（ ）螺纹的牙型角。

A. 大于　B. 等于

C. 小于　D. 大于、小于或等于

4. 符合着装整洁文明生产的是（ ）。

A. 随便着衣　B. 未执行规章制度

C. 在工作中吸烟　D. 遵守安全技术操作规程

5. 基轴制配合中轴的基本偏差代号为（ ）。

A. A　B. h　C. zc　D. f

6. 在几何公差代号中，基准采用（ ）标注。

A. 小写拉丁字母　B. 大写拉丁字母　C. 数字　D. 数字符号并用

7. HT200 中的 200 表示是（ ）。

A. 含碳量为 0.2%　B. 含碳量为 2%　C. 最低屈服点　D. 最低抗拉强度

8. 切削时切削刃会受到很大的压力和冲击力，因此刀具必须具备足够的（ ）。

A. 硬度　B. 强度和韧性　C. 工艺性　D. 耐磨性

9.（ ）是在钢中加入较多的钨、钼、铬、钒等合金元素，用于制造形状复杂的切削刀具。

A. 硬质合金　B. 高速钢　C. 合金工具钢　D. 碳素工具钢

10.（ ）是切削刃选定点相对于工件的主运动瞬时速度。

A. 切削速度　B. 进给量　C. 工作速度　D. 切削深度

11. 游标卡尺只适用于（ ）精度尺寸的测量和检验。

A. 低等　B. 中等　C. 高等　D. 中、高等

12. 千分尺微分筒上均匀刻有（ ）格。

A. 50　　B. 100　　C. 150　　D. 200

13. 车床主轴是带有通孔的（　　）。

A. 光轴　　B. 多台阶轴　　C. 曲轴　　D. 配合轴

14. 减速器箱体加工过程第一阶段将箱盖与底座（　　）加工。

A. 分开　　B. 同时　　C. 精　　D. 半精

15. 在板牙套入工件 2 ~ 3 牙后，应及时从（　　）方向用 90°角尺进行检查，并不断校正至要求。

A. 前后　　B. 左右　　C. 前后、左右　　D. 上下、左右

16. 关于主令电器的叙述中不正确的是（　　）。

A. 按钮常用于控制电路　　B. 按钮一般与接触器、继电器配合使用

C. 晶体管接近开关不属于行程开关　　D. 行程开关用来限制机械运动的位置或行程

17. 熔断器额定电流的选择与（　　）无关。

A. 使用环境　　B. 负载性质

C. 线路的额定电压　　D. 开关的操作频率

18. 电流对人体的伤害程度与（　　）无关。

A. 触电电源的电位　　B. 通过人体电流的大小

C. 通过人体电流的时间　　D. 电流通过人体的部位

19. 可能引起机械伤害的做法是（　　）。

A. 正确穿戴防护用品　　B. 不跨越运转的机轴

C. 旋转部件上不放置物品　　D. 可不戴防护眼镜

20. 企业的质量方针不是（　　）。

A. 企业总方针的重要组成部分　　B. 企业的岗位责任制度

C. 每个职工必须熟记的质量准则　　D. 每个职工必须贯彻的质量准则

21. CA6140 型车床尾座的主视图采用（　　），它同时反映了顶尖、丝杠、套筒等主要结构和尾座体、导板等大部分结构。

A. 全剖面　　B. 阶梯剖视　　C. 局部剖视　　D. 剖面图

22. 通过分析装配视图，掌握该部件的（　　），彻底了解装配体的组成情况，弄懂各零件的相互位置、传动关系及部件的工作原理，想象出各主要零件的结构形状。

A. 相互关系　　B. 形体结构　　C. 尺寸　　D. 公差分布

23. 任何一个工件在（　　）前，它在夹具中的位置都是任意的。

A. 夹紧　　B. 定位　　C. 加工　　D. 测量

24. 欠定位不能保证（　　），往往会产生废品，因此是绝对不允许的。

A. 相互位置　　B. 表面质量　　C. 尺寸　　D. 加工质量

25. 夹紧要（　　）、可靠，并保证工件在加工中位置不变。

A. 正确　　B. 牢固　　C. 符合要求　　D. 适当

26. 钨钛钴类硬质合金是由碳化钨、碳化钛和（　　）组成。

A. 钒　　B. 铌　　C. 钼　　D. 钴

27. 高速钢车刀加工中碳钢和中碳合金钢时前角一般为（　　）。

A. 6°~8°　　B. 35°~40°　　C. -15°　　D. 25°~30°

28. 主偏角影响刀尖部分的强度与（　　）条件，影响切削力的大小。

A. 加工　　B. 散热　　C. 刀具参数　　D. 几何

29. 精磨主、副后面时，用（　　）检验刀尖角。

A. 千分尺　　B. 卡尺　　C. 样板　　D. 钢板尺

30. 高速钢刀具的刃口圆弧半径最小可磨到（　　）。

A. 10~15 μm　　B. 1~2 mm　　C. 0.1~0.3 mm　　D. 50~100 μm

31. 互锁机构的作用是保证开合螺母合上时，（　　）进给不能接通；当机动进给接通时，开合螺母则不能合上。

A. 直线　　B. 手动　　C. 机动　　D. 圆周

32. 根据主轴箱传动链结构式，主轴可获得 24 级正转转速和（　　）级反转转速。

A. 18　　B. 12　　C. 6　　D. 10

33. 主轴轴承间隙过小，使（　　）增加，摩擦热过多，造成主轴温度过高。

A. 应力　　B. 外力　　C. 摩擦力　　D. 切削力

34. 齿轮泵的（　　）属于非整圆孔工件。

A. 齿轮　　B. 壳体　　C. 传动轴　　D. 油孔

35. 测量非整圆孔工件时，可用游标卡尺、千分尺、内径百分表、杠杆式百分表、（　　）、检验棒等。

A. 表架　　B. 量规　　C. 划线盘　　D. T 形铁

36. 正弦规是利用三角函数关系，与量块配合测量工件角度和锥度的（　　）量具。

A. 精密　　B. 一般　　C. 普通　　D. 比较

37. （　　）仅画出机件断面的图形。

A. 半剖视图　　B. 三视图　　C. 剖面图　　D. 剖视图

38. 画螺纹连接图时，剖切面通过螺栓、螺母垫圈等轴线时，这些零件均按（　　）绘制。

A. 不剖　　B. 半剖　　C. 全剖　　D. 剖面

39. 零件的（　　）包括尺寸精度、几何形状精度和相互位置精度。

A. 加工精度　　B. 经济精度　　C. 表面精度　　D. 精度

40. 一般单件、小批生产多遵循（　　）原则。

A. 基准统一　　B. 基准重合　　C. 工序集中　　D. 工序分散

41. 修正软卡爪的同心，属于减小误差的（　　）法。

A. 就地加工　　B. 直接减小误差

C. 误差分组　　D. 误差平均

42. 测量外螺纹中径的精确方法是（　　）测量。

A. 三针　　B. 螺纹千分尺　　C. 螺纹量规　　D. 游标卡尺

43. 同一条螺旋线相邻两牙在中径线上对应点之间的轴向距离称为（　　）。

A. 螺距　　B. 周节　　C. 节距　　D. 导程

44. 车刀安装高低对（　　）角有影响。

A. 主偏　　B. 副偏　　C. 前　　D. 刀尖

45. 成形车刀的前角取（　）。

A. 较大　　B. 较小　　C. 0°　　D. 20°

46. 刃倾角 λ_s 为正值时，使切屑流向（　）。

A. 加工表面　　B. 已加工表面　　C. 待加工表面　　D. 切削平面

47. （　）时，可避免积屑瘤的产生。

A. 大前角　　B. 中等切削速度

C. 前面表面粗糙度值大　　D. 加大背吃刀量

48. 切削用量中对切削力影响最大的是（　）。

A. 背吃刀量　　B. 进给量

C. 切削速度　　D. A、B、C 影响相同

49. 如不用切削液，切削热的（　）传入工件。

A. 50%～86%　　B. 10%～40%　　C. 3%～9%　　D. 1%

50. 刀具两次重磨之间纯切削时间的总和称为（　）。

A. 刀具磨损限度　　B. 刀具寿命　　C. 使用时间　　D. 机动时间

51. 切削强度和硬度高的材料，切削温度（　）。

A. 较低　　B. 较高　　C. 中等　　D. 不变

52. 减小（　）对提高刀具寿命的影响最大。

A. 切削厚度　　B. 进给量　　C. 切削速度　　D. 切削深度

53. 粗车时，应考虑（　）。

A. 提高生产率　　B. 保证质量

C. 减小表面粗糙度值　　D. 保证尺寸精度

54. 扩孔时，应修磨麻花钻（　）。

A. 棱边　　B. 顶角　　C. 横刃处前角　　D. 边缘处前角

55. 在机床上用以装夹工件的装置，称为（　）。

A. 车床夹具　　B. 专用夹具　　C. 机床夹具　　D. 通用夹具

56. 夹紧力的方向尽量与（　）一致。

A. 工件重力　　B. 进深抗力　　C. 离心力　　D. 切削力

57. 在质量检验中，要坚持“三检”制度，即（　）。

A. 自检、互检、专职检　　B. 首检、中间检、尾检

C. 自检、巡回检、专职检　　D. 首检、巡回检、尾检

58. 产生加工硬化的主要原因是（　）。

A. 前角太大　　B. 刀尖圆弧半径大　　C. 工件材料硬　　D. 刀刃不锋利

59. 柱塞泵用（　）表示。

A. CB　　B. YB　　C. ZB　　D. WB

60. 夹具设计中一般只涉及（　）。

A. 工序基准　　B. 装配基准

C. 工序基准和定位基准　　D. 定位基准

61. 松开启动按钮后，接触器能通过其自身的（　　）继续保持得电的作用叫自保。
A. 主触头　B. 辅助常开触头　C. 辅助常闭触头　D. 延时触头
62.（　　）称为项目的绝对经济效益。
A. 投入的资源 - 有用成果　B. 有用成果 - 投入的资源
C. 有用成果/投入的资源　D. 投入的资源/有用成果
63. 目前，常用的车刀材料有（　　）和高速钢两大类。
A. 碳素工具钢　B. 合金工具钢　C. 硬质合金　D. W18Cr4V
64. 在控制和信号电路中，耗能元件必须接在电路的（　　）。
A. 左边　B. 右边
C. 靠近电源干线的一边　D. 靠近接地线的一边
65. 进油口压力基本恒定的是（　　）。
A. 减压阀　B. 溢流阀　C. 顺序阀　D. 单向阀
66. 螺纹的公称直径是指（　　）。
A. 螺纹小径　B. 螺纹中径
C. 螺纹大径　D. 螺纹分度圆直径
67. 制定劳动定额的方法有经验估工法、统计分析法、比较类推法和（　　）。
A. 技术测定法　B. 班组法　C. 车间法　D. 类比法
68. 在整个生产过程中（　　）处于中心地位，具有承上启下的作用。
A. 设计开发　B. 生产制造过程　C. 检验产品质量　D. 售后服务
69. 不完全定位限制的自由度数目主要取决于（　　）。
A. 该工件的加工要求　B. 定位元件的数目
C. 工件的形状　D. 工件大小
70. 操作人员若发现电动机或电器有异常症状，应立即切断电源，并报告（　　）。
A. 班长　B. 值班电工　C. 值班钳工　D. 车间主任
71.（　　）类硬质合金，由于它较脆，不耐冲击，不宜加工脆性金属。
A. K　B. P　C. M　D. YG
72.（　　）是安全生产中的核心制度。
A. “三不放过”制度　B. 安全生产责任制度
C. 安全活动日制度　D. 安全生产班组制度
73. 在生产过程中，产品质量必然是（　　）的。
A. 提高　B. 波动　C. 稳定　D. 变化
74. 产品质量是否满足质量指标和使用要求，首先取决于产品的（　　）。
A. 设计研究　B. 生产制造　C. 质量检验　D. 售后服务
75. 从加工工种来看，组合夹具（　　）。
A. 仅适用于车　B. 仅适用于钻
C. 仅适用于检验　D. 适用于大部分机加工种
76. 操作人员主要通过（　　）对运行中的电气控制系统进行监视。
A. 仪器仪表　B. 温度计

C. 加强巡视 D. 听、闻、看、摸

77. 下列选项中不是现代机床夹具发展方向的是（ ）。

A. 标准化 B. 精密化 C. 高效自动化 D. 不可调整

78. （ ）成形刀主要用于加工较大直径零件和外成形表面。

A. 普通 B. 棱形 C. 圆形 D. 复杂

79. 粗车铸铁应选用（ ）牌号的硬质合金车刀。

A. YG6 B. YG8 C. YT15 D. YG3X

80. 加工轴类零件时，常用两个中心孔作为（ ）。

A. 粗基准 B. 粗基准、精基准

C. 装配基准 D. 定位基准、测量基准

二、判断题

81. 生产计划是生产作业计划的具体执行计划，是企业组织日常生产活动的依据。（ ）

82. 全面质量管理的基本特点就在于全员性和预防性。（ ）

83. 普通螺纹 M20×3/2 的螺距为 2 mm。（ ）

84. 车刀主切削刃与副切削刃的连接部分称过渡刃。（ ）

85. 单个工时定额包括机动时间、辅助时间、休息和生理需要时间。（ ）

86. 机械工业中常用毫米（mm）作为长度的计量单位。（ ）

87. 平面磨削有圆周磨削和端面磨削两种。（ ）

88. 遵守法纪、廉洁奉公是每个从业者应具备的道德品质。（ ）

89. 具有高度的责任心要做到工作勤奋努力、精益求精、尽职尽责。（ ）

90. 职工必须严格遵守各项安全生产规章制度。（ ）

91. 在切削平面上测量的角度是刃倾角。（ ）

92. 磨刀时对刀面的基本要求是刀刃平直，表面粗糙度值小。（ ）

93. 磨前面时，可同时磨出前角和刃倾角。（ ）

94. 普通麻花钻横刃长、定心好、轴向力大。（ ）

95. 磨刀时，操作者要戴防护镜，应站在砂轮正面以防砂轮碎裂飞出伤人。（ ）

96. 同一条螺旋线相邻两牙在中径线上对应点之间的轴向距离称为导程。（ ）

97. CA6140 型卧式车床反转时的转速低于正转时的转速。（ ）

98. 多片式摩擦离合器的内外摩擦片在松开状态时的间隙太大，易产生闷车现象。（ ）

99. 单件和小批生产时，辅助时间往往消耗单件工时的一半以上。（ ）

100. 所加工的毛坯，半成品和成品分开，并按次序整齐排列。（ ）

技能操作考核模拟试卷

一、加工圆锥螺纹轴

圆锥螺纹轴如图 7—1 所示，评分标准见表 7—1。

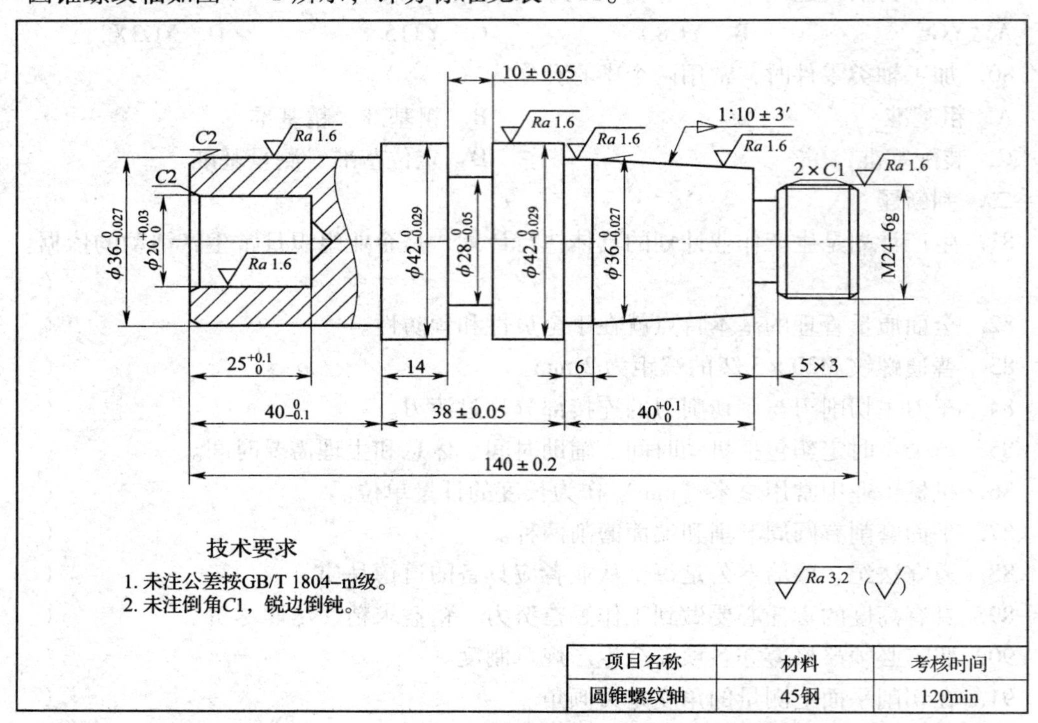

图 7—1 圆锥螺纹轴

表 7—1 圆锥螺纹轴加工评分标准

序号	项目	考核内容	配分 IT	配分 Ra	检测结果	得分
1	三角形外螺纹	M24 – 6g Ra 1.6	10	6		
2	外圆柱面	$\phi42\,^{0}_{-0.029}$ Ra 1.6	4	2		
3		$\phi42\,^{0}_{-0.029}$ Ra 1.6	4	2		
4		$\phi36\,^{0}_{-0.027}$ Ra 1.6	4	2		
5		$\phi36\,^{0}_{-0.027}$ Ra 1.6	4	2		
6		$\phi28\,^{0}_{-0.05}$ Ra 3.2	4	2		
7	内圆柱面	$\phi20\,^{+0.03}_{0}$ Ra 1.6	4	2		
8	外圆锥面	▷1∶10 ± 3′ Ra 1.6	10	4		

续表

序号	项目	考核内容	配分		检测结果	得分
			IT	Ra		
9	长度	140 ±0. 2	4			
10		40 $^{0}_{-0.1}$	4			
11		38 ±0. 05	4			
12		25 $^{+0.1}_{0}$	3			
13		10 ±0. 05	3			
14	其他	40 $^{+0.1}_{0}$、14、6、5×3	2			
15	倒角	2×*C*2，2×*C*1	1×4			
16	工量刃具和设备的使用	工具的正确使用	1			
		量具的正确使用	1			
		刃具的正确使用	1			
		设备的正确操作和维护保养	2			
17	安全文明生产	安全生产	2			
		文明生产	3			
合计			100			

二、加工圆锥螺纹轴

圆锥螺纹轴如图 7—2 所示，评分标准见表 7—2。

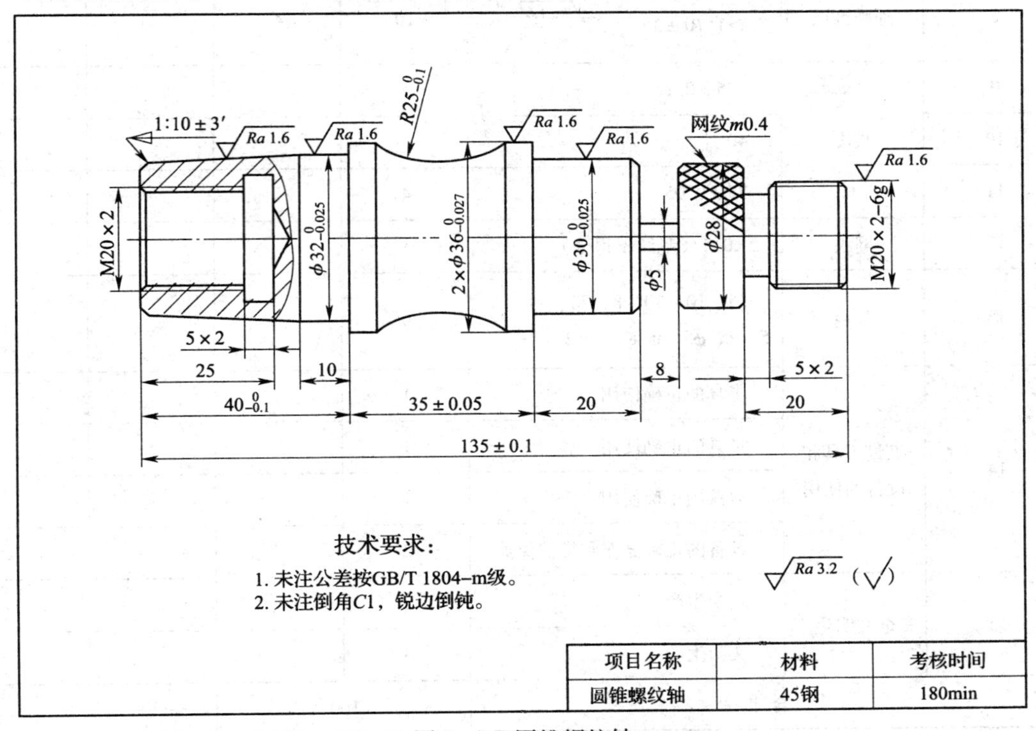

图 7—2　圆锥螺纹轴

表 7—2　　圆锥螺纹轴加工评分标准

序号	项目	考核内容	配分		检测结果	得分
			IT	*Ra*		
1	三角形外螺纹	M20 ×2 -6g　Ra 1.6	10	6		
2	外圆柱面	$\phi36_{-0.027}^{0}$　Ra 1.6	4	2		
3		$\phi36_{-0.027}^{0}$　Ra 1.6	4	2		
4		$\phi32_{-0.025}^{0}$　Ra 1.6	4	2		
5		$\phi30_{-0.025}^{0}$　Ra 1.6	4	2		
6	三角形内螺纹	M20 ×2 <0.1　Ra 3.2	6	2		
7	外圆弧面	$R25_{-0.1}^{0}$　Ra 3.2	4	2		
8	外圆锥面	▷1∶10 ±3′　Ra 1.6	10	4		
9	长度	135 ±0.1	4			
10		$40_{-0.1}^{0}$	4			
11		35 ±0.05	4			
12	网纹	*m*0.4（乱纹不得分）	1			
13	其他	25、10、20、8、20、5 ×2、ϕ5、ϕ28、5 ×2	9			
14	工量刃具和设备的使用	工具的正确使用	1			
		量具的正确使用	1			
		刃具的正确使用	1			
		设备的正确操作和维护保养	2			
15	安全文明生产	安全生产	2			
		文明生产	3			
合计			100			

三、加工丝杠轴

丝杠轴如图 7—3 所示，评分标准见表 7—3。

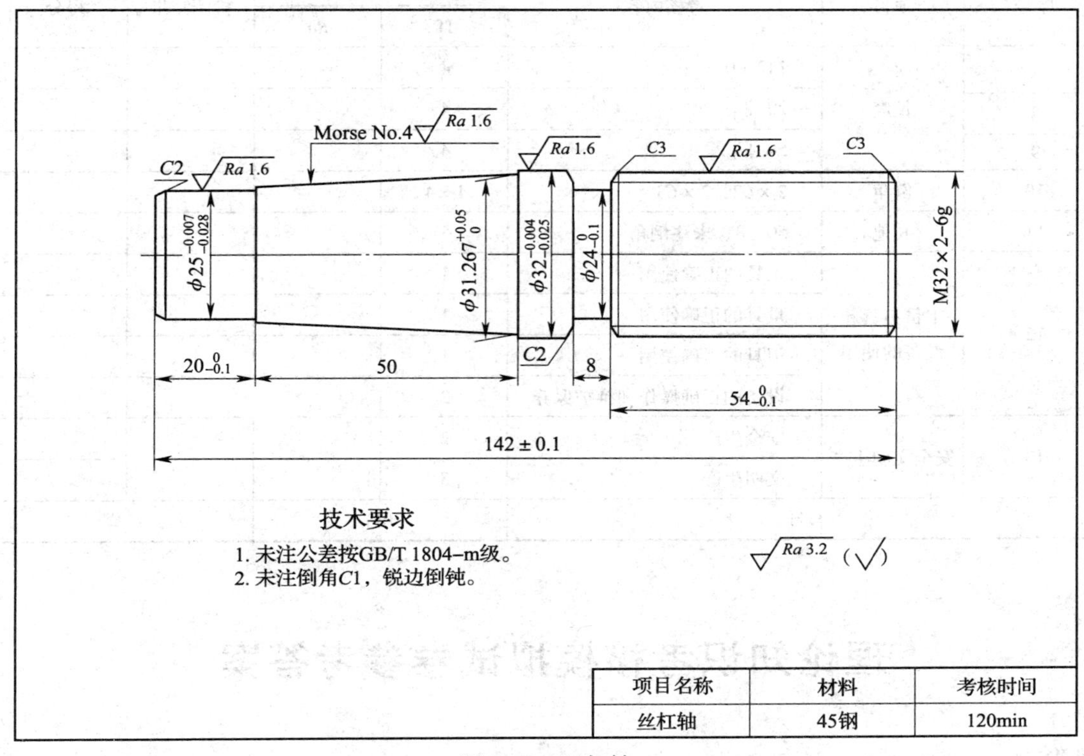

图 7—3 丝杠轴

表 7—3 **丝杠轴加工评分标准**

序号	项目	考核内容	配分		检测结果	得分
			IT	Ra		
1	三角形外螺纹	M32×2−6g Ra 1.6	16	6		
2	外圆柱面	φ25 $^{-0.007}_{-0.028}$ Ra 1.6	6	2		
3		φ32 $^{-0.004}_{-0.025}$ Ra 1.6	6	2		
4		φ31.267 $^{+0.05}_{0}$ Ra 1.6	6	2		
5	切槽	φ24 $^{0}_{-0.1}$ Ra 3.2	6	2		
6	外圆锥面	Morse No. 4 Ra 1.6	13	2		

续表

序号	项目	考核内容	配分		检测结果	得分
			IT	*Ra*		
7	长度	142 ±0.1	4			
8		$20_{-0.1}^{0}$	4			
9		$54_{-0.1}^{0}$	4			
10	倒角	2 × *C*2，2 × *C*3	1 ×4			
11	其他	50、8、未注倒角	5			
12	工量刃具和设备的使用	工具的正确使用	1			
		量具的正确使用	1			
		刃具的正确使用	1			
		设备的正确操作和维护保养	2			
13	安全文明生产	安全生产	2			
		文明生产	3			
合计			100			

理论知识考核模拟试卷参考答案

试卷一

一、单项选择题

1. A　2. C　3. D　4. A　5. C　6. A　7. A　8. D　9. C
10. B　11. D　12. D　13. C　14. A　15. D　16. C　17. A　18. B
19. D　20. D　21. A　22. D　23. C　24. B　25. A　26. B　27. B
28. B　29. C　30. A　31. A　32. C　33. C　34. B　35. C　36. A
37. A　38. B　39. B　40. B　41. B　42. D　43. D　44. A　45. B
46. C　47. A　48. D　49. B　50. C　51. B　52. A　53. C　54. C
55. A　56. B　57. D　58. D　59. B　60. D　61. C　62. D　63. C
64. C　65. A　66. C　67. A　68. A　69. A　70. A　71. C　72. C
73. C　74. C　75. A　76. B　77. C　78. C　79. C　80. D

二、判断题

81. ×　82. √　83. √　84. ×　85. ×　86. √　87. ×　88. ×　89. ×
90. √　91. ×　92. √　93. √　94. ×　95. √　96. √　97. ×　98. ×
99. ×　100. ×

试卷二

一、单项选择题

1. C　2. C　3. D　4. B　5. B　6. D　7. C　8. D　9. A
10. C　11. C　12. A　13. D　14. A　15. A　16. D　17. A　18. B
19. B　20. B　21. D　22. D　23. B　24. D　25. D　26. B　27. D
28. B　29. D　30. C　31. D　32. A　33. A　34. A　35. B　36. A
37. C　38. C　39. D　40. D　41. A　42. B　43. A　44. A　45. A
46. B　47. A　48. C　49. C　50. D　51. B　52. B　53. C　54. C
55. B　56. C　57. A　58. C　59. A　60. B　61. D　62. C　63. D
64. A　65. D　66. D　67. B　68. C　69. D　70. D　71. A　72. C
73. C　74. C　75. A　76. B　77. A　78. B　79. D　80. A

二、判断题

81. √　82. ×　83. ×　84. ×　85. √　86. ×　87. ×　88. ×　89. ×
90. √　91. √　92. √　93. ×　94. √　95. ×　96. √　97. √　98. √
99. ×　100. √

试卷三

一、单项选择题

1. C　2. C　3. C　4. D　5. B　6. B　7. D　8. B　9. B
10. A　11. B　12. A　13. B　14. A　15. C　16. C　17. D　18. A
19. D　20. B　21. B　22. B　23. B　24. D　25. B　26. D　27. D
28. B　29. C　30. A　31. C　32. B　33. C　34. B　35. C　36. A
37. C　38. A　39. A　40. C　41. A　42. A　43. A　44. C　45. C
46. C　47. A　48. A　49. B　50. B　51. B　52. C　53. A　54. D
55. C　56. D　57. A　58. D　59. C　60. C　61. B　62. B　63. C
64. D　65. B　66. C　67. A　68. B　69. A　70. B　71. B　72. B
73. B　74. A　75. D　76. D　77. D　78. B　79. B　80. D

二、判断题

81. ×　82. ×　83. ×　84. ×　85. √　86. √　87. √　88. √　89. √
90. √　91. √　92. ×　93. ×　94. ×　95. ×　96. √　97. ×　98. √
99. √　100. √